河南科技大学教材出版基金资助

高等学校教材

大 学 化 学

仝克勤　张长水　主　编

李　平　郑英丽　副主编

时清亮　　　主　审

化学工业出版社

·北京·

本书是根据大学化学课程的性质和教学目标编写的，编者重视理论联系实际，突出了化学知识的科普性和应用性。书中介绍了化学学科的基本理论知识，选编了化学电源、环境、材料、生活等人们普遍关注的重要学科相关的化学知识，并吸收了一些化学在工程技术中应用的新成就。通过本书的学习，使非化学化工类各专业学生对化学学科的特点及其重要作用有一概括性的了解，从而达到开阔视野、提高科学素养和解决问题能力的目的。

本书可作为高等学校非化学化工类各专业的大学化学教材，也可供工程技术人员参考使用。

图书在版编目（CIP）数据

大学化学/仝克勤，张长水主编. —北京：化学工业出版社，2015.8（2023.8重印）

高等学校教材

ISBN 978-7-122-24277-8

Ⅰ.①大… Ⅱ.①仝…②张… Ⅲ.①化学-高等学校-教材 Ⅳ.①O6

中国版本图书馆 CIP 数据核字（2015）第 128545 号

责任编辑：宋林青　　　　　　　　文字编辑：李锦侠
责任校对：王素芹　　　　　　　　装帧设计：史利平

出版发行：化学工业出版社（北京市东城区青年湖南街 13 号　邮政编码 100011）
印　　装：大厂聚鑫印刷有限责任公司
787mm×1092mm　1/16　印张 13　彩插 1　字数 320 千字　2023 年 8 月北京第 1 版第 7 次印刷

购书咨询：010-64518888　　　　　　售后服务：010-64518899
网　　址：http://www.cip.com.cn
凡购买本书，如有缺损质量问题，本社销售中心负责调换。

定　　价：26.00 元

前言

根据国家对 21 世纪工程技术人才培养的需要，针对"大学化学"的课程教学目标和非化学化工类专业学生学习化学的特点，结合该课程教学学时少、内容涉及专业面广的具体情况，汇集编者多年的教学经验，我们编写了这本《大学化学》教材，供非化学化工类各专业使用。

本书具有以下特点：

① 简明扼要地介绍了化学基本理论和基本概念，简化了相关化学计算，增加了材料、环境、能源和生命等学科的内容，充实了应用性和科普性化学知识，使学生了解化学与其他学科相互交叉渗透的关系及化学在科技进步和社会发展中的作用。

② 本书将化学基础理论集中在第 1、2、3、4 等章节中讲述，自成系统，相关的工程技术专题紧跟其后，形成化学理论和专业实际的有机结合，保持了化学知识的系统性和逻辑性。

③ 在内容编排上，增加科技新成果，以开拓学生视野、启发创新。

④ 本书有较大的专业覆盖面，以供不同专业选讲。

⑤ 采用我国法定计量单位与国际纯粹与应用化学联合会（IUPAC）的有关规定，选录了较新的数据和常数。

本书由仝克勤和张长水任主编，李平、郑英丽任副主编，时清亮任主审。第 1 章、第 2 章由李平编写、第 3 章、第 7 章由张长水编写，绪论、第 4 章、附录等由仝克勤编写，第 5 章、第 6 章由郑英丽编写。全书由时清亮详细审阅并提出许多宝贵的修改意见，仝克勤、张长水通读并定稿。本书在编写过程中得到了河南科技大学教务处和化工与制药学院的大力支持和帮助，在此表示衷心的感谢。

本书参考了同类教材和相关文献中的有关内容，在此向有关作者表示深切的谢意。

由于编者的学识和水平有限，书中难免有疏漏和不足之处，敬请同行批评指正，欢迎读者多提宝贵意见和建议。

编 者
2015 年 6 月于洛阳

目录

CONTENTS

绪　论 ……………………………………………………………………………… 1
  0.1　化学与人类社会进步 ……………………………………………………… 1
  0.2　大学化学课程的内容 ……………………………………………………… 2
  0.3　学习大学化学的意义 ……………………………………………………… 3
  思考题 ……………………………………………………………………………… 4

第1章　化学反应的基本原理 ………………………………………………… 5
  1.1　化学反应基本概述 ………………………………………………………… 5
    1.1.1　物质的量 ……………………………………………………………… 5
    1.1.2　化学反应进度 ………………………………………………………… 6
    1.1.3　系统和环境 …………………………………………………………… 7
    1.1.4　相 ……………………………………………………………………… 7
    1.1.5　状态函数 ……………………………………………………………… 8
    1.1.6　热力学能 ……………………………………………………………… 8
  1.2　恒压热效应与焓变 ………………………………………………………… 9
    1.2.1　恒压热效应 …………………………………………………………… 9
    1.2.2　焓与焓变 ……………………………………………………………… 10
    1.2.3　反应的标准摩尔焓变 ………………………………………………… 11
    1.2.4　反应的标准摩尔焓变的计算 ………………………………………… 12
  1.3　化学反应的方向 …………………………………………………………… 13
    1.3.1　自发过程与非自发过程 ……………………………………………… 13
    1.3.2　自发反应方向的判断标准 …………………………………………… 13
    1.3.3　熵和熵变 ……………………………………………………………… 14
    1.3.4　吉布斯函数与吉布斯函数变 ………………………………………… 15
    1.3.5　过程自发方向的判断 ………………………………………………… 16
    1.3.6　吉布斯函数变的计算 ………………………………………………… 17
  1.4　化学平衡 …………………………………………………………………… 20
    1.4.1　化学平衡和平衡常数 ………………………………………………… 20
    1.4.2　化学平衡的移动 ……………………………………………………… 23
  1.5　化学反应速率 ……………………………………………………………… 24
    1.5.1　浓度的影响和反应级数 ……………………………………………… 25
    1.5.2　温度对反应速率的影响和阿仑尼乌斯公式 ………………………… 26
    1.5.3　活化能 ………………………………………………………………… 27

　　　1.5.4　催化剂对反应速率的影响 ·· 28
　　思考题 ·· 29
　　习题 ··· 30

第 2 章　溶液 ···　34

　2.1　溶液的通性 ·· 34
　　　2.1.1　溶液的蒸气压下降 ·· 34
　　　2.1.2　溶液的沸点升高和凝固点降低 ······································ 35
　　　2.1.3　渗透压 ··· 35
　　　2.1.4　稀溶液的依数性 ·· 36
　2.2　弱电解质的解离平衡 ·· 37
　　　2.2.1　酸碱概念 ··· 37
　　　2.2.2　弱酸、弱碱的解离平衡 ·· 38
　　　2.2.3　缓冲溶液和 pH 值的控制 ·· 41
　2.3　难溶电解质的多相离子平衡 ··· 43
　　　2.3.1　溶度积 ··· 43
　　　2.3.2　溶度积规则 ·· 44
　　　2.3.3　溶度积规则的应用 ·· 44
　2.4　配离子的解离平衡 ··· 47
　　　2.4.1　配位化合物 ·· 47
　　　2.4.2　配离子的解离平衡 ·· 47
　2.5　表面活性剂 ·· 48
　　　2.5.1　表面现象与表面活性剂 ·· 48
　　　2.5.2　表面活性剂的特点和分类 ··· 49
　　　2.5.3　表面活性剂的作用原理 ·· 50
　　　2.5.4　表面活性剂的功能 ·· 51
　　　2.5.5　表面活性剂的应用 ·· 53
　　思考题 ·· 54
　　习题 ··· 55

第 3 章　氧化还原反应与化学电源 ···　59

　3.1　氧化还原反应 ··· 59
　　　3.1.1　氧化数 ··· 59
　　　3.1.2　氧化还原电对 ·· 60
　3.2　氧化还原反应的能量转化 ··· 60
　　　3.2.1　氧化还原反应及其能量转化 ·· 60
　　　3.2.2　原电池 ··· 60
　3.3　电极电势 ··· 62
　　　3.3.1　双电层理论 ·· 62
　　　3.3.2　标准电极电势 ·· 62

3.3.3　影响电极电势的因素 ‥‥‥‥‥‥‥‥‥‥‥‥‥‥‥‥‥‥‥‥‥‥‥‥‥‥‥‥‥‥‥‥‥ 64

3.4　电极电势的应用 ‥‥‥‥‥‥‥‥‥‥‥‥‥‥‥‥‥‥‥‥‥‥‥‥‥‥‥ 66

 3.4.1　比较氧化剂和还原剂的相对强弱 ‥‥‥‥‥‥‥‥‥‥‥‥‥‥‥‥‥‥‥ 66

 3.4.2　计算原电池的电动势和氧化还原反应的吉布斯函数变 ‥‥‥‥‥‥ 66

 3.4.3　判断氧化还原反应自发进行的方向 ‥‥‥‥‥‥‥‥‥‥‥‥‥‥‥‥ 67

 3.4.4　衡量氧化还原反应进行的程度 ‥‥‥‥‥‥‥‥‥‥‥‥‥‥‥‥‥‥‥‥ 68

3.5　化学电源 ‥‥‥‥‥‥‥‥‥‥‥‥‥‥‥‥‥‥‥‥‥‥‥‥‥‥‥‥‥‥‥‥‥ 69

 3.5.1　干电池 ‥‥‥‥‥‥‥‥‥‥‥‥‥‥‥‥‥‥‥‥‥‥‥‥‥‥‥‥‥‥‥‥‥‥‥ 70

 3.5.2　蓄电池 ‥‥‥‥‥‥‥‥‥‥‥‥‥‥‥‥‥‥‥‥‥‥‥‥‥‥‥‥‥‥‥‥‥‥‥ 71

 3.5.3　燃料电池 ‥‥‥‥‥‥‥‥‥‥‥‥‥‥‥‥‥‥‥‥‥‥‥‥‥‥‥‥‥‥‥‥‥ 73

思考题 ‥‥‥ 75

习题 ‥‥ 75

第4章　物质结构基础 ‥‥‥‥‥‥‥‥‥‥‥‥‥‥‥‥‥‥‥‥‥‥‥‥‥ **77**

4.1　核外电子运动的特性 ‥‥‥‥‥‥‥‥‥‥‥‥‥‥‥‥‥‥‥‥‥‥‥‥ 77

 4.1.1　氢原子光谱和玻尔理论 ‥‥‥‥‥‥‥‥‥‥‥‥‥‥‥‥‥‥‥‥‥‥‥ 77

 4.1.2　微观粒子的波粒二象性 ‥‥‥‥‥‥‥‥‥‥‥‥‥‥‥‥‥‥‥‥‥‥‥ 78

4.2　核外电子运动状态的近代描述 ‥‥‥‥‥‥‥‥‥‥‥‥‥‥‥‥‥ 78

 4.2.1　波函数和原子轨道 ‥‥‥‥‥‥‥‥‥‥‥‥‥‥‥‥‥‥‥‥‥‥‥‥‥‥ 78

 4.2.2　电子云 ‥‥‥‥‥‥‥‥‥‥‥‥‥‥‥‥‥‥‥‥‥‥‥‥‥‥‥‥‥‥‥‥‥‥‥ 80

 4.2.3　四个量子数 ‥‥‥‥‥‥‥‥‥‥‥‥‥‥‥‥‥‥‥‥‥‥‥‥‥‥‥‥‥‥‥ 81

4.3　原子核外电子结构 ‥‥‥‥‥‥‥‥‥‥‥‥‥‥‥‥‥‥‥‥‥‥‥‥‥ 83

 4.3.1　原子轨道的能级 ‥‥‥‥‥‥‥‥‥‥‥‥‥‥‥‥‥‥‥‥‥‥‥‥‥‥‥ 83

 4.3.2　核外电子分布原理 ‥‥‥‥‥‥‥‥‥‥‥‥‥‥‥‥‥‥‥‥‥‥‥‥‥ 84

 4.3.3　核外电子分布式和价电子层分布式 ‥‥‥‥‥‥‥‥‥‥‥‥‥‥‥ 85

4.4　原子电子层结构与元素周期表的关系 ‥‥‥‥‥‥‥‥‥‥‥‥ 87

 4.4.1　原子的电子层结构与周期数 ‥‥‥‥‥‥‥‥‥‥‥‥‥‥‥‥‥‥‥ 87

 4.4.2　原子的电子层结构与族数 ‥‥‥‥‥‥‥‥‥‥‥‥‥‥‥‥‥‥‥‥‥ 88

 4.4.3　原子的电子层结构与元素分区 ‥‥‥‥‥‥‥‥‥‥‥‥‥‥‥‥‥ 88

4.5　原子结构与元素性质的关系 ‥‥‥‥‥‥‥‥‥‥‥‥‥‥‥‥‥‥ 88

 4.5.1　原子半径 ‥‥‥‥‥‥‥‥‥‥‥‥‥‥‥‥‥‥‥‥‥‥‥‥‥‥‥‥‥‥‥‥ 89

 4.5.2　电离能和电子亲和能 ‥‥‥‥‥‥‥‥‥‥‥‥‥‥‥‥‥‥‥‥‥‥‥ 90

 4.5.3　元素的金属性和非金属性与元素的电负性 ‥‥‥‥‥‥‥‥‥‥ 91

 4.5.4　元素的氧化值 ‥‥‥‥‥‥‥‥‥‥‥‥‥‥‥‥‥‥‥‥‥‥‥‥‥‥‥‥‥ 92

4.6　化学键 ‥‥‥‥‥‥‥‥‥‥‥‥‥‥‥‥‥‥‥‥‥‥‥‥‥‥‥‥‥‥‥‥‥ 92

 4.6.1　离子键 ‥‥‥‥‥‥‥‥‥‥‥‥‥‥‥‥‥‥‥‥‥‥‥‥‥‥‥‥‥‥‥‥‥‥ 92

 4.6.2　共价键 ‥‥‥‥‥‥‥‥‥‥‥‥‥‥‥‥‥‥‥‥‥‥‥‥‥‥‥‥‥‥‥‥‥‥ 94

 4.6.3　杂化轨道和分子结构 ‥‥‥‥‥‥‥‥‥‥‥‥‥‥‥‥‥‥‥‥‥‥‥ 96

4.7　分子间力与氢键 ‥‥‥‥‥‥‥‥‥‥‥‥‥‥‥‥‥‥‥‥‥‥‥‥‥‥ 99

 4.7.1　分子的极性和分子的极化 ‥‥‥‥‥‥‥‥‥‥‥‥‥‥‥‥‥‥‥‥ 99

 4.7.2　分子间力 ‥‥‥‥‥‥‥‥‥‥‥‥‥‥‥‥‥‥‥‥‥‥‥‥‥‥‥‥‥‥‥ 100

    4.7.3 氢键 ·············· 102
    4.7.4 分子间作用力对物质性质的影响 ·············· 102
  4.8 晶体结构简介 ·············· 103
    4.8.1 晶体的特征 ·············· 103
    4.8.2 晶体的基本类型 ·············· 104
  思考题 ·············· 107
  习题 ·············· 108

第5章　环境的化学污染与保护 ·············· **111**

  5.1 大气污染与保护 ·············· 111
    5.1.1 大气圈的结构与组成 ·············· 111
    5.1.2 大气污染源与一次污染 ·············· 112
    5.1.3 二次污染与四大环境问题 ·············· 115
    5.1.4 大气污染的防治 ·············· 118
  5.2 水体污染及保护 ·············· 119
    5.2.1 水中的污染物 ·············· 119
    5.2.2 水体污染的控制与治理 ·············· 122
  5.3 土壤污染与保护 ·············· 123
    5.3.1 土壤污染 ·············· 123
    5.3.2 土壤污染的防治 ·············· 124
  5.4 绿色化学 ·············· 125
    5.4.1 绿色化学防止污染的基本原则 ·············· 126
    5.4.2 原子经济反应 ·············· 126
    5.4.3 绿色化学的研究内容 ·············· 126
    5.4.4 绿色化学研究实例 ·············· 127
  思考题 ·············· 130
  习题 ·············· 130

第6章　化学与材料 ·············· **132**

  6.1 概述 ·············· 132
  6.2 金属材料 ·············· 132
    6.2.1 金属单质 ·············· 133
    6.2.2 合金 ·············· 133
  6.3 无机非金属材料 ·············· 135
    6.3.1 传统的无机材料 ·············· 136
    6.3.2 先进的无机材料 ·············· 138
  6.4 有机高分子材料 ·············· 140
    6.4.1 高分子化合物基本概念 ·············· 140
    6.4.2 塑料 ·············· 145
    6.4.3 合成橡胶 ·············· 147

6.4.4　合成纤维 ··· 148
6.4.5　功能高分子 ·· 150
6.4.6　复合材料 ··· 154
6.4.7　高分子材料的老化与防老化 ························ 156
思考题 ·· 157

第 7 章　化学与生活 ·· 158

7.1　生物体中的化合物 ·· 158
7.1.1　糖类 ·· 158
7.1.2　蛋白质和氨基酸 ·· 159
7.1.3　核酸 ·· 164
7.2　化学元素与人体健康 ·· 167
7.2.1　组成生物体的化学元素 ·································· 167
7.2.2　几种必需元素的主要功能 ····························· 169
7.2.3　氧自由基的生理作用及清除 ························· 172
7.3　食品营养与科学保健 ·· 173
7.3.1　营养素 ·· 173
7.3.2　平衡营养与人体健康 ······································ 175
7.3.3　几种功能性食品简介 ······································ 176
7.4　食品添加剂 ·· 177
7.4.1　防腐剂 ·· 177
7.4.2　食品着色剂（食品色素） ······························ 177
7.4.3　食品香料 ·· 178
7.4.4　鲜味剂 ·· 178
7.4.5　抗氧化剂 ·· 178
7.4.6　食品营养强化剂 ··· 178
7.5　珍爱生命，远离毒品 ·· 179
7.6　化学与安全用药 ·· 180
7.6.1　药物的概念 ··· 180
7.6.2　常用药物举例 ··· 181
7.7　车用油品 ··· 183
7.7.1　汽油的使用性能及改良 ·································· 183
7.7.2　柴油的使用性能及改良 ·································· 184
7.7.3　燃料油添加剂 ··· 186
7.7.4　机油 ·· 187
思考题 ·· 190
习题 ·· 190

附录 ··· 191

参考文献 ··· 200

0.1　化学与人类社会进步

世界是由物质构成的，构成世界的物质永不停息地运动、变化着，变化是一切物质的根本属性。众所周知，每一种生物的发展都经历着生长、壮大、衰老、死亡的自然变化，对于工农业产品、原材料、仪器、设备，也都经历着产生、损耗、老化、报废的变化过程。化学变化是物质的主要变化形式，也是化学学科研究的主要内容。通过化学研究，人类利用化学变化的原理，把空气、煤炭和水制成化肥；利用矿石生产钢铁、铝镁合金等金属材料；从石油中提炼出各种化工原料，并通过化学加工生产出塑料、纤维、橡胶等数以千计的化工产品，为提高人类的生活和生产水平创造了物质条件。

人类在逐步认识物质世界的过程中，建立和发展了自然科学。不同学科在不同层次、不同范畴研究物质和物质的变化。化学学科是在原子、分子的层次上研究物质的组成、结构、性质、来源和化学变化规律的科学，通过化学变化可以使原子重新排列组合，从而制造新分子和具有非凡活性的化合物。因此，在创制和开发新物质、新产品方面，化学的巨大潜力是其他学科难以比拟的。因此，化学被认为是一门"核心的、有用的和具有创造力的科学"。

化学的发展改变着人们的生活。化学合成纤维把人们打扮得更加多姿多彩，使用化学助剂使衣着更加舒适，而且还可以有抗静电、阻燃等功能。在食品加工过程中添加的化学物质——食品添加剂，改善了食品质量和结构，增加了食品的功能和作用，提高了食品的加工效率，人们的饮食不再仅仅是维持生存的初级食品，而是品质更加优良，种类多样，营养丰富，方便易用，从而满足了人们适应快节奏现代化生活的要求。由多种化学物质配合而成的油漆、涂料以及各种新型建筑材料在美化着家庭居室，装扮着城市建筑。由煤化工、石油化工炼制出来的燃料油、润滑油、沥青等，满足了各种交通工具和工业生产的能源动力需求，铺平了一条条公路大道。用于美化生活的各种洗涤剂、化妆品以及其他日常生活用品，如炊具、餐具等无一不是化学的最终产品。尤其是 20 世纪 60 年代以来，彩色荧光粉 Y_2O_2S：Eu^{3+}（红粉）、Y_2O_2S：Tb^{3+}（绿粉）和（Ca、Sr）$_{10}(PO_4)_6Cl_2$：Eu^{3+}（蓝粉）的发现，带动了彩色电视的生产和发展，极大地丰富了人们的现代文化生活。氟氯烃化合物（CFC）的应用推动了电冰箱、空调机的问世，新型制冷剂又成功地取代了 CFC，使环保冰箱和空调机进入家庭。由此可见，没有化学的发展就没有现代生活。

化学不仅对满足人们的现代物质文化生活需求功不可没，而且也推动了科学技术的发展和进步。20 世纪 30 年代，ZrO_2（YSZ）以及 Na-β-Al_2O_3 的合成，开发出燃料电池等新类型的化学能源。20 世纪 60 年代发展起来的新型工程材料聚氨酯弹性体，具有耐油、耐磨、耐低温和耐老化等特殊性能，广泛用作飞机、汽车、拖拉机和纺织工业的高速传动部分。1986

年，$YBa_2Cu_3O_{7\sim8}$ 的合成开创了高温超导技术。对信息技术来讲，化学可谓微电子技术的基础，以制造集成电路块为例，从制板、晶体生长、晶体取向附生、扩散，到蚀刻等，要运用很多化学处理工序，才能达到亚微米级精度，同时还要为之提供超纯试剂、高纯气体、光刻胶等精细化学品。

20 世纪 70 年代，化学家利用石灰与水的反应原理，研制成功了"静破碎剂"，可在短时间内将高山岩石和钢筋混凝土等高大建筑物无声安全拆除。20 世纪 80 年代化学家开发的片状碳酸钙，创造出中性造纸法新工艺，不仅使纸张的白度高达 99% 以上，百年不泛黄，而且大大提高了纸的不透明度、手感和印刷质量。由于表面活性剂的开发利用，使肥皂发展成洗涤剂，不仅方便了衣物的清洗，也使机械行业清洗由单纯使用汽油擦洗，改用金属清洗剂喷洗，大大提高了除油率。化肥、农药、植物生长调节剂等农用化学品的使用，使农、林、牧、渔业高产增收，而且大大降低了农民的劳动强度。

20 世纪高分子化学得到迅速发展，获得了具有高强度、高绝缘性等性能的特种高分子材料，满足了现代航天、军工、计算机等技术发展对特种材料的需求。具有分离功能的高分子材料被广泛用于电子工业用超纯水的制备，气、液体混合物的分离，各种贵金属和稀有金属的富集回收，血液中有毒物质的离析等。医用高分子材料如假牙、假肢、人造血管、人工心脏、接触眼镜、液体手套、人工心肺机、血液透析机等给病人带来了新的生命和活力。高分子药物的合成，实现了药物在人体内施药的部位定向和逐步释放的长效性。运载火箭、人造卫星、航天飞机、中继站等大量采用蜂窝结构、泡沫塑料、玻璃钢、高强高模的复合材料、密封材料等，材料的制备或连接，都离不开化学黏合剂。

化学的成果、化学的突破数不胜数。从最古老的化学工艺（酿酒、造醋、制药、染色、烧制陶瓷），到现代最先进的科学技术，处处都记载着化学的功绩。

21 世纪将是化学进一步施展才能的黄金时代。它将在生物探秘，创制新材料，解决全球最迫切解决的环境、能源、人口、粮食、资源等重大问题中做出贡献。新世纪对化学的最大挑战是探索生命现象的奥秘进而"制造生命"。即将出现的神经化学，将认清大脑的功能，记忆的特性，从而能够积极处理诸如吸毒上瘾、精神病、嗜好、发怒、紧张、人类智慧和学习过程等方面的问题。材料技术、能源技术、电子技术、生物技术被列为未来的经济支柱，其中材料是发展能源、电子、生命技术的物质基础，而化学对材料具有非凡的开发创造能力。无论金属、非金属或是复合材料，化学科学可以根据需要设计新分子、修饰或合成新物质，加工成新材料。化学正在加紧开发新的化学电源和新的太阳能利用技术，这些新能源的开发利用将会减轻温室效应、光化学烟雾、酸雨和臭氧层破坏四大环境问题。绿色化学将致力于发展不产生污染的新化学反应和化学产品，实现污染物的"零排放"和无毒无害的生产条件。化学将通过基因工程发展可用海水灌溉的植物品种，使之能在地球上更广阔的地区内种植，为人类提供丰富的食品。化学还将把植物的光合作用变成实验室及工厂中的反应，彻底改变粮食的生产方式，免除农药对环境的污染。总之，化学将在发展中再创辉煌，为人类做出更多的贡献。

0.2　大学化学课程的内容

"大学化学"是高等工程教育中实施化学教育的基础课程，是培养"基础扎实、知识面宽、能力强、素质高"的现代高级工程技术人才所必需的高等化学教育，是高等院校非化工类专业必修的一门公共基础课。

对于非化工类专业的大学生，在以后的工作中不涉及化工生产和化学研究。为此编者在大学化学教材的内容安排上，化学基本理论部分内容简洁，例题丰富多样、联系实际生产、语言精练；微观物质结构部分，阐述各个物质结构层次分明，层层深入，图文并茂；相关学科部分注重化学的先进性、科学性、新颖性和实用性。学生在学习现代化学（语言和观点）的基础上，明确化学基本概念和理论，熟悉化学与其他学科之间的密切关系，通过大学化学课程的学习，全面提高学生的化学素养，为其今后创新发展拓开新的思路。

（1）化学基础理论

① 宏观化学反应原理：通过热力学的简单计算，明晰化学反应中的能量关系，判断化学反应自发进行的方向和程度；了解外界条件对反应方向、程度及速率的影响；掌握水溶液中几种化学反应规律及电化学基础知识。

② 微观物质结构基础：阐述物质内部原子、分子晶体结构及其与物质性质的关系；了解电子运动的规律及物质发生化学变化的本质。

（2）相关交叉学科

重点介绍化学与当今世界普遍关注、发展迅速的重大学科如材料、能源、环境、生命等之间的交叉渗透和应用，突出化学在社会发展和科技进步中的地位和作用。

（3）化学技能训练

大学化学实验是培养工科学生科学素质和能力的一个重要环节，编者针对培养和提高学生的实验技能方面，另编写有《基础化学实验》指导书。通过系统的化学实验训练，不仅可以加深、巩固学生对所学理论知识的理解，还可以提高学生的动手能力和实验技能，在实验过程中培养学生观察记录实验现象，用化学理论分析实验现象，总结、撰写实验报告，全面培养和提高学生的科学素养。

0.3　学习大学化学的意义

化学是人类在生活、生产活动中应用最广泛的学科，化学应用早已渗透到人们的衣食住行中，工业、农业、国防等各个领域的生产以及现代高新技术的发展都离不开化学。进入高效现代化生活，日益提高的生活品质，要求我们必须懂得化学。如何正确选择医药、清洗剂、化妆品、油漆、涂料、胶黏剂，保证我们生活在安全的环境中；如何科学地合理饮食，使我们营养平衡、增力增智、健康长寿；如何合理使用日用品，有效防止金属器皿的锈蚀，以延长它们的使用期。只有具备丰富的化学基本知识，才能使我们科学地安排生活，提高生活质量。

现代科学技术在高层次上走向综合化和整体化，交叉科学将不断涌现，化学将更加广泛深入地与各个工程技术学科相互渗透，并相互促进发展。现代社会发展的三大支柱：材料、能源和信息，以及生命科学和环境科学，都涉及十分广泛的化学知识。例如：用化学加工代替机械加工可获得精美的工程材料和零部件；用化学方法可以改变原材料的内部组成，从而提高工程材料的强度、韧性、塑性等性能；使用少量化学活性物质可以使润滑油、燃料油等各种工业用油获得优良的使用性能，等等。学习大学化学，掌握物质发生化学变化的规律，改变物质的性能，使一些物质变无用为有用，变废为宝，化害为利，从而充分利用自然资源，创造出更多更好的新产品。化学是全面发展的工程技术人才知识、素质和能力结构中必不可少的重要组成部分。

工科大学生学习大学化学的目的在于：使非化工类大学生了解现代化学语言，树立全面正确的化学观点，在中学化学基础上进一步了解或掌握化学基本理论、知识和技能，了解化学科学技术与其他科学技术的交叉渗透和相互促进关系，能以化学观点观察、解释工程技术实际和现代生活实际中出现的物质变化现象，懂得利用化学方法改进物质的性能，开发利用新资源和新能源，改善人类生存环境和条件，对一些涉及化学的工程技术问题有初步分析解决的能力。初步了解化学在科技进步和社会持续发展中的作用，建立工程技术领域必备的化学知识结构，为今后继续学习和工作创新打下必要的化学基础。

 思考题

1. 为什么说化学是一门富有创造力的自然科学？
2. 为什么说化学改变了人们的生活？举例说明。
3. 化学研究的对象和目的是什么？
4. 非化学化工专业的大学生为什么也要学习化学？
5. 大学化学的基本内容有哪些？

1.1 化学反应基本概述

化学反应是物质发生化学变化的根本原因，也是我们进行创新、制造新物质、开发新能源的理论根据。在了解化学反应之前，我们需要了解化学反应过程中涉及的一些化学基本概念。

1.1.1 物质的量

在一个化学反应中，参与化学反应的反应物和生成物的量不断地发生变化，需要选择一个基本量来进行化学计量。

1971年，第14届国际计量大会（CGPM）选择"物质的量"作为衡量物质的基本物理量，用计量原子、分子、电子等微粒的多少来表示物质量的多少，称为"物质的量"。规定：当一系统中所包含的微粒数目与12g碳（$^{12}_{6}C$）的原子数目相等时，则该系统物质的量为1摩尔，物质的量的单位为摩尔，用符号mol表示。

物质的质量、物质的量与摩尔质量之间有下述关系：

$$\frac{物质的质量(g)}{摩尔质量(g \cdot mol^{-1})} = 物质的量（mol）$$

如果用n表示物质的量，用m表示物质的质量，用M表示物质的摩尔质量，上式可表示为$m/M = n$。在化学反应中，根据反应方程式中反应物和有关生成物的物质的量的关系，及相应分子的摩尔质量，计算某生成物的质量。物质的量的引入给化学计算和应用带来了很大便利。例如过氧化氢是一种火箭燃料的高能氧化剂，根据化学反应，很容易计算反应过程中所产生的氧气量。不难得出34kg过氧化氢完全分解时，产生16kg的氧气。

$$H_2O_2(l) \xrightarrow{加热} H_2O(l) + \frac{1}{2}O_2(g)$$

物质的量/mol   1   1   0.5
摩尔质量/kg·mol^{-1} 34   18   16

在使用物质的量时，必须明确其基本含义。

① 物质的量是衡量物质多少的基本物理量，单位是mol，与摩尔数概念不同，所以物质的量不能用"摩尔数"来代替。我们知道：量＝数值×单位。"物质的量"是衡量物质多少的基本量，"摩尔数"是物质的量的单位所表示的数值，它们之间是"量"、"数值"和"单位"的关系，所以，物质的量≠摩尔数。

② 用单位"摩尔"时，须表明"物质的量"所对应的物质的基本单元。这些基本单元可以是分子、原子、电子、基团、粒子等，也可以是一些粒子的特定组合，如 H_2O_2、$FeSO_4$、$[Cu(NH_3)_4]^{2+}$、$(Ag + \frac{1}{2}O_2)$ 等。

判断"氧的物质的量"、"氧化铁的物质的量"等描述正确吗？答案是不正确。因为物质的量的基本单元的表述不明确，氧的基本单元可以是氧气 O_2，也可以是氧原子 O 或其他如 2O；同样氧化铁的基本单元可以是 FeO，也可以是 Fe_2O_3 或 Fe_3O_4。

物质的量的基本单元可以是特定组合，在实际应用时常常选择一个化学反应式作为一个特定组合，在应用过程中给我们带来了很大便利。例如铁和氧的化学反应中，以"$4Fe + 3O_2 \Longrightarrow 2Fe_2O_3$"为一个基本单元，当 4mol Fe 和 3mol O_2 生成 2mol Fe_2O_3 时，可以看出整个反应是按 1mol 组成的，称"1mol 反应"；如果以 $2Fe + 3/2O_2 \Longrightarrow Fe_2O_3$ 为基本单元，反应物质的量仍然是 4mol Fe 和 3mol O_2 反应生成 2mol Fe_2O_3 时，不难看出对于 $2Fe + 3/2O_2 \Longrightarrow Fe_2O_3$ 这个反应来说，反应是按 2mol 组成的，称该反应是"2mol 反应"。

1.1.2 化学反应进度

对于一般化学反应，由于化学反应中各种物质的计量系数不同，反应物的消耗量与生成物的生成量在数值上不等同。例如铁的氧化反应中：

$$4Fe + 3O_2 \Longrightarrow 2Fe_2O_3$$

当 Fe 消耗 0.4mol，O_2 消耗 0.3mol，Fe_2O_3 增加 0.2mol 时，从这些数值看不出该反应进行的情况，没有统一的数值表示该反应进行的程度。

1982 年我国国家标准用"反应进度"定量描述化学反应进行的程度。对于任一化学反应：

$$a\,A + b\,B \Longrightarrow d\,D + g\,G$$
$$0 = d\,D + g\,G - a\,A - b\,B$$
$$0 = \sum \nu_B B$$

式中，B 表示物质，ν_B 表示反应物或生成物的化学计量数，并规定：ν_B 对于反应物取负值，生成物取正值。反应进度用 ξ 表示，单位为 mol，可用下式描述。

$$\xi = \frac{\Delta n(B)}{\nu(B)}$$

上述铁的氧化反应 $4Fe + 3O_2 \Longrightarrow 2Fe_2O_3$，可变为：

$$0 = 2Fe_2O_3 + (-4Fe) + (-3O_2)$$

当 Fe 反应损耗 0.4mol，O_2 消耗 0.3mol，生成 0.2mol 的 Fe_2O_3 时，按定义式计算反应进度 ξ 为：

$$\xi = \frac{\Delta n(Fe)}{\nu(Fe)} = \frac{-0.4mol}{-4} = 0.1mol$$

$$\xi = \frac{\Delta n(O_2)}{\nu(O_2)} = \frac{-0.3mol}{-3} = 0.1mol$$

$$\xi = \frac{\Delta n(Fe_2O_3)}{\nu(Fe_2O_3)} = \frac{+0.2mol}{2} = 0.1mol$$

由计算结果可知，上述反应无论用反应物还是用生成物来表示该反应的反应进度，反应进度

ξ 均为 0.1mol，即表示反应进行的程度是：当 Fe 消耗 0.4mol 时，O_2 消耗量为 0.3mol，此时生成 0.2mol 的 Fe_2O_3。

当铁的氧化反应以下面的反应式表示时

$$2Fe + \frac{3}{2}O_2 \Longrightarrow Fe_2O_3$$

反应进度为：

$$\xi = \frac{-0.4\text{mol}}{-2} = \frac{-0.3\text{mol}}{-3/2} = \frac{0.2\text{mol}}{1} = 0.2\text{mol}$$

同一化学反应，化学计量式不同，ν_B 数值不同，化学反应按 1mol 进行时，所对应反应物和生成物的量的变化有差别，致使 ξ 的数值有别。所以反应进度 ξ 的数值与反应式的写法有关。因此，在计算反应进度时，必须表明反应进度所对应的具体反应式。

1.1.3　系统和环境

化学是以物质为研究对象的，物质和物质不是孤立存在的，物质和其周围的其他物质也存在着相互联系。为了方便研究，将人为划分出来的作为研究对象的那部分物质，称为系统（或体系），而把系统之外并与之有联系的其他物质叫做环境。

系统与环境之间存在一定关联，常常有能量或物质的交换，根据系统和环境之间的联系情况，把系统分成三种类型。

(1) 敞开系统

系统与环境之间既有能量交换，又有物质交换。例如一杯开着口的热水，将水杯中的热水选作系统，则此系统就是敞开系统。

(2) 封闭系统

系统与环境之间只有能量交换而无物质交换。例如将上述盛热水的水杯加密封塞，仍然以热水为系统，该系统就是封闭系统。

(3) 孤立系统

系统与环境之间既没有能量交换，又没有物质交换。例如将上述盛有热水的水杯外面加上绝热材料，此系统即为孤立系统。

在科研中封闭系统最为常见，如无特殊说明，本书讨论的均为封闭系统。

1.1.4　相

组成系统的物质可以呈现不同的形态、性质和分布，系统中任何物理性质和化学性质都完全相同且均匀的部分称为一相，根据物质的某些性状和种类的不同将系统分为单相系统和多相系统。一般相与相之间有明确的界面，为了进一步了解相的概念，还要注意以下几种情况。

① 构成同一相的物质不一定是一种物质。任何气体，无论是单组分或是多组分的混合气体，都是一相，称为气相；组成液相的物质可以是纯液态的也可以是溶液。例如：空气、氯化钠水溶液都是一相，它们组成的系统又称单相系统。

② 聚集状态相同的物质不一定组成单相。例如，油和水都是液态，它们共存组成的系统却是两个相，硫黄粉和石灰粉虽然都属固态，但它们的混合物在显微镜下可以清楚地看到硫黄粉和石灰粉的相界面，所以它们是两相。含有两相或两相以上的系统称为多相系统。

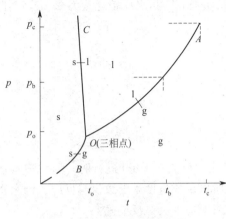

图 1-1　水的三相点示意图

③ 晶型或晶态结构不同的物质属于不同的相。例如碳可以有三种不同的固态形式，即石墨、金刚石和固态 C_{60}，它们是三种异形体，将它们混合在一起则组成一个三相系统；又如具有体心立方结构的 α-Fe 和具有面心立方结构的 γ-Fe 在一起，构成的是两相。晶型不同，相结构不同，对固体材料的性能有着很大的影响。

④ 聚集状态不同的同一种物质可以组成多相。水、冰、水蒸气具有相同的分子，属同一种物质，在不同的温度下，呈现出气、液、固三种不同的形态，三种形态的物理性质不同，故它们共存组成不相同的相。实验证明，在 0.611kPa 和 0.01℃条件下，冰、水、水蒸气三相达到平衡，可以长期共存，把这个压力、温度条件称为水的三相点，见图 1-1。

1.1.5　状态函数

选定一个化学反应为研究对象，该反应中的反应物和生成物就组成一个系统。要研究选定的对象，首先要确定它所处的状态，一般情况可以用系统所处条件下的物理性质和化学性质来综合表现。例如选定气体作为研究对象，则气体具有的物质的量 n、压力 p、温度 T、体积 V 等这些用来描述该气体的物理量就有一确定的值，根据这些物理量就可以确定此时该系统所处的状态；如果是一理想气体，则符合理想状态方程式 $pV = nRT$，像这种用来描述系统状态的各种性质的物理量之间的相互依赖的函数关系，称为状态函数。如果用来表述系统所处状态的性质之一发生变化，系统就会从一种状态变到另一种状态。变化前的状态称为始态；变化后的状态称为终态。每一个状态函数皆可表示为另外几个状态变量的函数，如

$$p = f(V, n, T) = \frac{nRT}{V}$$

任何一个系统，状态确定，状态函数就有确定的数值。状态不变，所有状态函数都保持原有的数值，状态函数的值只取决于状态。当状态改变时，状态函数也发生改变，状态函数的变化量由始态及终态决定，与变化过程的具体途径无关。例如温度是状态函数，将一杯 20℃ 的水变为 80℃ 的水，无论采用何种途径，水温的改变量都等于 60℃。

1.1.6　热力学能

系统的内能也叫热力学能，是系统内部能量的总和，即系统内部分子的平动能、转动能、振动能、分子间势能、电子运动能、核能等总和，用符号 U 表示。在一定条件下，系统的热力学能与系统中物质的量成正比，即热力学能具有加和性。热力学能只取决于状态，所以，热力学能是一个状态函数。

能量不会自生自灭，只能从一种形式转换为另一种形式，在转换过程中能量的总值不变，这就是能量守恒定律，即热力学第一定律。虽然参与反应的物质各种各样，并且反应条件（如 T、p、催化剂等）也千差万别，但任何化学反应都遵守自然界的这一基本规律，即能量守恒定律。在化学反应过程中，系统内部微粒（如分子、原子、电子）的运动动能和粒

子间的势能都会发生改变，这必然导致系统的内能（系统微观粒子能量的总和，即热力学能 U）的变化，内能的变化常通过系统与环境之间能量的交换和传递完成，而能量的交换和传递形式有热和功，这样系统热力学能的变化就可以通过系统放热、吸热和做功的多少来确定。对于一个化学反应，系统热力学能的变化可以用热力学第一定律表达式表示：

$$\boxed{反应物} \xrightarrow[\text{做功 } W]{\text{吸热 } Q} \boxed{生成物}$$

$$始态 U_1 \qquad\qquad 终态 U_2$$

$$\Delta U = U_2 - U_1 = Q + W$$

式中，ΔU 为热力学能变化量，等于系统终态的热力学能 U_2 和系统初态热力学能 U_1 之差；Q 为热量，规定：系统吸热为正值，放热为负值；W 为功，规定：系统对环境做功取负值，环境对系统做功取正值。

功的形式有很多种，对于一般条件下进行的化学反应，由于体积变化而做的功，叫体积功，用 W 表示；除体积功以外的功，叫做非体积功，如电功等，用符号 W' 表示。如没有特殊说明，一般功是指体积功。

相同的化学反应在不同条件下进行，其能量转换形式有所不同。热力学能是一个状态函数，确定了始态和终态，系统的热力学能就是定值。对一个化学反应，反应物和生成物的状态确定后，无论过程是如何进行的，反应的热力学能的值是一定的。化学反应常常在恒压过程和恒容过程下进行，下面分别讨论恒容过程和恒压过程的能量关系。

① 恒容过程，即化学反应在密闭容器中进行，恒容条件下反应放出或吸收的热量，称为等容热效应，用 Q_V 表示。因为系统体积没有变化，系统的体积功为零，即 $W=0$，系统的热力学能的变化全部以热量的形式表现出来，所以有

$$\Delta U = Q_V$$

式 $\Delta U = Q_V$ 表明，恒容条件化学反应中热力学能的变化（ΔU）可以通过测量此过程的等容热效应来测得。

② 恒压过程，大多化学反应在开口容器中进行，所以恒压过程对化学反应来说非常重要。恒压条件下的反应热效应称为等压热效应，以 Q_p 表示。在恒压条件下，化学反应中如有气体存在，常伴随体积的变化，因气体的膨胀或压缩而做体积功，体积功可用下式计算：

$$W = -p\,\Delta V = -p(V_2 - V_1)$$

式中，ΔV 为体积变化，系统体积膨胀，$\Delta V > 0$，$-p\,\Delta V < 0$，表示系统对环境做功；系统体积压缩，$\Delta V < 0$，$-p\,\Delta V > 0$，表示环境对系统做功。

系统热力学能的变化为

$$\Delta U = Q_p + W = Q_p - p\,\Delta V$$

我们知道热力学能是状态函数，其值只决定系统所处的状态，由 $\Delta U = Q_V$，则有

$$Q_p = Q_V + p\,\Delta V$$

1.2　恒压热效应与焓变

1.2.1　恒压热效应

化学反应在恒压条件下的反应热效应称为恒压热效应。1840 年，俄国化学家盖斯

（Г. И. Гесс）在总结大量化学反应热效应的实验数据的基础上，得出一条经验规则：无论化学反应是一步完成还是分几步完成，其恒压或恒容热效应只与反应系统的始态和终态有关，而与变化的途径无关，这就是盖斯定律。例如 100kPa 和 298.15K 下，碳完全燃烧生成 CO_2 按两种途径进行反应。

途径 I：由 C 和 O_2 直接生成 CO_2。

途径 II：由 C 和 O_2 先生成 CO，再由 CO 和 O_2 生成 CO_2。

过程如图 1-2 所示。

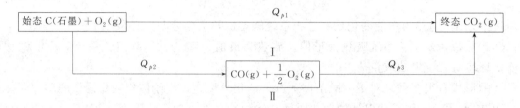

图 1-2 C 完全燃烧生成 CO_2 的两种途径示意图

根据盖斯定律计算碳完全燃烧反应的热量：$Q_{p1}=Q_{p2}+Q_{p3}$

由图 1-2 可以看出，利用盖斯定律不仅可以计算不同过程的反应热效应，还可以计算某个难以测量的反应的热效应。例如反应 $C(s)+\dfrac{1}{2}O_2(g)\!\!=\!\!=\!\!CO(g)$非常难控制，该反应热效应也很难通过实验测定。由图 1-2 中的关系，Q_{p1} 和 Q_{p3} 容易测得，Q_{p1} 和 Q_{p3} 的数值可以通过测定下面两个反应的热效应得到。

$$C(s)+O_2(g)\!\!=\!\!=\!\!CO_2(g) \qquad Q_{p1}=-393.50\text{kJ}\cdot\text{mol}^{-1}$$

$$CO(g)+\frac{1}{2}O_2(g)\!\!=\!\!=\!\!CO_2(g) \qquad Q_{p3}=-282.98\text{kJ}\cdot\text{mol}^{-1}$$

根据盖斯定律计算就可得 $C(s)+\dfrac{1}{2}O_2(g)\!\!=\!\!=\!\!CO(g)$ 的反应热效应，即

$$Q_{p2}=Q_{p1}-Q_{p3}=-110.52\text{kJ}\cdot\text{mol}^{-1}$$

1.2.2 焓与焓变

化学反应的恒压热效应可以由式 $Q_p=Q_V+p\Delta V$ 计算，其中式中涉及的（$-p\Delta V$）为体积功，体积功在实际测量和计算时都非常麻烦，为了简便，引入一个状态函数——焓，用符号 H 表示，焓的定义式为：

$$H\stackrel{\text{def}}{=\!=\!=}U+pV$$

因为式中 U、p、V 均为系统的状态函数，故 H 也是状态函数，是一个复合状态函数。当系统的状态改变时，焓的变化量（ΔH）简称焓变，可通过下式计算。

$$\Delta H=\Delta U+\Delta(pV)$$

恒压条件下，则有

$$\Delta H=\Delta U+p\Delta V=(Q_p-p\Delta V)+p\Delta V=Q_p$$

由上式知，焓变等于反应的等压热效应。

1.2.3　反应的标准摩尔焓变

（1）标准状态

许多热力学函数的绝对值无法确定，为了便于比较不同状态时它们的相对值，需要规定一个状态作为比较的标准。规定：将 100kPa 规定为标准压力，用 $p^{\ominus}$ 表示。对于有气体存在的系统，规定各种气态物质的分压均为 100kPa 时的状态为标准状态；对于溶液系统，在标准压力 $p^{\ominus}$ 下，各种溶质（如水合离子或分子）的浓度均为 1mol·L^{-1} 的状态为标准状态，$c^{\ominus}=1\text{mol·L}^{-1}$ 为标准浓度。标准状态也称热力学标准状态，简称标准态。标准态中不规定温度，但热力学中常以 $T=298.15\text{K}$（近似为 298K）作为参考温度。

（2）反应的标准摩尔焓变

在标准状态下，一个化学反应的摩尔焓变称为该反应的标准摩尔焓变，用 $\Delta_r H_m^{\ominus}$ 表示。热力学中，常用一种标明反应条件、各物质聚集状态和反应热效应的形式来表示化学反应，并将该反应式称为热化学方程式。以氢气和氧气化合生成水为例表示如下：

$$H_2(g)+\frac{1}{2}O_2(g)=\!=\!=H_2O(l)\qquad \Delta_r H_m^{\ominus}(298.15\text{K})=-285.83\text{kJ·mol}^{-1}$$

式中，$\Delta_r H_m^{\ominus}(298.15\text{K})$ 为该反应的反应热。其中 Δ 表示变化；r 表示反应；m 表示该反应是按 1mol 进行反应，即反应进度为 1mol；$\ominus$ 表示反应系统中各物质都处于标准态；298.15K 表示反应系统的始态和终态的温度均为 298.15K。

除了注意反应条件外，书写热化学反应方程式时，还应当注意以下问题。

① $\Delta_r H_m^{\ominus}(298.15\text{K})$ 是反应的反应热，表示在标准压力 $p^{\ominus}=100\text{kPa}$、温度 $T=298.15\text{K}$ 的条件下，按反应式完成 1mol 反应的焓变。

② 反应式中各种物质的聚集状态以 g、l、s 分别表示气、液、固态；以 aq 表示水溶液。如果将上例反应中的水从液态 $H_2O(l)$ 变成气态 $H_2O(g)$，则热化学方程式应为

$$H_2(g)+\frac{1}{2}O_2(g)=\!=\!=H_2O(g)\qquad \Delta_r H_m^{\ominus}(298.15\text{K})=-241.82\text{kJ·mol}^{-1}$$

③ $\Delta_r H_m^{\ominus}$ 值与反应式的写法有关。例如上述反应如果书写为

$$2H_2(g)+O_2(g)=\!=\!=2H_2O(g)$$

则热化学反应方程式为

$$2H_2(g)+O_2(g)=\!=\!=2H_2O(g)\qquad \Delta_r H_m^{\ominus}=-483.64\text{kJ·mol}^{-1}$$

因为 $\Delta_r H_m^{\ominus}$ 是反应进度为 1mol 时反应的焓变，而反应进度与方程式中的计量系数有关。

④ $\Delta_r H_m^{\ominus}$ 的"+""−"号表示吸热或放热。$\Delta_r H_m^{\ominus}>0$ 为吸热反应，$\Delta_r H_m^{\ominus}<0$ 为放热反应。

（3）物质的标准摩尔生成焓

规定在标准压力下和所选择的温度 T 时，由最稳定单质（磷除外）生成 1mol 物质的量的纯物质时反应的焓变，称为该物质的标准摩尔生成焓，通常选定温度为 298.15K，以 $\Delta_f H_m^{\ominus}(298.15\text{K})$ 表示。规定最稳定单质的标准摩尔生成焓等于零。石墨和氧气都是最稳定的单质，二者反应生成二氧化碳，反应的焓变为

$$C(石墨)+O_2(g)=\!=\!=CO_2(g)\qquad \Delta_r H_m^{\ominus}(298.15\text{K})=-393.51\text{kJ·mol}^{-1}$$

则 $CO_2(g)$ 的标准摩尔生成焓为 $-393.51\text{kJ·mol}^{-1}$，记作

$$\Delta_f H_m^{\ominus}(CO_2, g, 298.15K) = -393.51 \text{kJ·mol}^{-1}$$

磷单质例外，虽然红磷比白磷稳定，但特别规定白磷的标准摩尔生成焓为零。

$$P(白磷) + \frac{3}{2}Cl_2(g) = PCl_3(g) \qquad \Delta_r H_m^{\ominus}(298.15K) = -287 \text{kJ·mol}^{-1}$$

则 $\Delta_f H_m^{\ominus}(PCl_3, g, 298.15K) = -287 \text{kJ·mol}^{-1}$。

水溶液中，规定水合氢离子的标准摩尔生成焓为零。标准压力下，温度为 298.15K 时，水合 $H^+(aq)$ 浓度为 1mol·L^{-1} 时，其标准摩尔生成焓为零，以 $\Delta_f H_m^{\ominus}(H^+, aq, 298.15K) = 0$ 表示。

书中附录 3 和附录 4 中列出了一些化合物在空气介质中和在水溶液中的水合离子、水合分子处于 298.15K 时的标准摩尔生成焓。

1.2.4 反应的标准摩尔焓变的计算

对于一般化学反应 $aA + bB \longrightarrow dD + gG$，可以设计下列反应，过程如图 1-3 所示，根据盖斯定律和物质的标准摩尔生成焓，推出反应的标准摩尔焓变的一般计算式。

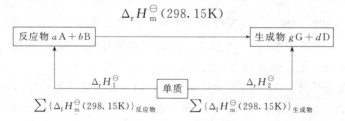

图 1-3 反应的标准摩尔焓变的计算规则导出示意图

由图 1-3 可以看出：

$$\Delta_r H_1^{\ominus} + \Delta_r H_m^{\ominus}(298.15K) = \Delta_r H_2^{\ominus}$$

或 $$\sum \{\Delta_f H_m^{\ominus}(298.15)\}_{反应物} + \Delta_r H_m^{\ominus}(298.15K) = \sum \{\Delta_f H_m^{\ominus}(298.15K)\}_{生成物}$$

故 $$\Delta_r H_m^{\ominus}(298.15K) = \sum \{\Delta_f H_m^{\ominus}(298.15K)\}_{生成物} - \sum \{\Delta_f H_m^{\ominus}(298.15K)\}_{反应物}$$

$$= [g\Delta_f H_m^{\ominus}(G) + d\Delta_f H_m^{\ominus}(D)] - [a\Delta_f H_m^{\ominus}(A) + b\Delta_f H_m^{\ominus}(B)]$$

在热力学标准状态下，某反应的恒压热效应等于反应中各生成物标准摩尔生成焓的总和减去各反应物标准摩尔生成焓的总和。"总和"的含义是计算时需乘上各物质相应的计量系数。这样可利用物质的标准摩尔生成焓计算反应的标准摩尔焓变。

【例 1-1】 试计算铝粉和三氧化二铁反应的 $\Delta_r H_m^{\ominus}(298.15K)$。

解：写出并配平化学方程式；查附录 3 并在各物质下面标出其标准摩尔生成焓的值，表示如下：

$$2Al(s) + Fe_2O_3(s) = Al_2O_3(s) + 2Fe(s)$$

$\Delta_f H_m^{\ominus}(298.15K)/\text{kJ·mol}^{-1}$　　0　　　-824.2　　　-1675.7　　　0

代入算式中，即得

$$\Delta_r H_m^{\ominus}(298.15K) = \Delta_f H_m^{\ominus}(Al_2O_3, s) + 2\Delta_f H_m^{\ominus}(Fe, s) - 2\Delta_f H_m^{\ominus}(Al, s) - \Delta_f H_m^{\ominus}(Fe_2O_3, s)$$

$$= \{(-1675.7) + 0 - 0 - (-824.2)\} \text{kJ·mol}^{-1}$$

$$= -851.5 \text{kJ·mol}^{-1}$$

计算说明该反应放出大量的热（温度可达 2000℃ 以上）能使铁熔化，常应用于钢铁的焊接。

1.3 化学反应的方向

1.3.1 自发过程与非自发过程

自然界里有很多不需要外界作功就能自动进行的过程。例如成熟的果实会自动落到地面上；在水中滴入一滴蓝墨水能自动扩散均匀；温度高的铁块一端会自动传递热量到温度低的铁块一端；电流从高电势处自动流向低电势处；锌片放入 $CuSO_4$ 溶液中会自动溶解；铁器皿长期放置在潮湿的环境中会生锈。这种不需要外界做功而能自动进行的过程或反应称为自发过程或自发反应。

从自然界的许多实例中，我们可以得出以下规律。

① 在同一条件下，一切自发过程不能自发地向其相反方向进行，这叫做自发过程的单向性，即一个自发过程，其逆过程一定不能自发进行。

② 借助外力做功的条件下，自发过程的逆过程也可以进行。这种必须借助外力做功才能进行的过程叫做非自发过程。

③ 可以自发进行的过程都存在一个"推动力"，自发过程就是靠这个"推动力"完成的，自发过程是"推动力"量的减少过程。当自发过程进行到一定限度时，"推动力"会消失，自发过程就"停止"了，此刻过程就处于一个"静止状态"。自发过程的"推动力"对不同的过程表现为不同的形式。例如果实自动落下的推动力是高度差；热传导的自动进行，推动力是温度差；电子的定向移动的推动力是电势差。

人们在科研、生产和社会实践中经常遇到许多涉及过程的自发性问题，化学反应的方向性问题，就是非常重要的问题。例如我们知道大气污染的原因之一就是汽车燃烧产生的尾气，其主要成分是 NO 和 CO，如果能将 NO 和 CO 变成 N_2 和 CO_2，很大程度上就解决了大气污染源问题。不难想到化学反应 $NO(g) \longrightarrow \frac{1}{2}N_2(g) + \frac{1}{2}O_2(g)$ 和 $CO(g) \longrightarrow C(s) + \frac{1}{2}O_2(g)$，如果这两个反应在某条件下可以自发进行，沿着这个思路的方向，重点研究这两个化学反应发生的条件，如果能够在简单的反应条件下解决上述两个反应的问题，就可以从根本上解决燃烧废气和汽车尾气造成的大气污染的问题。

1.3.2 自发反应方向的判断标准

怎么判断自发反应的方向呢？人们在早期的实际生产过程中，发现许多能自发进行的反应都是放热反应，就有人提出用反应的焓变 ΔH 作为自发反应方向的判断标准，并提出：如果 $\Delta H < 0$，则反应为自发反应；如果 $\Delta H > 0$，则反应为非自发反应。

随后在研究中人们又发现，有些吸热反应也能自发进行，如 N_2O_5 和 NH_4Cl 的分解反应是吸热反应，KNO_3 溶于水的过程也是吸热过程。化学反应的反应热对其自发性影响很大，如反应 $CaCO_3(s) \Longrightarrow CO_2(g) + CaO(s)$ 在 100kPa、298K 时是不能自发进行的，但当反应温度高于 1114K 时，该反应就可以自发进行，$CaCO_3$ 就可以自动分解为 CO_2 和 CaO。由这些实例知道，反应热不能作为化学反应自发性的判断标准，但反应热是与化学反应方向性判断标准有关的量。

1.3.3 熵和熵变

(1) 系统的混乱度和熵

人们在寻求反应方向性判断标准的过程中，逐渐认识到混乱度也与反应的方向性有关。例如在一盆水里滴加一些红墨水，过一段时间红墨水会自动扩散均匀；室温条件下冰雪能自动融化成水；NH_4Cl 晶体可以自发分解为 $NH_3(g)$ 和 $HCl(g)$；在 1114K 时 $CaCO_3$ 自动分解为 $CaO(s)$ 和 $CO_2(g)$。通过这些例子不难看出，微观粒子的混乱度增大有利于自发过程的进行。许多自发过程倾向于系统取得最大的混乱度，即系统混乱度增大的过程。

混乱度用来描述系统内部微观粒子（原子、分子、离子、电子等）排布和运动的无序程度。一个系统的有序度高，其混乱度就小；有序度低，混乱度就大。例如水分子在固态冰中比在液态水中排列整齐，所以冰的混乱度比水的小。热力学中用熵来衡量系统微观粒子的混乱程度，用符号 S 表示。系统的熵值小，所处状态的混乱度就小，系统所处混乱度大的状态其熵值就大。冰的混乱度小于水的混乱度，冰的熵值小于水的熵值。系统的状态一定，其混乱度的大小就一定，熵值也就一定，熵也是系统的状态函数。

根据熵的物理意义，不难看出以下几点。

① 同一物质，聚集状态不同，熵值不同。即有

$$S(s) < S(l) < S(g)$$

因为从固态到液态，从液态到气态，粒子分布排列和运动的混乱度依次增加，熵值必然增大。

② 同一物质处于相同的聚集状态时，温度升高，粒子热运动增加，系统的混乱度增大，熵值也增大。有

$$S(高温) > S(低温)$$

③ 不同分子在相同温度和聚集状态时，分子或晶体内微粒数目越多，分子或晶体结构越复杂，混乱度越大，熵值也越大。

$$S(复杂分子) > S(简单分子)$$

随着温度降低，纯物质系统内部微粒的热运动越来越慢，微观粒子的排列也越来越有序，其熵值也越来越小。在热力学温度为零时，任何纯物质的完整晶体中微粒热运动处于停止状态，粒子的微观状态只有一种理想的有序状态，与之相对应的熵值等于零。"在热力学温度为 0K 时，一切纯物质的完整晶体的熵值等于零"，这就是热力学第三定律。表示为：$S(0K，完整晶体) = 0$。

熵是状态函数，熵的变化量 ΔS 由系统的始态和终态决定。如果某物体从热力学温度 0K 开始升高到温度 TK，系统在这个过程的熵变 ΔS 就等于终态的熵值（S_{TK}）和始态的熵值（S_{0K}）之差。

$$\Delta S = S_{TK} - S_{0K}$$

又因 $S_{0K} = 0$，故

$$\Delta S = S_{TK}$$

物质从热力学温度零度（0K）到指定温度（TK）的熵值，称为该物质的绝对熵（S）。

根据热力学的推导，系统的熵变等于该系统在恒温、可逆过程中吸收或放出的热量 Q_r 与其热力学温度 T 之商，式为

$$\Delta S = Q_r / T$$

熵的单位是 $J \cdot K^{-1}$，是能量/温度的量纲。

（2）标准摩尔熵和标准摩尔熵变

在热力学标准状态下，1mol 物质的量的纯物质的绝对熵称为该物质的标准摩尔熵，以 $S_m^{\ominus}$ 表示，单位为 $J \cdot mol^{-1} \cdot K^{-1}$。附录 3 中列出了一些单质和化合物在 298.15K 时的标准摩尔熵的数据。

与物质的标准摩尔生成焓相似，对于水合离子的熵值规定：在标准状态下，298.15K 时，水合氢离子的标准熵值为零，从而得到一些水合离子的标准熵。附录 4 列出了在 298.15K 时水合离子的标准熵值。

熵是状态函数，由物质的标准摩尔熵 $S_m^{\ominus}(B)$ 数据，可以计算化学反应的标准摩尔熵变 $\Delta_r S_m^{\ominus}$。即化学反应的标准摩尔熵变等于生成物标准摩尔熵的总和减去反应物标准摩尔熵的总和。对于任意反应：

$$a A + b B \Longrightarrow d D + g G$$
$$\Delta_r S_m^{\ominus} = \sum S_m^{\ominus}(生成物) - \sum S_m^{\ominus}(反应物)$$
$$= [g S_m^{\ominus}(G) + d S_m^{\ominus}(D)] - [a S_m^{\ominus}(A) + b S_m^{\ominus}(B)]$$

【例 1-2】 计算反应 $2H_2O(l) \Longrightarrow 2H_2(g) + O_2(g)$ 的标准摩尔熵变 $\Delta_r S_m^{\ominus}$。

解： 化学反应 $\quad\quad 2H_2O(l) \Longrightarrow 2H_2(g) + O_2(g)$

$S_m^{\ominus} / J \cdot mol^{-1} \cdot K^{-1} \quad\quad 69.91 \quad\quad 130.573 \quad 205.03$

$$\Delta_r S_m^{\ominus} = [2S_m^{\ominus}(H_2,g) + S_m^{\ominus}(O_2,g)] - [2S_m^{\ominus}(H_2O,l)]$$
$$= 2 \times 130.573 + 205.03 - 2 \times 69.91$$
$$= 326.4(J \cdot mol^{-1} \cdot K^{-1})$$

可计算出反应的焓变为

$$\Delta_r H_m^{\ominus} = 571.66 kJ \cdot mol^{-1}$$

该反应的 $\Delta_r S_m^{\ominus}$ 为正值，从反应中各物质的聚集状态的变化可知，反应前后系统的熵值增大。从系统倾向于取得最大混乱度这一因素来看，熵值增大，有利于反应自发进行。但是该反应又是一个吸热反应，$\Delta_r H_m^{\ominus} > 0$，从系统倾向于取得最低的能量这一因素来看，吸热不利于反应的自发进行。另外，研究发现有些熵值减小的过程也是自发过程，单独用系统的焓变或熵变作为判断反应自发性的标准都有片面性。

1.3.4 吉布斯函数与吉布斯函数变

反应的自发性不仅与焓变有关，而且与熵变有关，有时温度也会起决定作用。1876 年，美国物理化学家吉布斯（J. W. Gibbs.）把这三个因素综合起来考虑，提出来自由能的概念，用它来判断系统恒温恒压条件下的自发性。吉布斯自由能也称吉布斯函数，是由 H, S, T 组合的一个新的状态函数，用符号 G 表示，定义为：

$$G \xlongequal{def} H - TS$$

在恒温下，系统的状态发生变化时，吉布斯函数的变化量为

$$\Delta G = \Delta H - T \Delta S$$

系统的自发过程的特点之一是对外做非体积功 W'，根据热力学证明，自发过程系统吉布斯函数的减少，等于系统在恒温恒压下对外可能做的最大非体积功，即：

$$\Delta G_{T,p} = W'_{max}$$

吉布斯提出，判断反应自发性的根据是系统做非体积功的能力，同时也证明了：在恒温恒压下，如果某一反应无论在理论或实际上可被利用来做非体积功，则该反应是自发的；如果必须由外界做功才能使某一反应进行，则该反应就是非自发的。从而得出，反应系统的吉布斯函数变化可作为反应自发性的判据。

自然界中有很多自发过程，在适当条件下可以对外做有用功。例如，气体由高压容器向低压容器膨胀是自发过程，做机械功；自发进行的化学反应 $Zn + CuSO_4 \longrightarrow Cu + ZnSO_4$，放在原电池中进行可以做电功，说明自发过程具有对外做功的能力。

在恒温、恒压下，对系统不做非体积功的条件下发生的过程，有

$$\Delta G < 0 \quad 系统自发进行$$
$$\Delta G = 0 \quad 系统处于平衡状态$$
$$\Delta G > 0 \quad 系统不能自发进行$$

1.3.5 过程自发方向的判断

恒温、恒压条件下，由吉布斯函数定义式 $\Delta G = \Delta H - T\Delta S$ 可以看出，系统的吉布斯函数变 ΔG 受 ΔH、ΔS 和 T 这三个因素的影响。将系统吉布斯函数变的大小，吸热、放热，熵增、熵减，可能出现的情况，列于表 1-1 中。

表 1-1 恒温恒压下系统自发性的类型

类型	ΔH	ΔS	ΔG	反应（正向）的自发性
①	−	+	−	任何 T 都自发
②	+	−	+	任何 T 都不自发
③	+	+	高温时为−	高温下利于反应自发
④	−	−	低温时为−	低温下利于反应自发

类型① 系统是一个放热和熵增过程，此时焓变和熵变都有利于系统的自发进行，故无论温度怎样变化，系统都能自发进行。

例如：
$$\frac{1}{2}H_2(g) + \frac{1}{2}F_2(g) == HF(g)$$
$$\Delta H = -271.1 kJ \cdot mol^{-1} < 0 \qquad \Delta S = 7.05 J \cdot mol^{-1} \cdot K^{-1} > 0$$
$$\Delta G = \Delta H - T\Delta S < 0 \qquad 所以该反应能自发进行。$$

类型② 系统是一个吸热和熵减过程，焓变和熵变均不利于系统的自发进行，所以无论温度高低，过程都是非自发的。

例如：
$$CO(g) == CO_2(g) + C(s)$$
$$\Delta H = 110.52 kJ \cdot mol^{-1} \qquad \Delta S = -89.3 J \cdot mol^{-1} \cdot K^{-1}$$
$$\Delta G = \Delta H - T\Delta S > 0 \qquad 该反应不能自发进行。$$

类型③ 系统的焓变和熵变是影响吉布斯函数变的主要因素，当焓变不利于自发过程进行，熵变值小的时候，不足以抵消焓变的影响，只有增大熵变值，才能改变焓变的影响。当温度由低到高时，吉布斯函数变的变化，从 $\Delta G > 0$ 到 $\Delta G = 0$，再到最终的 $\Delta G < 0$，在 $\Delta G = 0$ 的温度时，ΔG 由正值变为负值，此时的温度称为过程的转变温度，转变温度可由恒温恒压下，吉布斯函数的定义式求得。

$$\Delta G = \Delta H - T\Delta S$$

当 $\Delta G = 0$ 时，有

$$T_{\text{转}} = \frac{\Delta H}{\Delta S}$$

例如：
$$CaCO_3(s) \Longrightarrow CaO(s) + CO_2(g)$$
$$\Delta H = 178 \text{kJ·mol}^{-1} \qquad \Delta S = 161 \text{J·mol}^{-1}·\text{K}^{-1}$$
$$\Delta G = 178 - T \times 161 \times 10^{-3} \leqslant 0$$

$T \geqslant 1106\text{K}$ 时，该反应才能发生。

类型④　当系统的焓变有利于自发过程进行，而熵变不利于自发过程时，高温下，熵变值增大，$T\Delta S$ 起主导作用，改变了焓变对自发性的影响，不利于系统自发进行；低温时，熵变值小，降低了 $T\Delta S$ 对系统自发进行的影响，有利于系统的自发进行。

例如：
$$HCl(g) + NH_3(g) \Longrightarrow NH_4Cl(s)$$
$$\Delta H = -176.9 \text{kJ·mol}^{-1} \qquad \Delta S = -284.6 \text{J·mol}^{-1}·\text{K}^{-1}$$
$$\Delta G = -176.9 - T \times (-284.6) \times 10^{-3} \geqslant 0$$

$T \leqslant 621.6\text{K}$ 时，该反应才能发生。

1.3.6　吉布斯函数变的计算

1.3.6.1　标准状态反应吉布斯函数变的计算

与反应的标准摩尔焓变相似，在标准状态和任一温度 T 下，反应进度为 1mol 时反应的吉布斯函数变，称为该反应的标准摩尔吉布斯函数变，用 $\Delta_r G_m^{\ominus}$ 表示。反应的吉布斯函数变 $\Delta_r G_m^{\ominus}$ 的计算方法如下。

(1) 利用物质的标准摩尔生成吉布斯函数计算

物质在标准状态下，由稳定单质（磷除外）生成 1mol 纯物质时反应的吉布斯函数变，称为该物质的标准摩尔生成吉布斯函数，稳定单质的标准摩尔生成吉布斯函数为零，并规定水合氢离子的标准摩尔生成吉布斯函数为零。物质的标准摩尔生成吉布斯函数以 $\Delta_f G_m^{\ominus}$ 表示，单位为 kJ·mol^{-1}。附录 3 和附录 4 中列出了一些化合物在空气介质中和在水溶液中的水合离子、水合分子处于 298.15K 时的标准摩尔生成吉布斯函数。

与反应的标准焓变的计算相似，可以利用附录 3 和附录 4 中数据计算反应的标准摩尔吉布斯函数变，反应的标准摩尔吉布斯函数变等于生成物的标准摩尔生成吉布斯函数的总和减去反应物的标准摩尔生成吉布斯函数的总和。如下：

$$aA + bB \Longrightarrow gG + dD$$
$$\Delta_r G_m^{\ominus} = \sum (\Delta_f G_m^{\ominus})_{\text{生成物}} - \sum (\Delta_f G_m^{\ominus})_{\text{反应物}}$$
$$= [g\Delta_f G_m^{\ominus}(G) + d\Delta_f G_m^{\ominus}(D)] - [a\Delta_f G_m^{\ominus}(A) + b\Delta_f G_m^{\ominus}(B)]$$

此算式只适用于 298.15K，其他温度需用 $\Delta G^{\ominus}$ 与 $\Delta H^{\ominus}$、$\Delta S^{\ominus}$ 的关系式计算。

(2) 用关系式 $\Delta_r G_m^{\ominus} = \Delta_r H_m^{\ominus} - T\Delta_r S_m^{\ominus}$ 计算

根据吉布斯函数的定义式 $G = H - TS$，恒温条件下
$$\Delta G = \Delta H - T\Delta S$$
在标准状态时，1mol 反应进度的化学反应
$$\Delta_r G_m^{\ominus} = \Delta_r H_m^{\ominus} - T\Delta_r S_m^{\ominus}$$

【例 1-3】　计算反应 $C(s) + CO_2(g) \Longrightarrow 2CO(g)$ 在 298.15K 的标准摩尔吉布斯函数变。

算法Ⅰ：从附录 3 中查出各种物质的 $\Delta_f G_m^{\ominus}(298.15\text{K})$，如下所列。

解：对于反应 $\qquad$ $C(s)+CO_2(g)\Longrightarrow 2CO(g)$

$\Delta_f G_m^\ominus/kJ\cdot mol^{-1}$ $\qquad$ 0 $\quad$ -394.36 $\quad$ -137.15

$$\begin{aligned}\Delta_r G_m^\ominus &= \sum(\Delta_f G_m^\ominus)_{\text{生成物}}-\sum(\Delta_f G_m^\ominus)_{\text{反应物}}\\ &=2\Delta_f G_m^\ominus(CO)-[\Delta_f G_m^\ominus(CO_2)+\Delta_f G_m^\ominus(C)]\\ &=2\times(-137.5)-(-394.36)\\ &=119.36(kJ\cdot mol^{-1})\end{aligned}$$

算法Ⅱ：从附录3中查出各物质的 $\Delta_f H_m^\ominus(298.15K)$ 和 $S_m^\ominus(298.15K)$ 如下所列。

$\qquad\qquad\qquad\qquad\qquad\qquad C(s)+CO_2(g)\Longrightarrow 2CO(g)$

$\Delta_f H_m^\ominus/kJ\cdot mol^{-1}$ $\qquad$ 0 $\quad$ -393.50 $\quad$ -110.52

$S_m^\ominus/J\cdot mol^{-1}\cdot K^{-1}$ $\qquad$ 5.74 $\quad$ 213.64 $\quad$ 197.56

解：先用所列数据分别算得

$$\Delta_r H_m^\ominus(298.15K)=172.46kJ\cdot mol^{-1}$$

$$\Delta_r S_m^\ominus(298.15K)=175.74J\cdot mol^{-1}\cdot K^{-1}$$

再用关系式 $\Delta_r G_m^\ominus(298.15K)=\Delta_r H_m^\ominus(298.15K)-T\Delta_r S_m^\ominus(298.15K)$

$$\begin{aligned}&=172.5-298.15\times175.91\times10^{-3}\\&=120.06(kJ\cdot mol^{-1})\end{aligned}$$

(3) 任意温度下标准摩尔吉布斯函数变的计算

由于反应的 $\Delta_r G_m^\ominus(T)$ 值随温度的变化而变化，任意温度下反应的吉布斯函数变 $\Delta_r G_m^\ominus$ (T) 不能用 $\Delta_f G_m^\ominus(298.15K)$ 数据计算。反应的 $\Delta_r H_m^\ominus$ 和 $\Delta_r S_m^\ominus$ 随温度变化不大，可近似将 $\Delta_r H_m^\ominus(298.15K)$ 和 $\Delta_r S_m^\ominus(298.15K)$ 视为常数，近似计算任意温度下反应的标准摩尔吉布斯函数变。

$$\Delta_r G_m^\ominus(T)=\Delta_r H_m^\ominus(T)-T\Delta_r S_m^\ominus(T)$$

$$\Delta_r H_m^\ominus(T)\approx\Delta_r H_m^\ominus(298.15K),\ \Delta_r S_m^\ominus(T)\approx\Delta_r S_m^\ominus(298.15K)$$

$$\Delta_r G_m^\ominus(T)\approx\Delta_r H_m^\ominus(298.15K)-T\Delta_r S_m^\ominus(298.15K)$$

【例 1-4】 已知下列反应在298.15K时的热力学数据

$\qquad\qquad\qquad\qquad\qquad 2CO(g)+2H_2(g)\Longrightarrow CH_4(g)+CO_2(g)$

$\Delta_f H_m^\ominus/kJ\cdot mol^{-1}$ $\quad$ -110.52 $\qquad\qquad$ -74.85 $\quad$ -393.50

$S_m^\ominus/J\cdot mol^{-1}\cdot K^{-1}$ $\quad$ 197.56 $\quad$ 130.574 $\qquad$ 186.27 $\quad$ 213.64

求该反应在600K时的 $\Delta_r G_m^\ominus$。

解：$\Delta_r H_m^\ominus(298.15K)=(-74.85)+(-393.50)-2\times(-110.52)$

$\qquad\qquad\qquad\qquad =-247.31(kJ\cdot mol^{-1})$

$\Delta_r S_m^\ominus(298.15K)=186.27+213.64-2\times197.56-2\times130.574$

$\qquad\qquad\qquad\qquad =399.91-395.12-261.148$

$\qquad\qquad\qquad\qquad =-256.358(J\cdot mol^{-1}\cdot K^{-1})$

$\Delta_r G_m^\ominus(600K)\approx\Delta_r H_m^\ominus(298.15K)-T\Delta_r S_m^\ominus(298.15K)$

$\qquad\qquad\qquad\quad =-247.31-600\times(-256.358)\times10^{-3}$

$\qquad\qquad\qquad\quad =-93.49(kJ\cdot mol^{-1})$

答：该反应在600K时的 $\Delta_r G_m^\ominus$ 为 $-93.49kJ\cdot mol^{-1}$。

1.3.6.2　非标准状态吉布斯函数变的计算

许多反应系统是在非标准态下进行的，要判断任意状态下反应的自发性，必须用非标准态时反应的吉布斯函数变作为判断其自发方向的依据。根据系统所处的压力或浓度条件，计算出非标准状态的吉布斯函数变 $\Delta_r G_m(T)$ 再进行判断。

对于任一化学反应：

$$a\,A(g)+b\,B(g)\xlongequal{\quad} g\,G(g)+d\,D(g)$$

在恒温恒压下，任意状态的 $\Delta_r G_m(T)$ 与标准态的 $\Delta_r G_m^\ominus(T)$ 之间的关系，可由热力学导出的等温方程式来表示：

$$\Delta_r G_m(T)=\Delta_r G_m^\ominus(T)+RT\ln Q_p$$

其中 R 是摩尔气体常数；Q_p 称任意分压商，是生成物分压与标准压力之比以反应方程式中的化学计量数为指数的幂乘积和反应物分压与标准压力之比以化学计量数为指数的幂乘积之比值。

$$Q_p=\frac{[p(G)/p^\ominus]^g[p(D)/p^\ominus]^d}{[p(A)/p^\ominus]^a[p(B)/p^\ominus]^b}$$

如果反应物或生成物是固体或液态纯物质，在分压商中它们的相对分压 $p(B)/p^\ominus$ 不出现。

水溶液中的反应，上述分压商式中 $[p(B)/p^\ominus]$ 以各反应物和生成物的水合离子（或分子）的相对浓度 $[c(B)/c^\ominus]$ 来计量。

$$a\,A(aq)+b\,B(aq)\xlongequal{\quad} g\,G(aq)+d\,D(aq)$$

$$\Delta G=\Delta G_m^\ominus+RT\ln Q_c$$

$$Q_c=\frac{[c(G)/c^\ominus]^g[c(D)/c^\ominus]^d}{[c(A)/c^\ominus]^a[c(B)/c^\ominus]^b}$$

式中，Q_c 称任意浓度商；$c^\ominus$ 称标准浓度，$c^\ominus=1\,mol\cdot L^{-1}$，相对浓度 $c(B)/c^\ominus$ 是一个比值。

对于混合气体反应系统来说，测量的是混合气体的总压力，各组分气体的分压很难测量。混合气体各组分分压通常用道尔顿分压定律来计算，道尔顿分压定律包含两部分内容。

① 混合气体的总压力（p）等于各组分气体（A、B……）的分压力之和。

即　　　　　　　　　　　$p_{总}=p(A)+p(B)+\cdots\cdots$

② 某组分气体的分压力与混合气体的总压力之比，等于该组分气体物质的量与混合气体总的物质的量之比（即该组分气体的摩尔分数）。

即：　　　　　　　$\dfrac{p(A)}{p_{总}}=\dfrac{n(A)}{n}$　或　$p(A)=\dfrac{n(A)}{n}\times p_{总}$

【例 1-5】　25℃ 时，纯金属银制件置于干燥的大气中，此时氧在空气中的分压力为 $0.21\times100\,kPa$。试问银制件能否被空气氧化？

解：有关的热力学数据如下：

$$4Ag(s)+O_2(g)\xlongequal{\quad}2Ag_2O(s)$$

$\Delta_f H_m^\ominus/kJ\cdot mol^{-1}$	0	0	-30.59
$S^\ominus/J\cdot mol^{-1}\cdot K^{-1}$	42.55	205.03	121.71

$$\Delta_r H_m^\ominus=2\times(-30.59)=-61.18(kJ\cdot mol^{-1})$$

$$\Delta_r S_m^\ominus=2\times121.71-4\times42.55-205.03$$

$$=-131.81(\text{J}\cdot\text{mol}^{-1}\cdot\text{K}^{-1})$$

$$\Delta_r G_m^{\ominus}=\Delta_r H_m^{\ominus}-T\Delta_r S_m^{\ominus}$$

$$=-61.18-298\times(-131.81)\times10^{-3}$$

$$=-21.90(\text{kJ}\cdot\text{mol}^{-1})$$

$$\Delta_r G_m=\Delta_r G_m^{\ominus}+RT\ln(p_{O_2}/p^{\ominus})^{-1}$$

$$=-21.90+8.314\times298\times10^{-3}\ln(0.21)^{-1}$$

$$=-18.03(\text{kJ}\cdot\text{mol}^{-1})$$

计算 $\Delta_r G_m<0$，所以银制件在空气中可以被氧化。

【例 1-6】 298.15K 时，$N_2(g)+O_2(g)\Longrightarrow 2NO(g)$ 中物质的量之比为：N_2：O_2：NO=1：1：2，该混合气体的总压为 101kPa。试求此时反应的任意压力商 Q_p 和摩尔反应吉布斯函数变 $\Delta_r G_m$，并判断反应自发进行的方向。

解：查附录 3 得 $\Delta_f G_m^{\ominus}(\text{NO,g,298.15K})=86.57\text{kJ}\cdot\text{mol}^{-1}$，则该反应在 298.15K 时

$$\Delta_r G_m^{\ominus}=2\times86.57=173.14(\text{kJ}\cdot\text{mol}^{-1})$$

反应系统中各组分气体的分压力：

$$p(\text{NO})=\frac{n(\text{NO})}{n(\text{总})}\cdot p(\text{总})=\frac{2}{1+1+2}\times101(\text{kPa})=50.5(\text{kPa})$$

$$p(\text{N}_2)=p(\text{O}_2)=\frac{1}{1+1+2}\times101(\text{kPa})=25.25(\text{kPa})$$

反应的压力商为：

$$Q_p=\frac{\{p(\text{NO})/p^{\ominus}\}^2}{\{p(\text{N}_2)/p^{\ominus}\}\{p(\text{O}_2)/p^{\ominus}\}}=\frac{(50.5/100)^2}{25.25/100\times25.25/100}=4$$

$$\Delta_r G_m=\Delta_r G_m^{\ominus}+RT\ln Q_p$$

$$=(173.14+8.314\times10^{-3}\times298.15\ln4)\text{kJ}\cdot\text{mol}^{-1}$$

$$=176.58(\text{kJ}\cdot\text{mol}^{-1})$$

因为 $\Delta_r G_m>0$，所以反应向左进行。

1.4 化学平衡

1.4.1 化学平衡和平衡常数

1.4.1.1 化学平衡

在相同条件下，既能向一个方向进行，又能向其反方向进行的反应称为可逆反应。通常表示为：

$$a\text{A}+b\text{B}\Longrightarrow g\text{G}+d\text{D}$$

几乎所有的化学反应都具有可逆性，不同的化学反应可逆的程度不同，可逆反应有一个共性：反应经过一定程度，反应物和生成物的浓度不再改变，此时反应达到了平衡状态，化学反应达到了最大限度。反应系统处在平衡状态时，外观上好像反应停止了，实际上反应仍在进行，只是正反应和逆反应速率相等，化学平衡是一种动态平衡。

从热力学角度看，化学平衡状态下反应的吉布斯函数变为零，即 $\Delta_r G=0$。

1.4.1.2　标准平衡常数 $K^{\ominus}$

(1) 标准平衡常数 $K^{\ominus}$ 的表达式

可逆反应的平衡常数可以从化学热力学的等温方程式 $\Delta G = \Delta G^{\ominus} + RT\ln Q$ 推导得出。从热力学推导出的平衡常数称热力学平衡常数或标准平衡常数，以 $K^{\ominus}$ 表示。

在一定温度下，对于理想气体反应达到平衡时

$$a\,A(g) + b\,B(g) \Longrightarrow g\,G(g) + d\,D(g)$$

若以平衡时各气态物质的分压力表示该反应的平衡常数，则有

$$K_p^{\ominus} = \frac{[p^{eq}(G)/p^{\ominus}]^g [p^{eq}(D)/p^{\ominus}]^d}{[p^{eq}(A)/p^{\ominus}]^a [p^{eq}(B)/p^{\ominus}]^b} \qquad K_p^{\ominus}\ \text{称为分压标准平衡常数}$$

若以平衡时各物质的浓度表示该反应的平衡常数，则有

$$K_c^{\ominus} = \frac{[c^{eq}(G)/c^{\ominus}]^g [c^{eq}(D)/c^{\ominus}]^d}{[c^{eq}(A)/c^{\ominus}]^a [c^{eq}(B)/c^{\ominus}]^b} \qquad K_c^{\ominus}\ \text{称为浓度标准平衡常数}$$

在书写标准平衡常数表达式时，应当注意以下几点。

① 不论反应过程的具体途径如何，可根据总的化学方程式，写出平衡常数表达式。

② 标准平衡常数表达式中的浓度 $c^{eq}(B)$ 和分压 $p^{eq}(B)$ 均为平衡时的浓度和分压。

③ 在标准平衡常数表达式中，凡气态物质应以相对分压 $[p(B)/p^{\ominus}]$ 表示。固态或液态的纯物质，其浓度或分压在平衡常数表达式中不出现。

例如：

$$CaCO_3(s) \Longrightarrow CaO(s) + CO_2(g)$$

的标准平衡常数表达式为

$$K_p^{\ominus} = p^{eq}(CO_2)/p^{\ominus}$$

酸碱中和反应：

$$HAc(aq) + OH^-(aq) \Longrightarrow Ac^-(aq) + H_2O(l)$$

的标准平衡常数表达式为

$$K_c^{\ominus} = \frac{c^{eq}(Ac^-)/c^{\ominus}}{[c^{eq}(HAc)/c^{\ominus}][c^{eq}(OH^-)/c^{\ominus}]}$$

④ 平衡常数表达式必须与化学反应式相对应。反应式中的计量数，即为平衡常数表达式中各物质的分压或浓度项的指数。

例如，合成氨反应：

$$N_2(g) + 3H_2(g) \Longrightarrow 2NH_3(g), K^{\ominus} = \frac{[p^{eq}(NH_3)/p^{\ominus}]^2}{[p^{eq}(N_2)/p^{\ominus}][p^{eq}(H_2)/p^{\ominus}]^3}$$

$$\frac{1}{2}N_2(g) + \frac{3}{2}H_2(g) \Longrightarrow NH_3(g), K^{\ominus} = \frac{p^{eq}(NH_3)/p^{\ominus}}{[p^{eq}(N_2)/p^{\ominus}]^{1/2}[p^{eq}(H_2)/p^{\ominus}]^{3/2}}$$

⑤ 标准平衡常数是一个无量纲的量。

系统在平衡时，可以通过测定平衡系统的组成，计算反应在某温度下的平衡常数，但这种计算方法比较繁杂，通常反应的平衡常数用热力学方法从一些热力学数据直接计算得出。

(2) $\Delta_r G_m^{\ominus}$ 与 $K^{\ominus}$ 的关系

由热力学等温方程式 $\Delta_r G_m(T) = \Delta_r G_m^{\ominus}(T) + RT\ln Q_p$，可以推导出化学反应标准平衡常数与标准摩尔吉布斯函数变的关系为：

$$\Delta_r G_m^{\ominus} = -RT \ln K^{\ominus}$$

利用这一关系式，可求出某温度下反应的标准平衡常数 $K^{\ominus}$。

【例 1-7】 已知钢铁渗碳反应

$$3Fe(s) + 2CO(g) \Longrightarrow Fe_3C(s) + CO_2(g)$$

的 $\Delta_r H_m^{\ominus}(1000K) = -154.4 kJ \cdot mol^{-1}$，$\Delta_r S_m^{\ominus}(1000K) = -152.6 J \cdot mol^{-1} \cdot K^{-1}$。计算此反应在 1000K 时的标准平衡常数。

解：
$$\begin{aligned}\Delta_r G_m^{\ominus}(1000K) &= \Delta_r H_m^{\ominus} - T \Delta_r S_m^{\ominus} \\ &= -154.4 \times 1000 - 1000 \times (-152.6) \\ &= -1800(J \cdot mol^{-1})\end{aligned}$$

$$\ln K^{\ominus} = \frac{-\Delta_r G_m^{\ominus}}{RT} = \frac{1800}{8.314 \times 1000} = 0.2165$$
$$K^{\ominus} = 1.24$$

(3) 有关平衡常数的运算规则

根据化学反应平衡概念，可以推导出有关平衡常数的运算规则，具体如下。

① 某一可逆反应式乘以系数 n，所得反应的标准平衡常数 $K_n^{\ominus}$ 与原反应式的标准平衡常数 $K^{\ominus}$ 的关系为：$K_n^{\ominus} = (K^{\ominus})^n$。

② 某一反应的标准平衡常数为 $K_{正}^{\ominus}$，则其逆反应的标准平衡常数为：$K_{逆}^{\ominus} = 1/K_{正}^{\ominus}$。

③ 如果一个反应式可由几个反应式相加（或相减）所得，则其平衡常数等于这几个反应的平衡常数的乘积（或商）。

如果反应Ⅲ=反应Ⅰ+反应Ⅱ，则 $\quad K_Ⅲ^{\ominus} = K_Ⅰ^{\ominus} \cdot K_Ⅱ^{\ominus}$

如果反应Ⅲ=反应Ⅰ-反应Ⅱ，则 $\quad K_Ⅲ^{\ominus} = K_Ⅰ^{\ominus}/K_Ⅱ^{\ominus}$

这也称多重平衡法则，常用这一法则，计算未知反应的平衡常数。

1.4.1.3 平衡常数的有关计算

平衡常数表述的是反应达到平衡时生成物分压或浓度与反应物分压或浓度的比，它可以表述化学反应的特性，一般平衡常数 $K^{\ominus}$ 越大，正反应进行得越彻底。

利用平衡常数可以计算反应物的量，平衡时各物质的浓度或分压，以及某反应物的转化率等。

$$某反应物的转化率 = \frac{已转化的量}{起始总量} \times 100\%$$

利用化学平衡计算时，需要配平反应式。平衡计算的一般步骤如下。

① 写出配平的化学方程式，并注明各物质的聚集状态。

② 在反应式各物质下方分别写出各物质的起始浓度（或分压）、平衡浓度（或分压）。如有未知量可设符号表示。

③ 写出正确的平衡常数表达式。

④ 将平衡时各物质的浓度（或分压）代入平衡常数表达式中，即得一个含有未知数的方程式。求解即得。

⑤ 各物质在反应中变化的量之比等于它们在化学方程式中的计量系数之比。

【例 1-8】 工业上常用水煤气制取氢气的反应

$$CO(g) + H_2O(g) \xrightarrow[Fe_2O_3]{673K} CO_2(g) + H_2(g)$$

如果在 673K 时用 2.00mol 的 CO(g) 和 2.00mol 的 $H_2O(g)$ 在密闭容器中反应，已知该温度下 $K^{\ominus}=9.94$，计算该温度时 CO 的最大转化率。

解：设 CO(g) 在反应中转化的量为 x mol，转化率为 α，平衡时总压力为 p：

$$CO(g)+H_2O(g)\Longleftrightarrow CO_2(g)+H_2(g)$$

起始时物质的量/mol　　　2.00　　　2.00　　　0　　　0

反应中物质的量变化/mol　$-x$　　　$-x$　　　$+x$　　　$+x$

平衡时物质的量/mol　　2.00$-x$　　2.00$-x$　　x　　　x

平衡时总的物质的量

$$n=n(CO)+n(H_2O)+n(CO_2)+n(H_2)$$
$$=(2.00-x)+(2.00-x)+x+x$$
$$=4.00(mol)$$

$$K^{\ominus}=\frac{[p(CO_2)/p^{\ominus}][p(H_2)/p^{\ominus}]}{[p(CO)/p^{\ominus}][p(H_2O)/p^{\ominus}]}=9.94$$

$$9.94=\frac{[(x/4.00)\times(p/p^{\ominus})][(x/4.00)\times(p/p^{\ominus})]}{[(2.00-x)/4.00)\times(p/p^{\ominus})][(2.00-x)/4.00)\times(p/p^{\ominus})]}$$
$$=x^2/(2.00-x)^2$$

解之得　$x\approx 1.52$mol

CO 的最大转化率 $\alpha\approx 1.52$mol/2.00mol$=0.76=76\%$。

1.4.2　化学平衡的移动

任何平衡都是建立在一定条件上的，平衡是相对的、暂时的。化学平衡也是如此，一定条件下才能建立和保持，维持平衡的条件发生改变，化学平衡就会被破坏，各物质的浓度或分压就会发生变化，直到新的条件下，系统又达到新的平衡。这种因条件改变，原来旧的化学平衡被破坏，建立新的化学平衡的过程，叫作化学平衡的移动。

1888 年法国化学家勒夏特列（Le Chartelier）从实验中总结得出平衡移动遵循的规律，称勒夏特列原理：假如改变平衡系统的条件之一，如浓度、压力或温度等，平衡就向能减弱这个改变的方向移动。例如，在一个平衡系统内，增加反应物的浓度，平衡就会向着减少反应物的浓度的方向移动，即向着增加生成物的方向移动；在对有气态物质存在的平衡系统中，增加压力，平衡就向着减小压力的方向移动，如果容积不变，则平衡向着减少气体分子总数的方向移动；升高系统温度，平衡就向着降低温度的方向移动，如果反应是吸热反应，平衡就正向移动；反应是放热反应，平衡就逆向移动。

化学平衡的移动是系统条件改变后，在新条件下重新考虑化学反应的方向和程度的问题。根据化学热力学等温方程式

$$\Delta G=\Delta G^{\ominus}+RT\ln Q=-RT\ln K^{\ominus}+RT\ln Q$$

即　　　　　　　　　　　$$\Delta G=RT\ln(Q/K^{\ominus})$$

式中，Q 为任意商；$K^{\ominus}$ 为平衡常数。比较它们的大小，可判断反应进行的方向或者平衡移动的方向：

$Q<K^{\ominus}$ 时，$\Delta G<0$，反应正向进行，或平衡正向移动；

$Q=K^{\ominus}$ 时，$\Delta G=0$，反应处于平衡状态；

$Q>K^{\ominus}$ 时，$\Delta G>0$，反应逆向进行，或平衡逆向移动。

系统内物质浓度（或分压）的变化对平衡常数 $K^{\ominus}$ 没有影响；系统温度变化则会引起平

衡常数变化，升高温度使吸热反应的 $K^{\ominus}$ 值增大，使放热反应的 $K^{\ominus}$ 值减小。通过改变系统中组分的浓度或压力改变反应商 Q 值，或改变温度使 $K^{\ominus}$ 值变化，都会导致平衡移动。这样可以通过调整和控制反应条件（温度、浓度、压力）来改变 Q 和 $K^{\ominus}$ 的相对大小，使反应向希望的方向进行得更完全。

【例 1-9】 在【例 1-7】中的反应，保持温度（不变），调整气体 $p(CO_2)=120kPa$，$p(CO)=60kPa$，判断平衡移动（或反应进行）的方向？

解：此时

$$Q_p = \frac{p(CO_2)/p^{\ominus}}{\{p(CO)/p^{\ominus}\}^2} = \frac{120/100}{(60/100)^2} = 3.33$$

因为温度不变，$K_p^{\ominus}$ 仍为 1.24，$Q_p > K_p^{\ominus}$，所以平衡将向逆方向移动，或者说反应 $3Fe(s)+2CO(g) \Longleftrightarrow Fe_3C(s)+CO_2(g)$ 逆向进行，钢铁零件将会脱碳。

1.5 化学反应速率

大家熟知 H_2 与 O_2 反应生成水，且反应的 $\Delta_r G_m^{\ominus} \ll 0$，说明反应自发进行的趋势很大，但是室温条件下，$H_2$ 和 O_2 的混合气体长期放置却觉察不到反应发生。这说明 $\Delta_r G_m^{\ominus} \ll 0$ 只是解决了反应的可能性，一个反应实际能不能进行，还要解决现实性问题，即化学动力学问题。

化学反应有快有慢，如上述室温时 H_2 和 O_2 可以长期放置，说明它们反应非常慢，大多有机反应也很慢；有些反应非常快，如酸碱中和、炸药爆炸等，瞬间就能完成。怎样衡量和表示化学反应快慢呢？

化学反应常用反应进度随时间的变化率来衡量快慢，根据 IUPAC 的推荐和我国法定计量单位的规定，反应进度随时间的变化率可以表示为：

$$J = \frac{\xi}{\Delta t} = \frac{\Delta n_B}{\nu_B \Delta t}$$

如果反应在恒容条件下进行，则可用单位体积中反应进度随时间的变化率来表示化学反应速率。即：

$$v = \frac{J}{V} = \frac{\Delta n_B}{V \nu_B \Delta t} = \frac{\Delta c_B}{\nu_B \Delta t}$$

式中，ν_B 为反应中物质 B 的化学计量数（反应物为负，生成物为正）；$\Delta c_B/\Delta t$ 为化学反应中物质 B 的浓度随时间的变化率。

一般随着反应的进行，反应物浓度会逐渐减小，反应速率也会越来越小。反应速率可以用平均反应速率来表示，即在某段时间间隔内的平均反应速率。时间间隔越小，平均反应速率越能反映真实反应情况。反应速率也可用瞬时反应速率来表示，即某一时刻的反应速率，瞬时反应速率能更真实地反映一个反应的速率大小。

工程中为了使用方便，常用一些特殊方法来表示化学反应速率。例如，钢铁材料在大气中的腐蚀速率，常用质量随时间的变化率来表示，单位记为：$g \cdot d^{-1}$、$g \cdot m^{-1}$，$g \cdot y^{-1}$ 等；金属工件在热处理炉中加热时，用金属表面氧化速率来表示，单位常记作：$mm \cdot min^{-1}$ 或 $mm \cdot h^{-1}$ 等。

化学反应速率主要取决于反应物的本性，也受反应条件的影响，如浓度（或压力）、温度、有无催化剂等因素。

1.5.1　浓度的影响和反应级数

（1）反应物浓度对反应速率的影响

大量实验事实表明，反应物浓度增大，反应速率也增大。例如，浓盐酸与锌反应比稀盐酸与锌反应快得多；镁条在纯氧中燃烧比在空气中燃烧剧烈。1807 年，古德堡（G. M. Guldberg）和瓦格（P. Waage）由实验得出规律：在一定温度下，对于元反应，反应速率与反应物浓度以反应式中的计量系数为指数的乘积成正比。这个定量关系称为质量作用定律。

对于一化学反应
$$a\,A+b\,B \longrightarrow d\,D+g\,G$$

若反应为元反应，则反应速率为
$$v=k\left[c(A)\right]^{a}\left[c(B)\right]^{b}$$

式中，k 是比例常数，称反应速率常数。

当 $c_A=1\,mol\cdot L^{-1}$，$c_B=1\,mol\cdot L^{-1}$ 时，上式变为 $v=k$。所以，k 的物理意义是各反应物浓度都为单位浓度时的反应速率，k 值的大小反映了反应的本性。对于某一给定的反应，k 值的大小与反应物的浓度无关，而与反应的温度、催化剂和反应接触面积等因素有关。在一定条件下，k 值大的反应，其反应速率就快。因此，对于相同类型的化学反应，只要比较 k 值的大小就可以比较化学反应的快慢。

一步完成的简单反应称为元反应；由几个反应组成的复杂反应称为非元反应。实验证明，质量作用定律只适用于元反应。

例如，城市空气中 NO_2 污染物，主要来自汽车尾气的氧化反应：
$$2NO(g)+O_2(g)== 2NO_2(g)$$

实验证明为元反应，其反应速率方程式为：
$$v=k\left[c(NO)\right]^{2}c(O_2)$$

绝大多数反应都不是元反应，往往要经历若干个元反应才能转化为最终产物。对于某非元反应，总反应是由多个元反应组成的，质量作用定律不适用于总反应，但是适用于其中每一个元反应。化学反应速率是由最慢的元反应的反应速率控制的。

例如，对于反应
$$2NO+2H_2 == N_2+2H_2O$$

经过研究发现该反应是一个非元反应，是通过两个元反应完成的二步反应，具体反应如下：

① $2NO+H_2 == N_2+H_2O_2$　　（反应慢）

② $H_2O_2+H_2 == 2H_2O$　　（反应快）

第一步为慢反应，这一步反应控制总反应速率，即总的反应速率取决于慢反应，由实验确定的反应速率方程为：
$$v=k\left[c(NO)\right]^{2}c(H_2)$$

由此可见，总化学反应只能表明反应物和最终生成物之间的关系，不能反映一个反应的真实历程。因此，我们不能仅根据反应式来书写速率方程，反应速率方程中浓度的指数，是根据实验来确定的。

（2）反应级数

反应速率方程式中各反应物浓度的指数之和称为总反应级数，常以 n 表示。

对于一般反应 $$a\mathrm{A}+b\mathrm{B}\longrightarrow g\mathrm{G}+d\mathrm{D}$$

浓度与反应速率的关系可表示为：

$$v=k[c(\mathrm{A})]^x[c(\mathrm{B})]^y$$

总反应级数 $n=x+y$，x、y 不一定等于反应式中的计量系数 a 和 b，x、y 必须由实验确定。

当 $n=0$ 时，该反应为零级反应，表示反应速率与反应物浓度变化无关，反应以匀速进行，例如，乙烯和氢气在催化剂镍作用下的反应就是一个零级反应，反应物乙烯和氢气的量的多少对反应速率没有影响；$n=1$ 为一级反应，表明反应速率与反应物浓度呈直线关系；式 $v=k[c(\mathrm{NO})]^2c(\mathrm{H_2})$ 表明反应 $2\mathrm{NO}+2\mathrm{H_2}\Longrightarrow\mathrm{N_2}+2\mathrm{H_2O}$ 为三级反应。反应级数不一定都是整数，也有分数。反应级数表示出浓度对反应速率的影响程度，级数越大，反应速率受浓度的影响也就越大。

1.5.2 温度对反应速率的影响和阿仑尼乌斯公式

温度对反应速率的影响特别显著，无论是吸热还是放热反应，温度升高，反应速率都会显著增加。例如，在室温下氢气和氧气的反应极慢，几年都难以觉察；如果升高温度到 873K，反应速率极快，甚至以爆炸的速率瞬时完成。由此可见，当反应物浓度一定时，温度改变，反应速率随着改变，速率常数 k 也随之改变。

1889 年瑞典化学家阿仑尼乌斯（Arrhenius）在总结了大量实验结果的基础上，提出了反应速率常数-温度关系式，是一个比较准确的经验式，如下

$$k=\mathrm{A}e^{-E_a/RT}$$

其对数关系式为

$$\ln k=(-E_a/RT)+\ln A=\alpha/T+\beta$$

式中　E_a——反应的活化能；

　　　A——指前因子；

　　　T——热力学温度；

　　　R——摩尔气体常数，$8.314\mathrm{J\cdot mol^{-1}\cdot K^{-1}}$。

对于一个给定的反应来说，E_a 和 A 均为定值，可由实验求得。从阿仑尼乌斯公式可以得出以下结论。

① 对一个化学反应，当温度 T 升高时，$-E_a/RT$ 值增大，$e^{-E_a/RT}$ 也变大，则速率常数 k 值增大，因此反应速率 v 就增大，反之亦然。

② 由于 k 与 T 呈指数关系，故 T 的微小变化对 k 产生很大影响。有经验指出：温度升高 10℃，反应速率将增大为原速率的 2～4 倍。

③ 速率常数 k 还与活化能 E_a 有关。对指前因子 A 相近的化学反应，相同温度下，活化能 E_a 小的反应，k 值就大，反应速率就快，反之，反应速率就慢。

④ 利用阿仑尼乌斯公式，可以推导温度变化与反应速率变化的关系。

若以 k_1、k_2 分别表示温度 T_1、T_2 的反应速率常数 k 值，则

$$\ln k_2=\frac{\alpha}{T_2}+\beta$$

$$\ln k_1 = \frac{\alpha}{T_1} + \beta$$

两式相减可得：

$$\ln \frac{k_2}{k_1} = \frac{\alpha}{T_2} - \frac{\alpha}{T_1} = \alpha \left(\frac{1}{T_2} - \frac{1}{T_1} \right)$$

根据反应速率方程式，浓度不变时，可以得出

$$\ln \frac{v(T_2)}{v(T_1)} = \ln \frac{k_2}{k_1} = \alpha \left(\frac{1}{T_2} - \frac{1}{T_1} \right)$$

$$= \frac{-E_a}{R} \times \left(\frac{1}{T_2} - \frac{1}{T_1} \right) = \frac{E_a(T_2 - T_1)}{RT_1 T_2}$$

如果已知反应的活化能 E_a，由上式就可求出反应温度变化（$T_2 - T_1$）时，反应速率的变化率 $v(T_2)/v(T_1)$。

应当注意，不是所有的反应都符合上述规律。例如，$2NO + O_2 = 2NO_2$ 温度升高时反应速率反而下降。再如，爆炸类型的反应，温度达到燃点时，反应速率突然急剧增大。这些都属于温度对速率影响的特殊情况。

1.5.3　活化能

经大量实验测定，一般化学反应的活化能在 $40 \sim 120 kJ \cdot mol^{-1}$ 之间，许多溶液中酸碱反应、沉淀反应，活化能小于 $40 kJ \cdot mol^{-1}$，其反应速率很大，可瞬间完成；还有一些反应如合成氨反应、氢气与氧气化合成水的反应、大多数有机反应等，活化能大于 $120 kJ \cdot mol^{-1}$，反应速率非常慢，在常温下不能觉察到它们变化。活化能在阿仑尼乌斯公式的指数项，可见它对反应速率的影响非常大。它对反应速率的影响为什么如此大？活化能的本质是什么？

化学反应是反应物分子的化学键的断裂，形成新化学键的过程。根据气体分子运动理论，一定温度下，系统分子具有一定的平均动能，不同的分子其平均动能也不相同，有的分子平均动能高，有的分子平均动能低。化学反应中，那些平均动能高的反应物分子之间碰撞才有可能发生化学反应。这种能够发生化学反应的碰撞叫做有效碰撞，将发生有效碰撞的分子称为活化分子，活化分子的最低能量与反应物分子平均能量的差值，就称为活化能，以 E_a 表示。活化能越高，活化分子占整个分子总数的百分比越低，发生有效碰撞的次数越少，化学反应速率就越慢。

过渡状态理论认为：反应物分子发生有效碰撞，不仅需要分子具有足够高的能量，而且还要考虑分子碰撞时的空间取向等因素。具有足够能量的分子彼此以适当的空间取向相互靠近到一定程度时，其碰撞才会引起分子或原子内部结构的连续性变化，使原来以化学键结合的原子间的距离变长，形成能量较高的不稳定的过渡状态，即活化状态。

设有一反应：$A + BC = AB + C$，反应过程可能为

$$A + B-C = A\cdots\cdots B\cdots\cdots C \longrightarrow A-B+C$$

反应物　　　　　活化状态　　　　生成物

（过渡态）

反应物 A 首先沿直线方向和 BC 分子中的 B 原子靠近，碰撞形成过渡态 [$A\cdots\cdots B\cdots\cdots C$]，过渡态是能量高的状态，不稳定，一旦形成很快分解为生成物分子 AB 和 C。反应过程中的能量变化如图 1-4 所示。

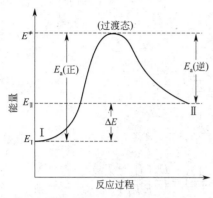

图 1-4 正、逆反应活化能示意图

E_{I} —反应物分子的平均能量;

E_{II} —生成物分子的平均能量;

$E^{\neq}$ —活化状态所具有的能量;

E_{a}（正）$= E^{\neq} - E_{\mathrm{I}}$，正反应的活化能;

E_{a}（逆）$= E^{\neq} - E_{\mathrm{II}}$，逆反应的活化能。

由图可见，若反应正向进行，反应物分子必须先吸收 E_{a}（正）的能量，才能达到活化状态 [A……B……C]，反应后与反应前的能量差 $E_{\mathrm{II}} - E_{\mathrm{I}} > 0$，故为吸热反应。如果反应逆向进行；反应物分子也要先吸收能量 E_{a}（逆）达到能量为 $E^{\neq}$ 的活化状态，然后立即分解变为产物 A 和 BC，反应后与反应前的能量差 $E_{\mathrm{I}} - E_{\mathrm{II}} < 0$，故逆反应为放热反应。显然，反应活化能越大，能垒就越高，可以越过能垒的反应物分子（活化分子）就越少，反应速率就越慢；反之，反应速率就快。这就是活化能的意义和它对反应速率产生显著影响的本质。

从活化分子和活化能来看，增加单位体积内活化分子总数可加快反应速率。这样通过增大反应物浓度、升高反应温度和降低活化能等措施都可以提高反应速率。降低活化能，不能改变反应物总分子数，但能使更多分子成为活化分子，活化分子分数可显著增加，从而增大单位体积内活化分子总数。有时人们通过使用催化剂来达到增大反应速率的目的，事实上加入催化剂也是提高反应速率的重要途径。

1.5.4 催化剂对反应速率的影响

（1）催化剂

19 世纪初化学家在研究中发现，化学反应中加入某些少量物质，可加快原来反应的反应速率，这种可以改变化学反应速率的物质就是催化剂。催化剂在反应过程中不被消耗，反应完成后，大多催化剂可以完全恢复它原来的质量和组成，因此，催化剂可以再生和循环使用。

催化剂分为正催化剂和负催化剂两类。正催化剂能加速化学反应速率；负催化剂能减慢反应速率，常常也称为抑制剂或防老剂。负催化剂在材料保护中起着重要作用，如为了减缓钢铁的氧化常用的缓蚀剂，以及防止塑料、橡胶老化的防老剂等都是负催化剂。本节所讨论的催化剂，为正催化剂，简称催化剂。在反应系统中加入催化剂可以改变反应速率的现象称为催化作用，催化作用常指正催化剂的作用。

通常催化剂具有专一性，即对一个反应的类型、反应方向和产物的结构具有选择性。例如 V_2O_5 可加速 SO_2 氧化成 SO_3，对 H_2 和 N_2 合成 NH_3 的反应却无任何作用。再例如乙烯氧化反应，一般条件下很容易完全氧化成 CO_2 和 H_2O，用钯作催化剂可得乙醛（CH_3CHO），如果采用银催化剂而且控制乙烯与催化剂的接触时间，就能得到以环氧乙烷（$H_2C{-}CH_2$，O）为主的产品。因此选择使用不同的催化剂，可以使反应有选择地朝某一个方向进行，得到所需的产品。催化剂的选择性还可以从根本上减少或消除副产物的产生，这也是目前人们最大限度地利用资源，减少污染，保护生态环境，常采用的化学措施。

催化剂既能加快正反应速率，同样也可以加快其逆反应速率。也就是催化剂只能缩短化学反应达到平衡的时间，而不能改变化学反应达到平衡状态的组分。例如在 H_2 与 N_2 的初始比例为 3∶1 时，控制温度、压力在 $500℃$、$30MPa$ 下，反应达平衡时 NH_3 的物质的量分数为 27%。利用不同的催化剂催化该反应，平衡时 NH_3 的浓度都保持该值不变。

（2）催化剂的催化机理

催化剂为什么能加快反应速率？经验发现，在反应系统中加入催化剂后，催化剂在反应初期参与反应，与反应物作用生成活化中间体，这样就改变了原有反应的历程，使反应沿着有催化剂参与的反应方向进行，在新的反应过程中，反应活化能会大大降低。这就是加入催化剂能加快反应速率的原因，以合成氨反应为例。

$$N\equiv N + 3H-H \longrightarrow 2N\overset{\textstyle H}{\underset{\textstyle H}{-}}H$$

当加入 Fe、Ru、Os、Mo 等催化剂后，因为这些过渡金属元素都有许多空 d 轨道，易与 N_2 或 H_2 形成配合物。N_2 或 H_2 与金属间的键合作用强，这样它们断裂所需活化能要比自由状态时低许多，即过渡金属催化剂使 N_2 和 H_2 活化，从而加速了生成氨的反应速率。例如采用铁催化剂时，合成氨反应分以下三个步骤进行：

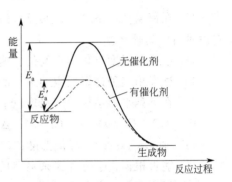

图 1-5　催化剂降低活化能的示意图
（E_a 为非催化反应活化能；E_a' 为催化反应活化能）

① $\dfrac{1}{2}N_2 + x\mathrm{Fe} \longrightarrow \mathrm{Fe}_x\mathrm{N}$；

② $\mathrm{Fe}_x\mathrm{N} + \dfrac{1}{2}H_2 \longrightarrow \mathrm{Fe}_x\mathrm{NH}$；

③ $\mathrm{Fe}_x\mathrm{NH} + H_2 \Longrightarrow \mathrm{Fe}_x\mathrm{NH}_3 \Longrightarrow x\mathrm{Fe} + NH_3$。

其中，步骤①所需活化能最大，是最慢的一步，也是决定反应速率的关键步骤。

总之，在反应体系中加入催化剂，改变了反应的反应途径，大大降低反应的活化能，见图 1-5，催化剂的这种作用非常明显。例如，H_2O_2 分解为 H_2O 和 O_2 反应的 $E_a = 75.3\mathrm{kJ}\cdot\mathrm{mol}^{-1}$；用铂作催化剂，其 E_a 降为 $49\mathrm{kJ}\cdot\mathrm{mol}^{-1}$；当用过氧化氢酶催化时，活化能仅为 $8\mathrm{kJ}\cdot\mathrm{mol}^{-1}$，此时 H_2O_2 的分解速率可提高 10^9 倍。

在很多化学反应的工业应用中催化剂起着关键作用。现代化学及化工生产中，使用催化剂的反应占 80% 以上，而催化剂在简化工艺、消除污染等方面所创造的经济价值，更是难以用数字估算。当前解决能源和生态环境危机，需要人们研究更多新型的催化剂。

思考题

1. 使用"摩尔"这个单位时，为什么必须指明它所对应的基本单元？基本单元有哪些？
2. "摩尔氧"、"0.5 摩尔水"、"氧化锰的物质的量"的说法是否正确？为什么？
3. "系统"的含义是什么？它与环境有哪些联系？
4. 什么是状态函数？它有何重要特性？
5. 对热和功的正、负号是如何规定的？举例说明。
6. 焓变的物理意义是什么？

7. 相与聚集状态有何联系与区别？

8. 说明下列各组符号所代表意义的不同之处。

(1) S、$S_m^{\ominus}$、$\Delta_r S_m^{\ominus}$；(2) G、$\Delta_r G_m^{\ominus}$、$\Delta_r G_m$；(3) Q_p、$K_p^{\ominus}$；(4) Q_p、Q_V。

9. 什么是热力学标准状态？为什么要规定热力学标准状态？

10. 什么是自发过程？正向不能自发进行的过程，其逆向是否一定能自发进行？

11. 不必计算，判断下列过程的 ΔH、ΔS 的正、负号；并指出哪个过程的自发性与温度高低有关。

(1) 铁水凝固为铁块；

(2) 食盐溶于水制成饱和溶液；

(3) $2SO_2(g)+O_2(g)\longrightarrow 2SO_3(g)$；

(4) $CaSO_4 \cdot 2H_2O(s)\longrightarrow CaSO_4(s)+2H_2O(l)$。

12. 在恒温恒压条件下，某反应的 $\Delta_r G_m^{\ominus}(T)=20kJ \cdot mol^{-1}$，能否以此判断该反应不能自发进行？为什么？

13. 浓度和温度对化学平衡的影响有何不同？

14. 试举出三种计算反应的 $K^{\ominus}$ 值的方法，写出有关的计算公式。

15. 在下列平衡系统中，采取以下措施时，平衡将向哪一方移动？

$$PCl_3(g)+Cl_2(g)\Longrightarrow PCl_5(g) \quad \Delta_r H_m^{\ominus}=-9.29kJ \cdot mol^{-1}$$

(1) 通入 Cl_2；(2) 降低温度；(3) 增加系统总压；(4) 加入催化剂。

16. 能否根据化学方程式来书写反应速率方程式和确定反应级数？为什么？

17. 写出阿仑尼乌斯公式的三种形式，说明它们的应用。

18. 两个反应的活化能分别为 $250kJ \cdot mol^{-1}$ 和 $86kJ \cdot mol^{-1}$，在相同条件下，哪个反应进行得较快？为什么？

19. "催化剂只能使正反应活化能降低，因此仅能增大正反应速率"的说法是否正确？

20. 指明下列物理量中，哪些与离子浓度有关？哪些与温度有关？

(1) $K^{\ominus}$；(2) ΔG。

 习题

1. 某乙醇溶液的质量为 196.07g，其中 H_2O 为 180g，求所含 C_2H_5OH 物质的量。

2. 已知化学反应方程式：$CaCO_3(s)\Longrightarrow CaO(s)+CO_2(g)$，求 1t 含 95% 碳酸钙的石灰石在完全分解时最多能得到氧化钙和二氧化碳各多少千克？

3. 已知铝氧化反应方程式：$4Al(s)+3O_2(g)\Longrightarrow 2Al_2O_3(s)$，试问：当反应过程中消耗掉 2molAl 时，该反应的反应进度为多少？分别用 Al、O_2、Al_2O_3 进行计算。

4. 水分解反应方程式：$H_2O(l)\Longrightarrow H_2(g)+\dfrac{1}{2}O_2(g)$，反应进度 $\xi=3mol$ 时，问消耗掉多少 H_2O，生成了多少 O_2？

5. 甲烷是天然气的主要成分，试利用标准摩尔生成焓的数据，计算甲烷完全燃烧时反应的标准焓变 $\Delta_r H_m^{\ominus}(298.15K)$。1mol CH_4 完全燃烧时能释放多少热能？

6. 已知 $N_2H_4(l)$ 和 $N_2O_4(g)$ 在 298.15K 时的标准摩尔生成焓分别为 $50.63kJ\cdot mol^{-1}$ 和 $9.66kJ\cdot mol^{-1}$。计算火箭燃料联氨和氧化剂四氧化二氮反应：

$$2N_2H_4(l) + N_2O_4(g) = 3N_2(g) + 4H_2O(l)$$

的标准摩尔焓变。计算 32g 液态联氨完全氧化时所放出的热量。

7. 比较在同样的压力、温度下，下列物质的熵值大小。

(1) $He(l)$ 和 $He(g)$；

(2) $H_2O(l)$ 和 $H_2O_2(l)$；

(3) 金刚石和石墨。

8. CaC_2 与 H_2O 作用生成用于焊接的乙炔气，其反应为：

$$CaC_2(s) + 2H_2O(l) = Ca(OH)_2(s) + C_2H_2(g)$$

利用附录 3 的热力学数据计算该反应在 298.15K 时的标准摩尔焓变、标准摩尔熵变，用计算结果说明该反应是吸热反应还是放热反应？是熵增过程还是熵减过程？该反应的自发性是否与温度有关？已知 CaC_2 的 $\Delta_f H_m^{\ominus} = -62.76kJ\cdot mol^{-1}$，$S_m^{\ominus} = 70.09J\cdot mol^{-1}\cdot K^{-1}$。

9. 用两种方法计算反应 $Cu(s) + H_2O(g) = CuO(s) + H_2(g)$ 在 25℃的标准摩尔吉布斯函数变。如果 $p(H_2O):p(H_2) = 2:1$，判断该反应能否自发进行。

10. 近似计算下列反应在 1800K 时的 $\Delta_r G_m^{\ominus}$ 值：

$$TiO_2(金红石,s) + C(石墨) = Ti(s) + CO_2(g)$$

当反应处在 $p(CO_2) = 80kPa$ 的气氛中时，能否自发进行？

11. 写出下列反应的分压标准平衡常数 K_p 的表达式。

(1) $H_2(g) + S(s) \rightleftharpoons H_2S(g)$；

(2) $C_2H_2(g) + 2H_2(g) \rightleftharpoons C_2H_6(g)$；

(3) $4NH_4(g) + 7O_2(g) \rightleftharpoons 4NO_2 + 6H_2O(l)$；

(4) $SiO_2(s) + 2H_2(g) \rightleftharpoons Si(s) + 2H_2O(l)$。

12. 利用热力学数据，计算下列反应在 298.15K 时的 $K^{\ominus}$ 值。

(1) $CH_4(g) + 2H_2O(g) = CO_2(g) + 4H_2(g)$；

(2) $SiO_2(s) + 2C(s) = Si(s) + 2CO(g)$。

13. 已知反应 $N_2(g) + O_2(g) = 2NO(g)$ 在 500K 时的 $K^{\ominus} = 8.90 \times 10^{-27}$，$p(N_2) = 8.0kPa$，$p(O_2) = 2.0kPa$，$p(NO) = 1.0kPa$。通过计算说明该反应自发进行的方向如何？

14. 已知 973K 时下列反应的标准平衡常数 $K^{\ominus}$：

(1) $SO_2(g) + \dfrac{1}{2}O_2(g) \rightleftharpoons SO_3(g)$　　　$K_1^{\ominus} = 20$；

(2) $NO_2(g) \rightleftharpoons NO(g) + \dfrac{1}{2}O_2(g)$　　　$K_2^{\ominus} = 0.012$。

求反应 (3) $SO_2(g) + NO_2(g) \rightleftharpoons SO_3(g) + NO(g)$ 的 $K_3^{\ominus}$。

15. 反应 $CO_2(g) + H_2(g) = CO(g) + H_2O(g)$ 在 973K、1073K、1173K、1273K 时的平衡常数分别为 0.618、0.905、1.29、1.66，试问此反应是吸热反应还是放热反应？

16. 某温度时 8.0mol SO_2 和 4.0mol O_2 在密闭容器中进行反应生成 SO_3 气体，测得起始时和平衡时（温度不变）系统的总压力分别为 300kPa 和 220kPa。试求该温度时反应：$2SO_2(g) + O_2(g) = 2SO_3(g)$ 的平衡常数和 SO_2 的转化率。

17. 已知下列反应：

$$Ag_2S(s)+H_2(g)=\!=\!=2Ag(s)+H_2S(g)$$

在 740K 时的 $K^{\ominus}=0.36$。若在该温度下，在密闭容器中将 1.0mol Ag_2S 还原为 Ag，试计算最少需用 H_2 的物质的量。

18. 根据实验，下列反应为元反应

$$2NO(g)+Cl_2(g)=\!=\!=2NOCl(g)$$

(1) 写出反应速率方程式。

(2) 反应的总级数是多少？

(3) 其他条件不变，如果将容器的体积增加到原来的 2 倍，反应速率如何变化？

(4) 如果容器体积不变而将 NO 的浓度增加到原来的 3 倍，反应速率又将怎样变化？

19. 根据实验结果，在高温时焦炭中碳与二氧化碳的反应为

$$C+CO_2=\!=\!=2CO$$

其活化能为 167.36kJ·mol^{-1}。计算温度由 900K 升高到 1000K 时，反应速率增大多少倍？

20. 是非题（对的在括号内填"＋"号，错的填"－"号）。

(1) 各部分的物质组分均相同的体系，一定是单相体系。（　　　）

(2) 反应放出的热量不一定是该反应的焓变。（　　　）

(3) 某反应的 $\Delta_r H_m^{\ominus}(298K)>0$，$\Delta_r S_m^{\ominus}(298K)>0$，说明该反应在任何条件下都不能自发进行。（　　　）

(4) 反应级数等于反应物在反应方程式中的系数之和。（　　　）

21. 选择题（将正确答案的标号填入空格内）

(1) 室温下，下列数值等于零的是 _____。

A. $\Delta_f G_m^{\ominus}(金刚石,s)$ 　　　　　　　B. $\Delta_f H_m^{\ominus}(Br_2,g)$

C. $S_m^{\ominus}(N_2,g)$ 　　　　　　　　　　　D. $\Delta_f H_m^{\ominus}(白磷,s)$

(2) 下列反应在 298K 时的 $\Delta_r H_m^{\ominus}$ 和 $\Delta_r G_m^{\ominus}$ 分别为 -114.42kJ·mol^{-1} 和 -76.12kJ·mol^{-1}，

$$4HCl(g)+O_2(g)=\!=\!=2H_2O(g)+2Cl_2(g)$$

据此可以推断 ____。

A. 此反应为吸热反应

B. 在 25℃、标准态时，该反应是一个自发反应

C. 标准态时，此反应低温自发而高温非自发

D. 此反应永远是一个自发反应

(3) 已知下列反应的标准摩尔吉布斯函数变和标准平衡常数：

$$C(石墨)+O_2(g)=\!=\!=CO_2(g) \qquad\qquad \Delta_r G_{m,①}^{\ominus}, K_①^{\ominus}$$

$$CO_2(g)=\!=\!=CO(g)+\frac{1}{2}O_2(g) \qquad\qquad \Delta_r G_{m,②}^{\ominus}, K_②^{\ominus}$$

$$C(石墨)+\frac{1}{2}O_2(g)=\!=\!=CO(g) \qquad\qquad \Delta_r G_{m,③}^{\ominus}, K_③^{\ominus}$$

下列关系式正确的是 ____。

A. $\Delta_r G_{m,③}^{\ominus}=\Delta_r G_{m,①}^{\ominus}+\Delta_r G_{m,②}^{\ominus}$

B. $\Delta_r G_{m,③}^{\ominus}=\Delta_r G_{m,①}^{\ominus}-\Delta_r G_{m,②}^{\ominus}$

C. $K_③^{\ominus}=K_①^{\ominus}/K_②^{\ominus}$ 　　　　　　　D. $K_③^{\ominus}=K_①^{\ominus}·K_②^{\ominus}$

（4）升高同样的温度，反应速率增加较大的是＿＿＿。

A. 活化能较小的反应

B. 活化能较大的反应

C. 双分子反应

D. 多分子反应

第2章 溶 液

2.1 溶液的通性

溶液由溶质和溶剂组成，由不同溶质或不同溶剂组成的溶液，可以使溶液具有不同的颜色、密度、导电能力以及其他不同的性质。但是由不同溶质和不同溶剂构成的溶液有一些共性，主要指溶液的蒸气压下降、沸点升高、凝固点降低以及渗透压。这些共性与溶质和溶剂本身的性质无关，溶液的这些共性称为溶液的通性。

2.1.1 溶液的蒸气压下降

（1）液体的饱和蒸气压

自然界的物质一般有三态，即气态、液态、固态。当液态物质吸收热量时，液体表面的能量较大的分子会克服液体分子间的引力从表面逸出成为气态分子，这个过程叫做蒸发或气化，是一个吸热和熵值增大的过程。同时某些蒸气分子可能撞到液面，被液体分子所吸引而重新进入液体中，这个过程叫做凝聚，是一个放热和熵值减小的过程。

在某一温度下，当液体分子的蒸发速率和其蒸气分子凝聚速率达到相等时，液体和它的蒸气就处于平衡状态。此时，蒸气所具有的压力叫做该温度下液体的饱和蒸气压，简称蒸气压。蒸气压随温度的升高而增大。

（2）溶液蒸气压下降

在纯溶剂（如水）中加入难挥发的溶质时，所得溶液的蒸气压比纯溶剂的蒸气压低。在同一温度下，两者之差称为溶液的蒸气压下降，用 Δp 表示，如图 2-1 所示。

在纯溶剂中加入难挥发溶质组成的溶液，由于溶质是难挥发的，其蒸气压可忽略不计，此时溶液的蒸气压就是溶剂的蒸气压。此时，溶液表面层有不挥发的溶质分子和易挥发的溶剂分子，溶质分子占据一部分表面面积，这样逸出溶液表面的溶剂分子数相对比纯溶剂少。因此，达到平衡时，溶液的蒸气压必然低于纯溶剂的蒸气压。

溶液的浓度越大，溶液的蒸气压下降越多。与纯溶剂一样，溶液的蒸气压也随温度而变化。

如图 2-2 所示，在一密闭的钟罩内放入 A、B 两只烧杯，分别盛有等体积的纯水和难挥发物质的溶液。经过一段时间后，可观察到烧杯 A（纯水）中液面下降，而烧杯 B（溶液）中液面相应上升。这是由于溶液的蒸气压下降，两只烧杯上面的蒸气压不等，从而引起了水从蒸气压较高的区域烧杯 A 不断向蒸气压较低的区域烧杯 B 转移。

我们常用的许多干燥剂如无水氯化钙（$CaCl_2$）、五氧化二磷（P_2O_5）、浓硫酸等就是根据这个道理吸收空气中的水分。干燥剂的吸水性强，很快吸收空气中的水蒸气形成饱和溶液，其蒸气压比空气中的蒸气压小，致使空气中的水蒸气不断进入"溶液"，达到干燥的目的。

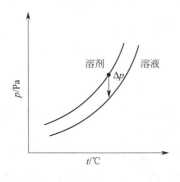

图 2-1　溶液的蒸气压下降

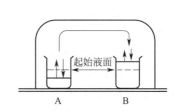

图 2-2　水从蒸气压高处向低处的转移

2.1.2　溶液的沸点升高和凝固点降低

当物质的蒸气压和外界气压相同时，在此温度下物质很容易变成气体，此时的温度就是该物质的沸点。如图 2-3 中，FB、AF 和 $F'B'$ 分别表示水、冰和溶液的蒸气压随温度变化的曲线。

从图 2-3 可知，纯水的沸点为 100℃，此温度水的蒸气压为 101.3kPa，也正是外界大气压的值。

当加入难挥发溶质后，造成溶液蒸气压降低，同温度时溶液蒸气压小于水的蒸气压，所以在 100℃ 时，溶液的蒸气压必然低于 101.3kPa，只有升高温度至 t'_b，溶液的蒸气压达到 101.3kPa 时，溶液才沸腾。因此，难挥发物质的溶液的沸点总比纯溶剂的要高，常用 Δt_b 表示溶液沸点升高值。溶液浓度越大，蒸气压下降越显著，其沸点 t'_b 越大。

从图 2-3 中还可看到，当曲线 FB 和 AF 相交于 F 点时，水和冰的蒸气压相等，为 0.61kPa，此时温度为 0℃，即为水的凝固点。因为溶液的蒸气压低于溶剂的蒸气压，曲线 $F'B'$

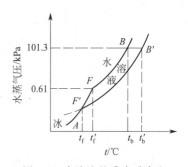

图 2-3　水溶液的沸点升高和
凝固点降低示意图

和 AF 交相交于 F' 点，此时的温度 t'_f 为溶液的凝固点，$0 \sim t'_f$ 的值 Δt_f 为其凝固点降低值。

溶液浓度越大，Δt_f 值越大，溶液的凝固过程是溶液中溶剂的凝固。例如水溶液中，在凝固点水开始凝固，随着冰的析出，溶液的浓度逐渐增大，凝固点也不断降低，直到某一温度时，溶质和溶剂都为固体。溶液的凝固点是指溶液开始析出固态溶剂时的温度，而不是在某一温度时，溶液能完全凝固形成固体。

溶液沸点升高和凝固点下降的特性在现实生活中具有非常广泛的应用实例。例如利用凝固点降低的性质，加入低沸点的金属将难熔金属制成低沸点合金；汽车的散热器（水箱）以水作为冷却介质，为了防止水箱在冬天结冰，常加入一定量的非挥发性物质如乙二醇、甘油等，降低水的冻结温度，保证汽车的正常运行。

2.1.3　渗透压

只能允许溶剂分子通过，而不能允许溶质分子通过的膜叫半透膜，半透膜是只允许某种或某些物质透过，而不允许另外一些物质透过的多孔性薄膜。半透膜有多种类型，如细胞膜、毛细血管壁、肠衣等生物膜；人工合成的火棉胶、玻璃纸、羊皮纸等。半透膜的种类不同，渗透性也不同。

若将浓度不等的溶液用半透膜隔开则可发生渗透现象。如图 2-4 所示，用半透膜将 U 形管两端等高的水和蔗糖溶液隔开，经过一段时间后，U 形管右边蔗糖溶液的液面升高，说明 U 形管左边的水进入了右边的蔗糖溶液。这种溶剂分子通过半透膜向溶液单向扩散的过程称为渗透。

溶剂分子是以两个相反方向通过半透膜而扩散的。单位体积中，左边的纯溶剂的水分子数比右边的蔗糖溶液多，溶质不能通过半透膜。所以，单位时间内从纯溶剂中穿过半透膜向溶液扩散的水分子要比从蔗糖溶液中经半透膜向纯水中扩散的分子多，经过一段时间后溶液的液面会升高。随着右边液面逐渐上升，管内的静液压逐渐增加，也增加了溶液的水分子从半透膜向纯水中扩散的速度。当液面静压达到一定时，向纯溶剂方向和向葡萄糖溶液方向扩散的水分子数量就达到平衡，此时渗透作用就停止，系统达到一种动态平衡，被半透膜隔开的液面的静压差就是溶液的渗透压，像这种为维持被半透膜所隔开的溶液与纯溶剂之间的渗透平衡而需要的额外压力叫渗透压。

其大小可由高度为 h 的液柱的压力来衡量，也可由图 2-5 所示的装置来测定。

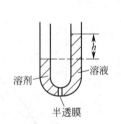 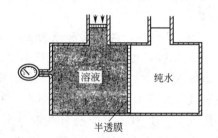

图 2-4　溶液渗透现象　　　　　　　图 2-5　测定渗透压装置

在一只耐压容器里，溶液与纯水间以半透膜隔开。加压于溶液上方的活塞上，使溶液和纯溶剂的液面相平。这时施加在溶液上方的压力就是该溶液的渗透压，可以从与溶液相连接的压力计读出。

渗透压是水在生物体中运动的重要推动力，渗透压在生物学中具有重要意义。一般植物细胞液的渗透压约可达 2000kPa，所以水分可以从植物根部运送到数十米高的树顶端的树叶中。人体血液的渗透压约为 780kPa，因此在对人体注射或静脉输液时，应使用渗透压与之相当的溶液，在生物学和医学上称为等渗溶液，否则会由于渗透作用而产生严重后果。

如果外加在溶液上的压力超过了渗透压，则会使溶液中的溶剂向纯溶剂方向流动，使纯溶剂的体积增加，这个过程称为反渗透。例如把淡水和海水用半透膜隔开，在海水的一侧施加比海水渗透压 2.5×10^5 Pa 大一些的外压，海水中的水分子就能通过半透膜反渗到淡水一侧，而无机盐等杂质则不能通过，从而使海水脱盐、淡化。利用反渗透可以进行海水淡化、工业废水处理、重金属盐的回收和溶液浓缩等。

2.1.4　稀溶液的依数性

溶液的蒸气压下降、沸点升高、凝固点降低及渗透压等性质是所有溶液具有的通性，这些性质与溶质和溶剂的种类无关，只与溶液的浓度有关，即与单位体积溶液中溶质的粒子数有关，所以溶液的通性也称为溶液的依数性。

如果溶液中加入少量难挥发的非电解质物质，形成稀溶液，溶液的依数性就和溶液的浓度成正比，这一定量规律称为稀溶液定律。

浓溶液中，由于溶质粒子浓度大，粒子间相互作用强，而使这些性质与浓度之间不存在正比关系。对于电解质溶液由于溶质在溶液中发生解离，正、负离子之间又存在着相互作用，这些性质与浓度也不成正比关系。如果溶质为易挥发物质，其蒸气压变得复杂，则溶液熔沸点变化也非常复杂，本书不再讨论。

2.2　弱电解质的解离平衡

2.2.1　酸碱概念

阿仑尼乌斯在 1884 年提出的电离理论，对酸和碱的定义是：溶于水并且电离时所生成的正离子全部都是 H^+ 的化合物叫做酸；溶于水并且电离时生成的负离子全部是 OH^- 的化合物叫做碱。酸碱反应是 H^+ 和 OH^- 中和生成 H_2O 的反应。电离理论使人们对酸、碱有了本质的认识，是酸碱理论发展的里程碑，至今仍被广泛应用。但是电离理论却有一定缺陷，电离理论把酸碱物质的密切关系完全分开，将酸碱概念限制在以水为溶剂的系统中，并把碱限制为氢氧化物。因此，按该理论在解释 $NH_3 \cdot H_2O$ 是碱时，认为 NH_3 溶于 H_2O 生成了"氢氧化铵"，但实验证明"氢氧化铵"这种物质是不存在的；又如 NH_3 气具有碱性，HCl 气体具有酸性，NH_3 气和 HCl 气体不仅在水溶液中生成 NH_4Cl，而且在气相或非水溶剂（甲苯）中，都会得到 NH_4Cl，反应的本质是一样的。

随着科学的发展，人们对酸碱认识的深入，1923 年布朗斯特德和劳莱提出了酸碱质子理论，成功地解释了上述两个事实。酸碱质子理论的酸碱概念：凡能给出质子（H^+）的物质都是酸；凡能接受质子（H^+）的物质都是碱；既能给出质子又能接受质子的物质是两性物质。

酸给出质子或碱接受质子的过程都是可逆的。酸给出质子后生成相应的碱，碱接受质子后变成相应的酸；酸是质子的给予体，而碱是质子的接受体。酸与相对应的碱存在如下相互依赖关系：

$$\text{酸} \quad\quad \text{质子} + \text{碱}$$
$$HCl \rightleftharpoons H^+ + Cl^-$$
$$NH_4^+ \rightleftharpoons H^+ + NH_3$$
$$H_2PO_4^- \rightleftharpoons H^+ + HPO_4^{2-}$$
$$H_2SO_4 \rightleftharpoons H^+ + HSO_4^-$$
$$HSO_4^- \rightleftharpoons H^+ + SO_4^{2-}$$

这种相互依存、相互转化的关系称为酸碱的共轭关系。酸失去质子后形成的碱叫做该酸的共轭碱，例如 NH_3 是 NH_4^+ 的共轭碱。碱结合质子后形成的酸叫做该碱的共轭酸，例如 NH_4^+ 是 NH_3 的共轭酸。酸与它的共轭碱（或碱与它的共轭酸）一起叫做共轭酸碱对。从上边列出的共轭酸碱对可以看出：

① 酸和碱可以是分子，也可以是阳离子或阴离子；

② 有些物质在某个共轭酸碱对中是碱，但在另一个共轭酸碱对中却是酸；

③ 质子理论中没有盐的概念，在质子理论中是离子酸或离子碱；

④ 某酸越强，其共轭碱越弱。

根据酸碱质子理论，酸碱反应的实质，就是两个共轭酸碱对之间质子 H^+ 传递的反应。例如：

$$HCl + NH_3 \Longrightarrow NH_4^+ + Cl^-$$
$$\text{酸1} \quad \text{碱2} \qquad \text{酸2} \quad \text{碱1}$$

NH_3 和 HCl 的反应，无论是水溶液中、甲苯溶液中或气相中，其实质都是酸 HCl 放出质子给 NH_3 转变为它的共轭碱 Cl^-，而碱 NH_3 接受质子转变为它的共轭酸 NH_4^+ 的过程。

酸碱质子理论不仅扩大了酸碱的范围，而且把电离理论中的中和作用、解离作用、水解作用等，都包括在酸碱反应的范畴中，即它们都是质子传递反应。

2.2.2 弱酸、弱碱的解离平衡

根据质子理论，酸碱的解离反应是酸碱与水发生的质子传递反应。在水溶液中，酸解离时放出质子给水，并产生共轭碱。强酸给出质子的能力很强，其共轭碱很弱，几乎不能结合质子，所以，强酸将质子传递给水的反应几乎完全彻底地进行。例如 $HCl + H_2O \longrightarrow H_3O^+ + Cl^-$。

(1) 一元弱酸的解离平衡

弱酸给出质子的能力相对较弱，其共轭碱具有较强的接受质子的能力，因此，其解离是可逆的。例如醋酸的解离过程可表示为：

$$HAc + H_2O \Longrightarrow H_3O^+ + Ac^-$$

其解离反应的平衡常数为

$$K^\ominus = \frac{[c^{eq}(H_3O^+)/c^\ominus] \cdot [c^{eq}(Ac^-)/c^\ominus]}{[c^{eq}(HAc)/c^\ominus]}$$

H_3O^+ 一般简写作 H^+，由于 $c^\ominus = 1 \text{mol} \cdot L^{-1}$，因此，上式可简化为

$$K^\ominus = \frac{c^{eq}(H^+) \cdot c^{eq}(Ac^-)}{c^{eq}(HAc)}$$

弱酸的解离平衡常数用 K_a 表示，则有

$$K_a(HAc) = \frac{c^{eq}(H^+) \cdot c^{eq}(Ac^-)}{c^{eq}(HAc)} \tag{2-1}$$

若以 HA 表示一元弱酸，则有如下通式

$$HA + H_2O \Longrightarrow H_3O^+ + A^-$$

或简写为

$$HA \Longrightarrow H^+ + A^-$$

$$K_a = \frac{c^{eq}(H^+) \cdot c^{eq}(A^-)}{c^{eq}(HA)} \tag{2-2}$$

设一元弱酸的浓度为 c，解离度为 α，则

$$K_a = \frac{c\alpha \cdot c\alpha}{c(1-\alpha)} = \frac{c\alpha^2}{1-\alpha} \tag{2-3}$$

当 α 很小时，$1-\alpha \approx 1$，则

$$K_a \approx c\alpha^2 \tag{2-4}$$

$$\alpha = \sqrt{\frac{K_a}{c}} \tag{2-5}$$

$$c^{eq}(H^+) = c \cdot \alpha = \sqrt{K_a \cdot c} \tag{2-6}$$

式(2-5)表明：溶液的解离度与其浓度的平方根成反比。即浓度越稀，解离度越大，这个关系叫做稀释定律。

【例 2-1】 计算 $0.10\,mol \cdot L^{-1}$ HAc 溶液的 H^+ 浓度、pH 值及 HAc 的解离度。

解：从附录 5 查得 HAc 的 $K_a = 1.76 \times 10^{-5}$

方法 I　设 $0.10\,mol \cdot L^{-1}$ HAc 溶液中 H^+ 的平衡浓度为 $x\,mol \cdot L^{-1}$，则

$$HAc \Longrightarrow H^+ \quad + \quad Ac^-$$

平衡时浓度 　　　　　　　　　　$0.10-x$　　　　x　　　　　x

$$K_a(HAc) = \frac{c^{eq}(H^+) \cdot c^{eq}(Ac^-)}{c^{eq}(HAc)} = \frac{x \cdot x}{0.10-x}$$

由于 $K_a(HAc)$ 很小，$0.10-x \approx 0.10$，则

$$\frac{x^2}{0.10} \approx 1.76 \times 10^{-5} \qquad x \approx 1.33 \times 10^{-3}$$

即　$c^{eq}(H^+) \approx 1.33 \times 10^{-3}\,mol \cdot L^{-1}$

方法 II　直接代入式(2-6)

$$c^{eq}(H^+) \approx \sqrt{K_a \cdot c} = \sqrt{1.76 \times 10^{-5} \times 0.100} = 1.33 \times 10^{-3}\,mol \cdot L^{-1}$$

从而可得　$pH = -\lg(1.33 \times 10^{-3}) = 2.88$

HAc 的解离度 $\alpha = \dfrac{x}{c(HAc)} = 1.33 \times 10^{-3}/0.100 \times 100\% = 1.33\%$

【例 2-2】 计算 $0.100\,mol \cdot L^{-1}$ NH_4Cl 溶液中的 H^+ 浓度及 pH 值。

解：NH_4Cl 在水溶液中以离子酸 NH_4^+ 和离子碱 Cl^- 存在。由于 Cl^- 是强酸 HCl 的共轭碱，因而它接受质子的能力极弱，可以认为不与 H_2O 发生质子传递反应（电离理论认为是不水解）。因而 NH_4Cl 的水溶液只考虑 NH_4^+ 的质子传递反应（离子酸 NH_4^+ 的解离）即可。

$$NH_4^+ + H_2O \Longrightarrow H_3O^+ + NH_3$$

简写为　　　　　　　　　　$NH_4^+ \Longrightarrow H^+ + NH_3$

查附录 6 得 NH_4^+ 的 $K_a = 5.65 \times 10^{-10}$，所以

$$c^{eq}(H^+) = \sqrt{K_a \cdot c} = \sqrt{5.65 \times 10^{-10} \times 0.100} = 7.5 \times 10^{-6}\,mol \cdot L^{-1}$$

$$pH = -\lg(7.5 \times 10^{-6}) = 5.12$$

(2) 一元弱碱的解离平衡

弱碱在水中也可以和水反应，弱碱接受水给出的质子，但是弱碱接受质子的能力较弱，所以其反应程度较小，是一个可逆反应。例如 NH_3 和 H_2O 的反应，NH_3 接受 H_2O 给出的质子，NH_3 是弱碱，接受质子的能力较弱，因此反应程度很小。这也就是 $NH_3 \cdot H_2O$ 在水

中的解离过程。

$$NH_3 + H_2O \underset{}{\overset{H^+}{\rightleftharpoons}} NH_4^+ + OH^-$$

质子传递反应的平衡常数可写为

$$K^\ominus = \frac{[c^{eq}(OH^-)/c^\ominus]\cdot[c^{eq}(NH_4^+)/c^\ominus]}{[c^{eq}(NH_3)/c^\ominus]}$$

弱碱的解离平衡常数常用 K_b 表示，即

$$K_b(NH_3) = \frac{c^{eq}(NH_4^+)\cdot c^{eq}(OH^-)}{c^{eq}(NH_3)} \tag{2-7}$$

K_a、K_b 的数值可由热力学数据算得，也可由实验测定。附录5和附录6列出了一些弱电解质及其共轭酸碱的解离常数 K_a 和 K_b。

若以 B 表示弱碱，则有如下通式

$$B + H_2O \rightleftharpoons HB^+ + OH^-$$

$$K_b = \frac{c^{eq}(HB^+)\cdot c^{eq}(OH^-)}{c^{eq}(B)} \tag{2-8}$$

与一元弱酸相仿，一元弱碱 OH^- 的计算公式为：

$$c^{eq}(OH^-) = c\cdot\alpha \approx \sqrt{K_b\cdot c} \tag{2-9}$$

由 $K_w = c^{eq}(H^+)\cdot c^{eq}(OH^-)$ 得

$$c^{eq}(H^+) = K_w/c^{eq}(OH^-)$$

用式(2-9)不仅可计算分子碱如 $NH_3\cdot H_2O$ 溶液的 pH 值，也可用来计算 Ac^-、CO_3^{2-} 等离子碱的 pH 值。

【例 2-3】 计算 $0.10mol\cdot L^{-1}$ NaAc 溶液的 pH 值。

解：NaAc 的水溶液只考虑 Ac^- 的质子传递反应（离子碱 Ac^- 的解离）。查附录6，$K_b(Ac^-)=5.68\times10^{-10}$，按式(2-9)计算：

$$c^{eq}(OH^-) \approx \sqrt{K_b c} = \sqrt{5.68\times10^{-10}\times0.10} = 7.5\times10^{-6} mol\cdot L^{-1}$$

$$c^{eq}(H^+) = K_w/7.5\times10^{-6} = 1.3\times10^{-9} mol\cdot L^{-1}$$

$$pH = -lg(1.3\times10^{-9}) = 8.9$$

(3) 多元弱酸弱碱的解离平衡

多元酸的解离是分级进行的，每一级都有一个解离常数，以水溶液中的 H_2CO_3 为例，其一级解离为：

$$H_2CO_3 \rightleftharpoons H^+ + HCO_3^-$$

$$K_{a1} = \frac{c^{eq}(H^+)\cdot c^{eq}(HCO_3^-)}{c^{eq}(H_2CO_3)} = 4.30\times10^{-7}$$

二级解离为

$$HCO_3^- \rightleftharpoons H^+ + CO_3^{2-}$$

$$K_{a2} = \frac{c^{eq}(H^+)\cdot c^{eq}(CO_3^{2-})}{c^{eq}(HCO_3^-)} = 5.61\times10^{-11}$$

其中 K_{a1} 和 K_{a2} 分别表示 H_2CO_3 的一级解离常数和二级解离常数。H_2CO_3 是二元弱酸，一般情况下，$K_{a1} \gg K_{a2}$。所以在 H_2CO_3 的二级解离反应中，HCO_3^- 进一步给出 H^+，

比 H_2CO_3 给出质子要困难很多。因为一级解离所产生的 H^+ 对二级解离出的 H^+ 是一个抑制，另外 CO_3^{2-} 与 H^+ 的结合比 HCO_3^- 与 H^+ 的结合强烈，结果是二级解离的解离程度比一级解离的要小得多。

在计算多元弱酸的 H^+ 浓度时，若 $K_{a1} \gg K_{a2}$，则可忽略二级解离平衡，与计算一元弱酸 H^+ 浓度的方法相同，即用式(2-6)作近似计算，式中的 K_a 应为 K_{a1}。

多元弱碱的解离与多元弱酸的解离相似，也是分级进行的，每一级有一个解离常数，通常用 K_{b1} 表示多元弱碱的一级解离常数，用 K_{b2} 表示二级解离常数，在计算多元碱的 pH 值时，若 $K_{b1} \gg K_{b2}$，可以不考虑二级解离平衡，与计算一元碱的方法相似。

2.2.3　缓冲溶液和 pH 值的控制

(1) 同离子效应

与所有的化学反应平衡一样，弱电解质在水溶液中的解离平衡也会随温度、浓度等条件的改变而发生移动。弱酸、弱碱在水溶液中达到解离平衡后，如果加入与弱酸、弱碱具有相同离子的强电解质，该种离子的浓度发生变化，则原先的解离平衡就被破坏，平衡会向着解离相反的方向进行，即向结合成弱酸或弱碱的方向移动，这种现象称为同离子效应，最终使弱电解质的解离度降低。

例如 HAc 溶液中，存在解离平衡 $HAc \rightleftharpoons H^+ + Ac^-$，当向 HAc 溶液中加入强电解质 NaAc 后，溶液中 Ac^- 的浓度增大了，HAc 的解离平衡向左移动。达到新的平衡时，HAc 的解离度因 NaAc 的加入而降低。这种情况很多，如在 $NH_3 \cdot H_2O$ 溶液中加入 NH_4Cl，NH_4^+ 浓度的增加使 $NH_3 \cdot H_2O$ 的解离度降低。

从酸碱质子理论来看，加入的同离子是弱电解质的共轭酸、共轭碱。如 HAc 溶液中加入的同离子 Ac^- 是 HAc 的共轭碱，而 $NH_3 \cdot H_2O$ 溶液中加入的同离子 NH_4^+ 是 $NH_3 \cdot H_2O$ 的共轭酸。因此，同离子效应的本质就是在弱电解质溶液中加入该弱电解质的共轭酸或共轭碱，而使弱电解质的解离度降低的现象。

(2) 缓冲溶液及溶液 pH 值的控制

上述弱电解质与其共轭酸或碱组成的溶液有一种重要特性，就是其溶液 pH 值在一定范围内不因稀释或外加少量酸或碱而发生显著变化，该种溶液对外加的少量酸或碱具有缓冲的能力。这种对酸和碱具有缓冲作用的溶液叫做缓冲溶液。

缓冲溶液中共轭酸、共轭碱之间存在下列平衡关系

$$共轭酸 \rightleftharpoons H^+ + 共轭碱$$
$$(大量) \qquad\qquad (大量)$$

由上式可知缓冲溶液中存在着大量共轭酸及大量共轭碱，当外加少量酸时，平衡将向左移动，此时共轭碱与加入的过量的 H^+ 结合生成共轭酸，抵消了 H^+ 的增加，保证 pH 值基本不变；当外加少量碱时，平衡将向右移动，则有共轭酸与加入的少量碱作用，抵消了 OH^- 的增加，保持溶液的 H^+ 基本不变。组成缓冲溶液的一对共轭酸碱对也称为缓冲对，显然，缓冲对中的共轭酸起抵抗碱的作用，而共轭碱则起抵抗酸的作用。

根据共轭酸碱之间的平衡关系，计算缓冲溶液中 H^+ 浓度的公式为：

$$K_a = \frac{c^{eq}(H^+) \cdot c^{eq}(共轭碱)}{c^{eq}(共轭酸)}$$

$$c^{eq}(H^+) = K_a \times \frac{c^{eq}(\text{共轭酸})}{c^{eq}(\text{共轭碱})} \tag{2-10}$$

式中，K_a 为共轭酸的解离常数，如在 HAc-Ac$^-$ 缓冲对中，K_a 为 HAc 的解离常数；在 NH$_3$-NH$_4^+$ 缓冲对中，K_a 为 NH$_4^+$ 的解离常数。

【例 2-4】（1）计算含有 0.10mol·L^{-1} NaAc 和 0.10mol·L^{-1} HAc 的缓冲溶液中 H$^+$ 的浓度、pH 值和 HAc 的解离度。（2）若往 100mL 上述缓冲溶液中加入 1.00mL 1.00mol·L^{-1} HCl 溶液，溶液的 pH 值变为多少？

解：（1）根据式（2-10）：

$$c^{eq}(H^+) = K_a \times \frac{c^{eq}(\text{HAc})}{c^{eq}(\text{Ac}^-)}$$

由于 $K_a = 1.76 \times 10^{-5}$

$$c^{eq}(\text{HAc}) = c(\text{HAc}) - c^{eq}(H^+) \approx c(\text{HAc}) = 0.10\text{mol·L}^{-1}$$

$$c^{eq}(\text{Ac}^-) = c(\text{Ac}^-) + c^{eq}(H^+) \approx c(\text{Ac}^-) = 0.10\text{mol·L}^{-1}$$

此时，式（2-10）可改为

$$c^{eq}(H^+) = K_a \times \frac{c(\text{HAc})}{c(\text{Ac}^-)}$$

所以

$$c^{eq}(H^+) \approx 1.76 \times 10^{-5} \times \frac{0.10}{0.10} = 1.76 \times 10^{-5}\text{mol·L}^{-1}$$

$$\text{pH} = 4.75$$

HAc 的解离度

$$\alpha = \frac{1.76 \times 10^{-5}}{0.100} \times 100\% = 0.0176\%$$

与【例 2-1】的计算结果比较，由于同离子 Ac$^-$ 的加入，HAc 的解离度大大降低了。

（2）加入的 1.00mL 1mol·L^{-1} 的 HCl，由于稀释，浓度变为

$$\frac{1.00\text{mL}}{(100.00 + 1.00)\text{mL}} \times 1.00\text{mol·L}^{-1} = 0.01\text{mol·L}^{-1}$$

因为 HCl 在溶液中完全解离，加入的 $c(H^+) = 0.01\text{mol·L}^{-1}$。加入的 H$^+$ 的量相对于缓冲溶液中 Ac$^-$ 的量来说较小，可以认为加入的 H$^+$ 与 Ac$^-$ 完全结合成 HAc 分子，这样溶液中 Ac$^-$ 浓度减小，HAc 浓度增大。若忽略溶液体积微小改变的影响，则加入 HCl 后各物质的浓度为：

$$c(\text{HAc}) \approx 0.10 + 0.01\text{mol·L}^{-1} = 0.11\text{mol·L}^{-1}$$

$$c(\text{Ac}^-) \approx 0.10 - 0.01\text{mol·L}^{-1} = 0.09\text{mol·L}^{-1}$$

代入式（2-10）

$$c^{eq}(H^+) = 1.76 \times 10^{-5} \times \frac{0.11}{0.09}$$

$$= 2.15 \times 10^{-5}\text{mol·L}^{-1}$$

$$\text{pH} = 4.66$$

上述缓冲溶液中不加盐酸时，pH 值为 4.75，加入 1.00mL 1.00mol·L^{-1} HCl 后，pH 值为 4.66。两者仅相差 0.09，说明 pH 值基本不变。若加入 1.00mL 1.00mol·L^{-1} NaOH 溶液，则 pH 值变为 4.84（怎样计算？），也基本不变。

（3）缓冲溶液的配制及应用

缓冲溶液的 pH 值不仅与构成缓冲溶液的缓冲对有关，还与缓冲对的离子浓度有关。由

式(2-10) 可以看出：c(共轭酸) 与 c(共轭碱) 的比值越接近于 1，则缓冲溶液的 H^+ 浓度越接近于共轭酸的 K_a，缓冲溶液的 c(共轭酸) 和 c(共轭碱) 越大，缓冲溶液抵抗外来酸碱的能力就越大，即缓冲能力越强。由此可以得出配制缓冲溶液时应遵循的原则如下：

① 要配制的缓冲溶液 pH 值尽量与所选择共轭酸的 pK_a 值接近；

② 在配制缓冲溶液时，共轭酸和共轭碱的浓度之比接近 1；

③ 要求共轭酸和共轭碱的浓度尽可能大些；

④ 根据具体计算结果配制。

例如，要配制 pH＝10 的缓冲溶液，选择 NH_3-NH_4^+ 缓冲对，因为该缓冲对中共轭酸 NH_4^+ 的 pK_a＝9.25，这样配成的缓冲溶液的 c(共轭酸) $/c$(共轭碱) 才接近于 1，缓冲能力较大；另外在具体配制过程中注意 c(共轭酸) 和 c(共轭碱) 尽量大些。

缓冲溶液在工程技术中有重要应用，与人类生命活动也有重要关系。在电子工业的硅半导体器件加工过程中，需要用氢氟酸腐蚀以除去硅表面没有用胶膜保护的那部分氧化膜 SiO_2。如果单独用 HF 作腐蚀液，H^+ 的浓度会随着反应的进行而发生变化，造成后期腐蚀不均匀。因此需用 HF 和 NH_4F 组成的缓冲溶液进行腐蚀，才能达到工艺的要求。在土壤中，由于含有 H_2CO_3-$NaHCO_3$ 和 NaH_2PO_4-Na_2HPO_4 以及其他有机弱酸及其共轭碱所组成的复杂的缓冲系统，能使土壤维持一定的 pH 值，从而保证植物的正常生长。因而在进行土壤改良或施肥时，必须考虑不能破坏这一缓冲系统。动植物的各种体液更是先天的、精确的缓冲溶液，它们的 pH 值必须在一定范围内才能使相应机体的各项功能活动保持正常。如人体血液的 pH 值需维持在 7.4 左右。如果酸碱度突然发生改变，就会引起"酸中毒"或"碱中毒"，当 pH 值的改变超过 0.5 时，就可能会导致生命危险。

2.3　难溶电解质的多相离子平衡

在科学研究和工业生产中，经常遇到处理污水、分离杂质、鉴定离子以及利用沉淀反应来制备材料等工作。溶液中的沉淀反应如何进行？如何使沉淀析出更趋完全？又如何控制沉淀反应向我们所希望的方向进行？这些都属于难溶电解质和水系统中所存在的固相与液相中离子之间的平衡问题，即多相系统的离子平衡及其移动。

2.3.1　溶度积

难溶电解质在水中常以沉淀的形式存在，但是总会有一定数量的难溶电解质以离子形态进入水中，并且在固体难溶电解质与液体的难溶电解质离子之间建立起结晶-溶解平衡，这种动态平衡称为多相离子平衡：

$$A_nB_m(s) \rightleftharpoons nA^{m+}(aq) + mB^{n-}(aq)$$

其平衡常数表达式为：

$$K^{\ominus} = K_{sp}(A_nB_m) = [c^{eq}(A^{m+})]^n [c^{eq}(B^{n-})]^m$$

为了与一般平衡常数区别开，通常用 K_{sp} 表示难溶电解质在水中的离子平衡，并把难溶电解质的分子式标注在其后，称 K_{sp} 为溶度积常数，简称溶度积。它表明在一定温度时，难溶电解质的饱和溶液中，其离子浓度（以该离子在平衡关系中的化学计量数为指数）的乘积为一常数。K_{sp} 的数值可由实验测定，也可由热力学数据计算。附录 8 给出了一些难溶电解质的溶度积。

溶度积的值可以反映难溶电解质的溶解能力，这与中学课本中介绍的溶解度 s 值大小表示物质溶解能力大小一样，溶度积仅用于难溶电解质，而溶解度的应用更广泛些。

对于同类型的难溶电解质如 AgCl 和 AgBr、$CaSO_4$ 和 $BaSO_4$ 等，在相同温度下，溶度积 K_{sp} 越大，则溶解度 s 也越大。反之亦然。

对于不同类型的难溶电解质，不能用 K_{sp} 直接比较其溶解度的大小，必须通过具体计算。

【例 2-5】 在 25℃ 时，AgCl 的溶度积为 1.77×10^{-10}，Ag_2CrO_4 的溶度积为 1.12×10^{-12}，试比较 AgCl 和 Ag_2CrO_4 溶解度的大小。

解：(1) 设 AgCl 的溶解度为 s_1（以 mol·L^{-1} 为单位，下同），则根据

$$AgCl(s) \Longrightarrow Ag^+ + Cl^-$$

可得

$$c^{eq}(Ag^+) = c^{eq}(Cl^-) = s_1$$

$$K_{sp} = c^{eq}(Ag^+) \cdot c^{eq}(Cl^-) = s_1 \cdot s_1 = s_1^2$$

$$s_1 = \sqrt{K_{sp}} = \sqrt{1.77 \times 10^{-10}} = 1.33 \times 10^{-5} \, mol \cdot L^{-1}$$

(2) 设 Ag_2CrO_4 的溶解度为 s_2，则根据

$$Ag_2CrO_4(s) \Longrightarrow 2Ag^+ + CrO_4^{2-}$$

可得

$$c^{eq}(CrO_4^{2-}) = s_2$$

$$c^{eq}(Ag^+) = 2s_2$$

$$K_{sp} = [c^{eq}(Ag^+)]^2 \cdot c^{eq}(CrO_4^{2-})$$

$$= (2s_2)^2 \cdot s_2 = 4s_2^3$$

$$s_2 = \sqrt[3]{K_{sp}/4} = \sqrt[3]{\frac{1.12 \times 10^{-12}}{4}} = 6.54 \times 10^{-5} \, mol \cdot L^{-1}$$

计算结果表明，虽然 Ag_2CrO_4 的 K_{sp} 小于 AgCl 的 K_{sp}，但 Ag_2CrO_4 的溶解度却大于 AgCl 的溶解度。

2.3.2 溶度积规则

对难溶电解质来说，在一定条件下能否生成沉淀，或沉淀是否溶解，是一个判断沉淀-溶解反应的反应方向的问题。根据反应方向的判断规则，当溶液中有关两种离子浓度（以溶解平衡式中该离子的化学计量数为指数）的乘积（即第一章讨论的浓度商 Q）大于由该两种离子所组成的物质的溶度积（K_{sp}）时，就会产生该物质的沉淀，浓度商 Q 小于其溶度积 K_{sp}，则没有沉淀生成且溶液中原先存在的沉淀也会溶解。由此可知，根据溶度积可以判断沉淀的生成和溶解，这叫做溶度积规则。

$$Q = [c(A^{m+})]^n [c(B^{n-})]^m > K_{sp} \qquad 溶液过饱和，有沉淀生成$$

$$Q = [c(A^{m+})]^n [c(B^{n-})]^m = K_{sp} \qquad 饱和溶液$$

$$Q = [c(A^{m+})]^n [c(B^{n-})]^m < K_{sp} \qquad 不饱和溶液，沉淀溶解$$

在浓度商 Q 的表达式 $Q = [c(A^{m+})]^n \cdot [c(B^{n-})]^m$ 中，c 没有上标 eq。

2.3.3 溶度积规则的应用

(1) 沉淀的生成

根据溶度积规则，当溶液中 $[c(A^{m+})]^n \cdot [c(B^{n-})]^m > K_{sp}(A_mB_n)$ 时，则会生成

A_mB_n 沉淀。

【例 2-6】 已知 $BaSO_4$ 的 $K_{sp} = 1.07 \times 10^{-10}$，将 $0.01mol \cdot L^{-1}$ 的 $BaCl_2$ 溶液与 $0.01mol \cdot L^{-1}$ H_2SO_4 溶液等体积混合，是否有 $BaSO_4$ 沉淀生成？

解： 两种溶液等体积混合，$c(Ba^{2+}) \cdot c(SO_4^{2-}) = \frac{1}{2} \times 0.01 \times \frac{1}{2} \times 0.01 = 2.50 \times 10^{-5} > K_{sp}(BaSO_4)$

故有 $BaSO_4$ 沉淀生成，离子方程式为：

$$Ba^{2+} + SO_4^{2-} \rightleftharpoons BaSO_4(s)$$

当 $BaSO_4$ 固体与溶液中的 Ba^{2+} 和 SO_4^{2-} 之间建立起平衡时，该溶液为 $BaSO_4$ 的饱和溶液。此时 $c(Ba^{2+}) \cdot c(SO_4^{2-}) = K_{sp}(BaSO_4)$，在给定条件下，$Ba^{2+}$ 和 SO_4^{2-} 的浓度不再改变。

与其他化学平衡一样，难溶电解质的多相离子平衡也是相对的，有条件的。如果向上述 $BaSO_4(s) = Ba^{2+} + SO_4^{2-}$ 的平衡系统中加入 SO_4^{2-} 溶液，由于 SO_4^{2-} 浓度的增大，使 $c(Ba^{2+}) \cdot c(SO_4^{2-}) > K_{sp}(BaSO_4)$，平衡向生成 $BaSO_4$ 沉淀的方向移动，直至溶液中离子浓度的乘积重新等于溶度积为止。当达到新平衡时，溶液中 Ba^{2+} 的浓度相对于原来平衡时减小了，也就是沉淀更完全了。同时，在新条件下，$BaSO_4$ 的溶解度降低了。因为此时在 $1.00L$ 溶液中溶解的 $BaSO_4$ 的物质的量等于 Ba^{2+} 在溶液中的物质的量，即 $s = c^{eq}(Ba^{2+})$ [此时 $c^{eq}(Ba^{2+}) \neq c^{eq}(SO_4^{2-})$]。这种因加入含有共同离子的强电解质，而使难溶电解质溶解度降低的现象叫做同离子效应。同离子效应在工业生产、污水处理及分析化学中应用广泛。例如，在用 $BaSO_4$ 重量法测定 Ba^{2+} 时，就需要加入过量的 SO_4^{2-}，利用 SO_4^{2-} 的同离子效应使 Ba^{2+} 沉淀完全。

(2) 沉淀的溶解

在实际工作中，经常会遇到要使难溶电解质溶解的问题。根据溶度积规则，只要设法降低难溶电解质饱和溶液中有关离子的浓度，使离子浓度乘积小于它的溶度积，难溶电解质就会溶解。常用的方法如下。

① 利用酸碱反应，生成 H_2O、H_2CO_3、H_2S 等弱电解质或气体。

金属氢氧化物易溶于酸，生成盐和水，反应如下：

$$Fe(OH)_2(s) + 2H^+ = Fe^{2+} + 2H_2O$$

这一反应的实质就是利用酸碱反应使 OH^-（碱）的浓度不断降低，使溶液中 $c(Fe^{2+}) \cdot [c(OH^-)]^2 < K_{sp}[Fe(OH)_2]$，平衡 $Fe(OH)_2(s) = Fe^{2+} + 2OH^-$ 向右移动，因而使 $Fe(OH)_2$ 沉淀溶解。

碳酸盐沉淀溶于酸，生成弱电解质水和二氧化碳，反应如下：

$$BaCO_3(s) + 2H^+ = Ba^{2+} + H_2O + CO_2\uparrow$$

某些硫化物溶于酸，生成弱电解质硫化氢，反应如下：

$$FeS(s) + 2H^+ = Fe^{2+} + H_2S\uparrow$$

② 利用氧化-还原反应　有些硫化物如 Ag_2S、CuS、PbS 等不溶于非氧化性酸，这是由于它们的溶度积太小，饱和溶液中的 S^{2-} 浓度太小，不能与 H^+ 结合形成 H_2S。但加入氧化性酸可使之溶解。例如，加入 HNO_3 可发生如下反应：

$$3CuS(s) + 8HNO_3(稀) = 3Cu(NO_3)_2 + 3S(s) + 2NO(g) + 4H_2O$$

由于 HNO_3 能将 S^{2-} 氧化成单质 S，从而大大降低了 S^{2-} 的浓度，使溶液中 $c(Cu^{2+}) \cdot$

$c(S^{2-})<K_{sp}(CuS)$，CuS 即可溶解。

③ 利用配离子的反应　当难溶电解中的金属离子与某些试剂形成配离子时，也能使难溶电解质溶解。例如

$$Cu(OH)_2(s)+4NH_3 =\!=\!= [Cu(NH_3)_4]^{2-}+2OH^-$$

(3) 沉淀的转化

锅炉或蒸气管内锅垢的存在，不仅阻碍传热、浪费燃料，而且还有可能引起爆裂，造成事故。锅垢的主要成分之一 $CaSO_4$ 不溶于酸，难以除去，但可以用 Na_2CO_3 溶液处理，使其转化为疏松而可溶于酸的 $CaCO_3$ 沉淀。

$$CaSO_4(s) =\!=\!= Ca^{2+}+SO_4^{2-}$$
$$+$$
$$CO_3^{2-}$$
$$\Updownarrow$$
$$CaCO_3(s)$$

由于 $CaSO_4$ 的溶度积（$K_{sp}=7.10\times10^{-5}$）大于 $CaCO_3$ 的溶度积（$K_{sp}=4.96\times10^{-9}$），在溶液中与 $CaSO_4(s)$ 平衡的 Ca^{2+} 与加入的 CO_3^{2-} 结合生成溶度积更小的 $CaCO_3$，从而降低了溶液中的 Ca^{2+} 浓度，破坏了 $CaSO_4$ 的溶解平衡，使 $CaSO_4$ 不断溶解并转化为 $CaCO_3$。上述转化反应可表示为

$$CaSO_4(s)+CO_3^{2-}(aq) =\!=\!= CaCO_3(s)+SO_4^{2-}(aq)$$

反应进行的程度可用转化反应的平衡常数来表达：

$$K^{\ominus}=\frac{c^{eq}(SO_4^{2-})}{c^{eq}(CO_3^{2-})}=\frac{c^{eq}(SO_4^{2-})\cdot c^{eq}(Ca^{2+})}{c^{eq}(CO_3^{2-})\cdot c^{eq}(Ca^{2+})}=\frac{K_{sp}(CaSO_4)}{K_{sp}(CaCO_3)}$$

$$=\frac{7.10\times10^{-5}}{4.96\times10^{-9}}=1.43\times10^4$$

平衡常数较大，表明沉淀转化的程度非常大。

(4) 分步沉淀

如果溶液中有两种或两种以上离子，当加入一种与这几种离子都可以生成难溶电解质的试剂（称为沉淀剂）时，离子积先达到其难溶电解质的溶度积的离子先沉淀。如果生成的沉淀类型相同，且离子初浓度基本相同，可简单用各沉淀溶度积大小判断各沉淀生成的顺序；如果沉淀离子的初浓度相差较大，或沉淀类型不同，不能通过比较溶度积大小判断沉淀生成的先后，必须计算出各种沉淀离子所需要的沉淀剂浓度的多少，进行判断。

难溶电解质的溶解度相差较大时，可用分步沉淀的方法加以分离。在一般分离过程中，当一种离子在溶液中的残留量小于 $10^{-5}\,mol\cdot L^{-1}$ 时，可以认为该离子沉淀完全。若一种离子已沉淀完全，另一种离子还未开始沉淀，则称这两种离子可以完全分离。

【例 2-7】　在含有 Cl^- 和 I^- 等离子的混合溶液中，各离子浓度均为 $0.10\,mol\cdot L^{-1}$。若向混合液中逐滴加入 $AgNO_3$ 溶液，问哪种离子先沉淀？当后一种离子开始沉淀时，此时溶液中 I^- 的浓度是多少？其是否沉淀完全？

解：由附录 8 查出 AgCl 和 AgI 的溶度积分别为 $K_{sp}(AgCl)=1.77\times10^{-10}$、$K_{sp}(AgI)=8.51\times10^{-17}$

出现 AgCl 沉淀时，需 Ag^+ 浓度为：

$$c(\text{Ag}^+)=K_{\text{sp}}(\text{AgCl})/c(\text{Cl}^-)=1.77\times10^{-10}/0.10=1.77\times10^{-9}\ \text{mol}\cdot\text{L}^{-1}$$

当出现 AgI 沉淀时，溶液中 Ag^+ 浓度为：

$$c(\text{Ag}^+)=K_{\text{sp}}(\text{AgI})/c(\text{I}^-)=8.51\times10^{-17}/0.10=8.51\times10^{-16}\ \text{mol}\cdot\text{L}^{-1}$$

由计算结果知，向混合液中逐滴加入 AgNO_3 溶液，最先出现 AgI 沉淀，其次是 AgCl。

当 AgCl 开始沉淀时，溶液中 I^- 的浓度为：

$$c(\text{I}^-)=K_{\text{sp}}(\text{AgI})/c(\text{Ag}^+)=8.51\times10^{-17}/1.77\times10^{-9}=4.80\times10^{-8}\ \text{mol}\cdot\text{L}^{-1}$$

所以 AgCl 开始沉淀时，I^- 沉淀完全。

2.4 配离子的解离平衡

2.4.1 配位化合物

由一个简单正离子（金属离子）和几个中性分子或阴离子配位结合而成的复杂离子叫做配离子，又称为络离子，如 $[\text{Ag}(\text{NH}_3)_2]^+$、$[\text{Cu}(\text{NH}_3)_4]^{2+}$、$[\text{Fe}(\text{CN})_6]^{3-}$ 等，含有配离子的化合物称为配位化合物，简称配合物，如 $[\text{Ag}(\text{NH}_3)_2]\text{Cl}$、$[\text{Cu}(\text{NH}_3)_4]\text{SO}_4$、$\text{K}_3[\text{Fe}(\text{CN})_6]$ 等，配离子又称为配合物的内界，放在方括号 $[\ \ ]$ 内，内界以外的部分称为配合物的外界。在配离子中，金属离子位于配离子几何结构的中心，所以又称中心离子，如上述配离子中的 Ag^+、Cu^{2+}、Fe^{3+}。与中心离子配位结合的中性分子或阴离子称为配位体，配离子中的 NH_3、CN^- 是配位体。在配位体中与中心离子直接结合的原子叫配位原子，NH_3 分子中的配位原子是 N 原子，CN^- 中的配位原子是 C 原子。与中心离子结合的配位原子总数叫中心离子的配位数。上述三种配离子中，中心离子的配位数分别为 2、4、6。

2.4.2 配离子的解离平衡

在溶液中配位化合物可以发生解离，解离时，外界和内界可全部解离成内界离子和外界离子，这与强电解质类似；配离子也可以解离，它们的解离则与弱电解质相似，在溶液中或多或少地解离出中心离子和配位体，并存在解离平衡。例如，$[\text{Ag}(\text{NH}_3)_2]^+$ 配离子总的解离平衡可简单表达为：

$$[\text{Ag}(\text{NH}_3)_2]^+ \Longleftrightarrow \text{Ag}^+ + 2\text{NH}_3$$

配离子的解离常数为

$$K^{\ominus}=\frac{c^{\text{eq}}(\text{Ag}^+)\cdot[c^{\text{eq}}(\text{NH}_3)]^2}{c^{\text{eq}}[\text{Ag}(\text{NH}_3)_2^+]}$$

对同一类型（配位体数目相同）的配离子来说，$K^{\ominus}$ 越大，表明配离子越易离解，即配离子越不稳定。所以配离子的解离常数 $K^{\ominus}$ 又称为不稳定常数，用 K_{i} 表示。

对于配离子其解离反应的逆反应为配位反应，如

$$\text{Ag}^+ + 2\text{NH}_3 \Longleftrightarrow [\text{Ag}(\text{NH}_3)_2]^+$$

其平衡常数

$$K^{\ominus}=\frac{c^{\text{eq}}[\text{Ag}(\text{NH}_3)_2^+]}{c^{\text{eq}}(\text{Ag}^+)\cdot[c^{\text{eq}}(\text{NH}_3)]^2}$$

K 的大小表明配离子的稳定性，称为配离子的稳定常数，用 K_f 表示。显然 $K_i = \dfrac{1}{K_f}$，附录 7 列出了一些常见配离子的 K_i 和 K_f 值。

与所有的平衡系统一样，改变配离子解离平衡的条件，平衡将发生移动，使配离子被破坏或转化为另一种更稳定的配离子。

例如，在深蓝色的 $[Cu(NH_3)_4]^{2+}$ 溶液中加入少量稀 H_2SO_4，溶液会由深蓝色转变为浅蓝色。这是由于加入的 H^+ 与 $[Cu(NH_3)_4]^{2+}$ 解离出的 NH_3 结合，形成 NH_4^+，促使 $[Cu(NH_3)_4]^{2+}$ 进一步解离。

$$[Cu(NH_3)_4]^{2+} \rightleftharpoons Cu^{2+} + 4NH_3$$
$$+$$
$$H^+ \rightleftharpoons NH_4^+$$

又如，在 $[Ag(NH_3)_2]^+$ 配离子的溶液中加入 KI 溶液，则会生成黄色 AgI 沉淀，$[Ag(NH_3)_2]^+$ 被破坏。

$$[Ag(NH_3)_2]^+ \rightleftharpoons Ag^+ + 2NH_3$$
$$+$$
$$I^-$$
$$\| \, c(Ag^+) \cdot c(I^-) > K_{sp}(AgI)$$
$$AgI \downarrow$$

总反应式可写为

$$[Ag(NH_3)_2]^+ + I^- \Longrightarrow AgI \downarrow + 2NH_3$$

其平衡常数

$$K^{\ominus} = \frac{[c^{eq}(NH_3)]^2}{c^{eq}[Ag(NH_3)_2^+] \cdot c^{eq}(I^-)}$$

$$= \frac{[c^{eq}(NH_3)]^2 \cdot c^{eq}(Ag^+)}{c^{eq}[Ag(NH_3)_2^+] \cdot c^{eq}(I^-) \cdot c^{eq}(Ag^+)}$$

$$= K_i[Ag(NH_3)_2^+]/K_{sp}(AgI)$$

将 $K_i[Ag(NH_3)_2^+] = 8.93 \times 10^{-8}$、$K_{sp}(AgI) = 8.51 \times 10^{-17}$ 代入

得

$$K^{\ominus} = 8.93 \times 10^{-8}/8.51 \times 10^{-17} = 1.05 \times 10^9$$

$K^{\ominus}$ 很大，表明转化反应进行得很完全。

在配离子反应中，一种配离子可以转化为另一种更稳定的配离子，即平衡向生成更难解离的配离子的方向移动。例如

$$[HgCl_4]^{2-} + 4I^- \Longrightarrow [HgI_4]^{2-} + 4Cl^-$$

由于是相同配位数的配离子，通常可根据配离子的 K_i 来判断反应进行的方向。由于 $K_i([HgCl_4]^{2-}) = 8.55 \times 10^{-16} \gg K_i([HgI_4]^{2-}) = 1.48 \times 10^{-30}$，即 $[HgCl_4]^{2-}$ 更不稳定，因此，若往含有 $[HgCl_4]^{2-}$ 的溶液中加入足够的 I^-，则 $[HgCl_4]^{2-}$ 将解离而转化生成 $[HgI_4]^{2-}$，其转化反应的平衡常数（怎样计算？）是非常大的。

2.5 表面活性剂

2.5.1 表面现象与表面活性剂

多相系统中相与相之间存在着界面。一般情况下，界面的分子和内部的分子所受力是不

同的。例如，水与水面上方的空气，水内部的分子受到它周围水分子的作用是一样的，合力为零；表面层的水分子，因上层与空气接触，空气分子对水分子的吸引力小于内部液相分子对它的吸引力，所以表面层的水分子所受合力不等于零，其合力方向垂直指向液体内部，结果导致液体表面具有自动缩小的趋势，这种使液体表面尽量缩小的力称为表面张力。水滴自动呈球形就是这个道理。表面张力是物质的特性，其大小与温度和界面两相物质的性质有关。

在溶剂中加入溶质形成溶液后其表面张力会发生改变，例如在水中加入无机盐、不挥发的酸、碱等，会增大表面张力；但如果加入特殊的有机物，会降低水的表面张力。凡能明显降低水的表面张力的物质叫做表面活性剂。表面活性剂在工业生产中广泛地用作化学助剂，它与人们的日常生活也是密切相关的。

2.5.2 表面活性剂的特点和分类

(1) 特点

表面活性剂具有特殊的长链结构，能明显降低水的表面张力。表面活性剂一端是极性基团，具有易溶于水的亲水基团，另一端是疏水基团，具有不溶于水却易溶于油的亲油基团。表面活性剂的这种结构叫"双亲结构"。根据"相似相溶"原理，表面活性剂具有的极性基团常有羧基、磺酸基、羟基、氨基等亲水性基团，表面活性剂的非极性基团包括烷基和芳香基等亲油基团，烷基和芳香基链越长，亲油性往往越强。在水中加入少量的表面活性剂时，其亲水基强烈水化，而亲油基则与水相互排斥，从而使表面活性剂分子富集于表面，使亲水基指向水内而亲油基指向空气。这种排列方式改变了表面分子的受力状况，从而起到降低表面张力的作用。

(2) 分类

构成表面活性剂的亲油基团主要是长链烃基，烃基碳-碳链的不同连接方式造成亲油基团的差异，但是对表面活性剂的性质影响不大。组成表面活性剂的亲水基团种类繁多，性质差异较大，所以表面活性剂的分类一般以亲水基结构为主要依据，分为阴离子型、阳离子型、两性离子型和非离子型四大类。表 2-1 列出了一些常见的表面活性剂的种类、特点及用途。

表 2-1 一些表面活性剂的分类、特点及用途

按离子型分类	特点	按亲水基的种类分类		性 能	用 途
阴离子型表面活性剂	亲水基为阴离子	脂肪羧酸盐类	R—COONa	润湿性好，去污力强	洗涤剂，乳化剂，增溶剂
		脂肪醇硫酸盐类	R—OSO$_3$Na		
		烷基磺酸盐类	R—SO$_3$Na		
		烷基芳基磺酸盐类	R—⬡—SO$_3$Na		
		磷酸酯类	R—OPO$_3$Na$_2$		
阳离子型表面活性剂	亲水基为阳离子	伯胺盐	R—NH$_2$·HCl	杀菌力强，洗涤性差，优良的抗静电性和柔软作用	杀菌消毒剂、织物抗静电剂和柔软剂
		仲胺盐	R—N·HCl（上接 CH$_3$，下接 H）		
		叔胺盐	R—N(CH$_3$)$_2$·HCl		
		季铵盐	R—N$^+$(CH$_3$)$_3$·Cl		

续表

按离子型分类	特点	按亲水基的种类分类		性能	用途
两性离子型表面活性剂	兼有阴、阳离子基团	氨基酸型	$R-NHCH_2-CH_2COOH$	良好的润湿性、洗涤性、乳化性，优良的杀菌性，对皮肤刺激小	与食品接触器具的消毒洗涤剂，洗发香波、化妆品、织物柔软剂和抗静电剂
		甜菜碱型	$R-\overset{+}{N}(CH_3)_2CH_2COO^-$		
			$R-\overset{+}{N}(CH_3)_2 \cdot SO_3^-$		
非离子型表面活性剂	在水中不产生离子	脂肪醇聚氧乙烯醚	$R-O-(CH_2CH_2O)_2H$	优异的润湿和洗涤功能，不受硬水的影响，可与其他表面活性剂兼容	家用重垢洗涤剂、金属表面清洗剂，润湿剂、乳化剂等
		烷基酚聚氧乙烯醚	$RO-\text{⟨苯环⟩}-(CH_2CH_2O)_nH$		
		多元醇酯型	$R-COOCH_2C(CH_2OH)_3$		
		脂肪醇酰胺型	$R-CON-(CH_2CH_2CH_2OH)_2$		

2.5.3 表面活性剂的作用原理

向水中加入表面活性剂，表面活性剂的浓度不同，在水中的分布状态也有所不同。表面活性剂在水中的分布随浓度变化可由图 2-6 所示。表面活性剂浓度极稀时，绝大部分表面活性剂分子集中于溶液表面，亲水基在水中而亲油基背离水面，如图 2-6(a) 所示。随着浓度的增加，表层的表面活性剂分子不断增加，溶液内也有少许表面活性剂分子，如图 2-6(b) 和图 2-6(c) 所示。当其浓度增加至一定时，水表面层完全被表面活性剂分子所覆盖，如图 2-6(d) 状态所示，由于表面活性剂具有两亲结构，亲水基与水结合，同时水表面层形成了一层由亲油基构成的表面层，从而降低了溶液的表面张力。再增加表面活性剂的浓度，表面张力不再下降，增加的表面活性剂分子将在溶液内形成胶团，如图 2-6(e) 所示。

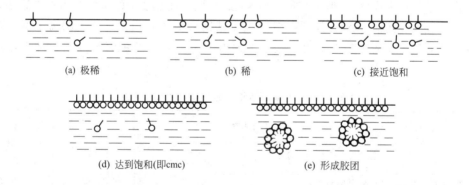

(a) 极稀 (b) 稀 (c) 接近饱和

(d) 达到饱和(即cmc) (e) 形成胶团

图 2-6 表面活性剂在水中的分布状态

表面张力不再随表面活性剂浓度增大而降低的浓度称为表面活性剂的临界胶团浓度，常以符号 cmc 表示。表面活性剂的临界胶团浓度都很低，一般为 $10^{-1}\ mol \cdot L^{-1}$ 以下。表 2-2 列举了几种常用表面活性剂的临界胶团浓度。液体物质的某些性质如乳化、泡沫、增溶等，与表面活性剂在溶液中形成的胶团有关。当浓度小于 cmc 时，由于未形成胶团而不能发挥表面活性剂的作用，只有当浓度大于 cmc 时才能起到表面活性剂的作用。因此，临界胶团浓度 cmc 是表面活性剂表面活性效率的一种重要指标。

表 2-2 一些表面活性剂的临界胶团浓度

名　　称	分子式	cmc/mol·L^{-1}
十二烷基硫酸钠	$C_{12}H_{25}OSO_3Na$	8.7×10^{-3}
十二烷基磺酸钠	$C_{12}H_{25}SO_3Na$	9.7×10^{-3}
十四烷基-N-三甲基溴化铵	$C_{14}H_{29}N(CH_3)_3Br$	4.1×10^{-3}
十六烷基聚氧乙烯(6)醚	$C_{16}H_{33}(OC_2H_4)_6OH$	1.0×10^{-6}

2.5.4　表面活性剂的功能

(1) 润湿作用

若液体能在固体表面均匀扩展称润湿；若液体在固体表面不能扩展，甚至呈珠状称不润湿。润湿是生产、科研和生活中常见的表面现象，例如各滴一滴水于干净的玻璃板和石蜡片上，水能在玻璃表面展开，水能润湿玻璃，而不能在石蜡表面展开，水不能润湿石蜡。液体在固体表面的润湿性能与固体、液体的结构及相互间作用力有关。当液体与固体接触时，在接触处形成一液体薄层，称附着层。附着层里的分子既受固体粒子的吸引，又受液体内部分子的吸引。如果受固体粒子的吸引力比较弱，附着层里就出现像表面张力一样的表面收缩力，形成不润湿现象；如果受到固体粒子的吸引力较强，超过液体内部分子的吸引力，则附着层就能在固体表面扩展而出现润湿现象。水是极性化合物，对极性固体表面（如玻璃、水泥、金属等）结合力较强，呈润湿现象；对极性较弱或非极性固体表面（如石蜡、塑料等）结合力较弱，呈不润湿现象。

加入表面活性剂能改变液体与固体表面的结合力。例如，水与石蜡表面不能润湿，在水中加入表面活性剂后，表面活性剂的憎水基与固体石蜡表面分子结合，表面活性剂的亲水基排列在石蜡表层，可与水较好地结合，表现为润湿。能显著改善固体表面润湿性的表面活性剂常被称为润湿剂。不同固体表面，不同液体，应选用不同的润湿剂。

(2) 乳化作用

两种互不相溶的液体组成乳浊液，乳浊液中分散相和分散剂都是液体。两种液相中一相大多是水，另一相与水不相溶的液体，一般称为油。例如牛奶是脂肪、蛋白质分散在水中组成的乳浊液。

在乳浊液中，分散相常以细小的液滴分散在液体介质中，两种液体不相溶，相界面积很大，体系能量很高，所以乳浊液是热力学的不稳定体系。乳浊液放置一段时间，分散相的小液滴互相接触，可能聚集成较大的液滴，使相界面积缩小，降低体系能量，因此乳浊液分层是个自发过程。例如煤油和水混合振荡，短时间形成乳浊液，静止片刻又分成两层。如果在煤油和水组成的乳浊液里加入少量肥皂，再振荡，就能得到稳定的乳浊液。能增加乳浊液稳定性的物质叫乳化剂，乳化剂也是一种表面活性剂，它的极性基团亲水，非极性基团亲油，在油水界面层以一定取向排列形成一层牢固的乳化膜将液滴包住，阻碍了液滴相互碰撞凝聚在一起的机会，增加了乳浊液的稳定性。如果乳浊液中连续相为水，油分散于水相中形成的体系为水包油型乳浊液，以 O/W 表示，如图 2-7 所示。若连续相为油，水分散在油相中，则称为油包水型乳浊液，以 W/O 表示，如图 2-8 所示。

在工程技术中有时乳化状态会带来十分不良的影响。例如，开采的原油是一种 W/O 型乳浊液，溶入水相的盐使原油的运输和加工产生极大困难，必须进行破乳脱盐处理。常在原油乳浊液中加入某些表面活性剂，使乳浊液的界面稳定性下降，达到破乳的目的。

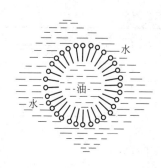

图 2-7　O/W 型乳状液

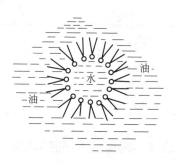

图 2-8　W/O 型乳状液

（3）增溶作用

对于水溶性较差的物质，加入表面活性剂使其在水中的溶解量达到溶解度以上的溶解现象称增溶，起增溶作用的表面活性剂称为增溶剂。增溶作用在表面活性剂临界胶团浓度以上时表现得较为显著。增溶是乳化的极限阶段，此时液体外观完全透明，像真溶液一样。

许多实验证明增溶作用是由胶团引起的。在溶解度很小的物质（例如油）溶液中，加入浓度超过 cmc 的表面活性剂时，这些难溶的溶质钻入表面活性剂胶团中心被亲油基所吸附，这样就增加了溶解度很小物质的溶解度，如图 2-9 所示。

在洗涤中，表面活性剂也表现出一定程度的增溶作用，在水中加入表面活性剂的浓度超过 cmc，增加了表面活性剂胶团对油污的溶解能力，使油污不可能再沉积，提高了洗涤效果。油性的药物在水溶液中被表面活性剂增溶后成为连续的均匀体系，容易被器官吸收，增溶剂作为药物的增效剂也广泛应用在医药生产中。

（4）起泡作用

泡沫是由不溶性气体分散在液体或熔融固体中所形成的分散体系。例如，肥皂泡沫、啤酒泡沫，都是气体分散在液体中的体系；泡沫塑料、泡沫橡胶和泡沫玻璃等则都是气体分散在固体中形成的泡沫。

我们在生产、科研及生活中遇到的大多是以液体为介质的泡沫。如纯水不易起泡，但在水中加入肥皂搅拌，就可以形成稳定的气泡。能形成稳定泡沫的物质称为起泡剂。起泡剂大多数是表面活性剂，泡沫的形成过程可用图 2-10 表示。气体进入液体（水）中被液膜包围形成气泡，表面活性剂的疏水基伸向气泡内，亲水基指向溶液，形成稳定的液膜，液膜的形成降低了界面张力，使气泡处于较稳定的状态。当气泡在溶液中上浮到液面并逸出时，泡膜会形成双分子膜，使气泡在空气中也能稳定存在。

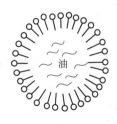

图 2-9　增溶作用示意图

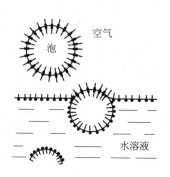

图 2-10　泡沫生成模式图

起泡剂常用来制造泡沫灭火器、浮选剂等，广泛用于科研、生产各部门。但有些场合泡沫也会造成麻烦，例如在电镀、印染、涂刷等生产过程中，泡沫的存在会影响产品质量等一系列问题，甚至危及安全，在生产中要消除泡沫。能消除泡沫的活性物质，称为消泡剂，消泡剂也是表面活性剂，常用的消泡剂有庚醇、辛醇、壬醇等高级脂肪醇，这些活性物质分子能把气泡膜里的起泡剂分子替代出来，而本身的碳链短、极性弱、分子间的引力小，使得气泡膜的强度降低，泡沫的稳定性下降，起到消泡作用。

（5）洗涤作用

从固体表面除掉污渍的过程称为洗涤。洗涤作用是基于表面活性剂降低界面的表面张力而产生的综合效应。污物在洗涤剂溶液中浸泡一定时间，表面活性剂的亲油基与油污结合，亲水基一端与水结合，明显降低了水的表面张力。表面活性剂夹带着水润湿并渗透到污物表面，最后油污被表面活性剂包裹，经揉洗及搅拌等机械作用，污物发生乳化、分散和增溶作用，进入洗涤液中，经清水反复漂洗即可达到去污的目的。

2.5.5 表面活性剂的应用

生活中表面活性剂应用最多的是洗涤剂。人们最早用的洗涤剂是从皂荚中提取出来的皂素，皂素是具有类固醇的糖苷结构的复杂化合物，后来采用较为容易制得的肥皂，肥皂是含 $12\sim18$ 个碳的饱和或不饱和的脂肪酸钠盐，如硬脂酸钠（$C_{17}H_{35}COONa$）等，肥皂水溶液呈碱性，在中性或酸性环境中，会游离出脂肪酸；在硬水中，会生成脂肪酸钙沉淀而降低洗涤效果。为此人们合成了高效的洗涤剂，如十二烷基苯磺酸钠，它的水溶性、浸润性更好，洗涤力更强，并且可以在酸性溶液中使用。后来又合成出了非离子型表面活性剂，洗涤力更强，形成泡沫较少，可在硬水、酸性或碱性溶液中使用。人们常将阴离子型和非离子型表面活性剂混合使用，起到协同效应，增加洗涤力。为了增加洗涤剂的洗涤效果，在洗涤剂中添加相当数量的碳酸钠作为碱性组分以及相当数量的三聚磷酸钠作为软化硬水组分。含磷洗涤剂的使用会造成河流湖泊营养成分过多，使水草生长过于繁茂，破坏水中的生态平衡，引起磷公害。之后人们又研制出了无磷洗衣粉，常用硅酸钠、硅铝酸钠（沸石）代替三聚磷酸钠，以消除钙离子的影响，反应原理为：

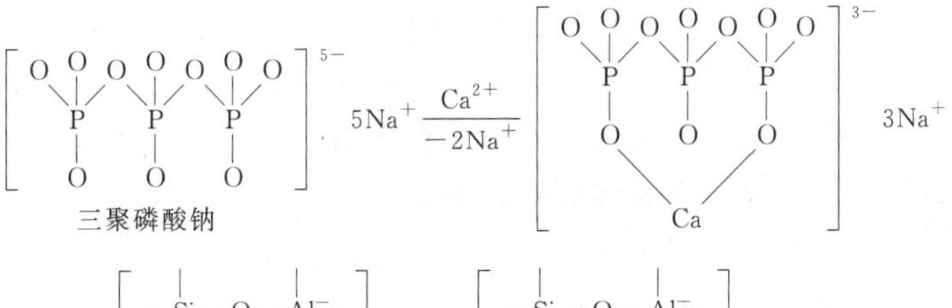

三聚磷酸钠

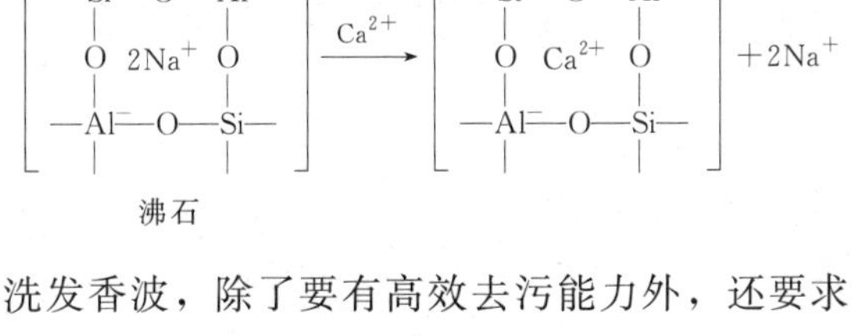

沸石

对于厨房洗涤剂和洗发香波，除了要有高效去污能力外，还要求液态、无毒，不损伤皮肤、毛发，易于冲洗。常用高级醇环氧乙烯醚硫酸酯油作为其主要成分之一。

表面活性剂作为乳化剂在生产技术中应用非常广泛。例如工业锅炉以喷射重油为燃料，由于重油黏度大，操作困难，常在重油中加入一定量的水及乳化剂，制成乳化重油，这样既便于操作又提高了燃料效率。乳化剂主要是阴离子型表面活性剂，如烷基磺酸盐、环烷酸盐以及非离子型表面活性剂。阳离子表面活性剂更多地用作纤维柔软剂，可降低摩擦系数，改善纤维平滑性，阳离子表面活性剂还可作抗静电剂和杀菌消毒剂。

金属切削加工时，常用的金属切削液在加工过程中主要起冷却和润湿作用，其组成通常包括矿物油、乳化剂、防锈剂、耐磨损剂等添加剂。金属电镀液中加入表面活性剂，可使镀层均匀、致密、牢固、平整、光亮等。按加入表面活性剂的作用可分为光亮剂、分散剂、防蚀剂、烟雾防止剂等。其作用概括如下：

① 均镀作用，使镀层均匀；

② 整平作用，避免镀层出现针孔和毛刺或密集麻点；

③ 增光作用，促使电沉积结晶致密，定向沉积，使镀层表面平滑，不乱反射可见光；

④ 消泡作用，防止烟雾产生，特别在镀铬时尤为明显；

⑤ 改善镀层结合力，影响沉积反应超电势，提高润湿、乳化、分散作用，使镀层致密，结合牢固。

表 2-3 列出了一些表面活性剂在电镀工业中的具体应用。

表 2-3　表面活性剂在电镀工业中的应用实例

电镀类型	电镀液添加剂	作　用	参考用量/%
镀铜	硬脂酸聚氧乙烯酯 十二烷基硫酸钠 十二烷基聚氧乙烯醚	增光作用 减少极化，防止针孔，改善镀速，提高镀液稳定性	0.005～0.01
镀锌	平平加 OP 乳化剂	润湿，防碱雾，光亮剂	0.03～0.5
镀镍	十二烷基硫酸钠 2-乙基己基硫酸钠	防止凸痕，光亮剂，提高镀层覆盖力，柔软性	0.005～0.04
镀铬	$R_F—SO_3X$．R_F：$(C_4～C_8)R$ 的 C—F 基，X：H 或金属； $Cl(CF_2CFCl)_nCF_2OOH$ $n=2～6$	抑制铬酸烟雾，增光，防凸	0.003～0.01
镀锡	OP 乳化剂	润湿，增光，防毛剂	0.1～0.4

另外，润滑油中添加表面活性剂作为缓蚀剂及清净分散剂使油泥不致沉淀影响机器运转。化肥或灭火粉末填料中需要添加表面活性剂以防止结块。冶炼中用表面活性剂作为捕集剂和起泡剂。喷洒液体化肥、农药时，为了加强作物或虫体对其的吸收，通常都加入一定的表面活性剂作为润湿剂，以提高肥效和药效，等等。

表面活性剂在工农业生产、科学研究及日常生活的各个领域中，直接或作为助剂被广泛应用。根据用途不同，表面活性剂有不同的名称，尽管在使用时其添加量很少，但却能起到其他物质不能替代的作用。

 思考题

1. 为什么水中加入乙二醇可以防冻？比较在内燃机水箱中使用乙醇或乙二醇的优缺点。（提示：查阅溶质的沸点，乙二醇的沸点为 470K）

2. 什么是渗透压？什么是反渗透？盐碱土地上栽种植物难以生长，试以渗透原理解释该现象。

3. 为什么氯化钙和五氧化二磷可作为干燥剂？而食盐和冰的混合物可以作为冷冻剂？

4. 酸碱质子理论如何定义酸和碱？什么是共轭酸碱对？

5. 为什么某酸越强，则其共轭碱越弱，或某酸越弱，其共轭碱越强？

6. 下列说法是否正确？若不正确，请予以更正。

(1) 根据 $K_a \approx c\alpha^2$，弱酸的浓度越小，则解离度越大，因此酸性越强（pH 值越小）。

(2) 在相同浓度的一元弱酸溶液中，$c^{eq}(H^+)$ 都相等，因为中和同体积同浓度的醋酸溶液和盐酸溶液所需的碱是等量的。

7. 往氨水中加入少量下列物质时，NH_3 的解离度和溶液的 pH 值将发生怎样的变化？

(1) $NH_4Cl(s)$；　　(2) $NaOH(s)$；　　　(3) $HCl(aq)$；　　　(4) $H_2O(l)$；

8. 下列几组等体积混合物溶液中哪些是较好的缓冲溶液？哪些是较差的缓冲溶液？哪些根本不是缓冲溶液？

(1) $10^{-5}\,mol \cdot L^{-1}\,HAc + 10^{-5}\,mol \cdot L^{-1}\,NaAc$；

(2) $1.0\,mol \cdot L^{-1}\,HCl + 1.0\,mol \cdot L^{-1}\,NaCl$

(3) $0.5\,mol \cdot L^{-1}\,HAc + 0.7\,mol \cdot L^{-1}\,NaAc$；

(4) $0.1\,mol \cdot L^{-1}\,NH_3 + 0.1\,mol \cdot L^{-1}\,NH_4Cl$

(5) $0.2\,mol \cdot L^{-1}\,HAc + 0.0002\,mol \cdot L^{-1}\,NaAc$

9. 欲配置 pH=3 的缓冲溶液，已知有下列物质的 K_a 数值：

(1) $HCOOH$　$K_a = 1.77 \times 10^{-4}$；(2) HAc　$K_a = 1.76 \times 10^{-5}$；(3) NH_4^+　$K_a = 5.65 \times 10^{-10}$

选择哪一种弱酸及其共轭碱较合适？

10. 如何从化学平衡的观点来理解溶度积规则？试用溶度积规则解释下列事实。

(1) $CaCO_3$ 溶于稀 HCl 溶液；

(2) $Mg(OH)_2$ 溶于 NH_4Cl 溶液中；

(3) ZnS 能溶于 HCl 和稀 H_2SO_4 中，而 CuS 不溶于 HCl 和稀 H_2SO_4 中，却能溶于 HNO_3 中；

(4) $BaSO_4$ 不溶于盐酸中。

11. 往草酸（$H_2C_2O_4$）溶液中加入 $CaCl_2$ 溶液，得到 CaC_2O_4 沉淀。将沉淀过滤后，往滤液中加入氨水，又有 CaC_2O_4 沉淀产生。试从离子平衡的观点予以说明。

12. 表面活性剂的分子结构特点是什么？它是怎样发挥表面活性的？

13. 按表面活性剂在水溶液中的解离情况，可分成哪几类？各举例说明。

14. 乳化剂为什么能增加乳浊液的稳定性？

15. 为什么使用表面活性剂可以改变固液表面的润湿现象？

16. 乳浊液的两种类型 W/O 型与 O/W 型，这两种符号各有什么意义？

17. 什么是增溶作用？在什么条件下才能达到增溶效果？

 习题

1. 是非题（对的在括号内填"√"号，错的填"×"号）

(1) 两种分子酸 HX 溶液和 HY 溶液有同样的 pH 值，则这两种酸的浓度（$mol \cdot L^{-1}$）相同。 （　　）

(2) $0.10 mol \cdot L^{-1}$ NaCN 溶液的 pH 值比相同浓度的 NaF 溶液的 pH 值要大，这表明 CN^- 的 K_b 值比 F^- 的 K_b 值要大。 （　　）

(3) 有一种由 HAc-Ac^- 组成的缓冲溶液，若溶液中 $c(HAc) > c(Ac^-)$，则该缓冲溶液抵抗外来酸的能力大于抵抗外来碱的能力。 （　　）

(4) PbI_2 和 $CaCO_3$ 的溶液积均近似为 10^{-9}，从而可知两者的饱和溶液中 Pb^{2+} 的浓度与 Ca^{2+} 的浓度近似相等。 （　　）

2. 选择题（将正确答案的标号填入空格内）

(1) 往 1L $0.10 mol \cdot L^{-1}$ HAc 溶液中加入一些 NaAc 晶体并使之溶解，会发生的情况是_____。

A. HAc 的 K_a 值增大 　　　　　　　　B. HAc 的 K_a 值减小

C. 溶液的 pH 值增大 　　　　　　　　D. 溶液的 pH 值减小

(2) 设氨水的浓度为 c，若将其稀释 1 倍，则溶液中 $c^{eq}(OH^-)$ 为_____。

A. $\frac{1}{2}c$ 　　　　　B. $\frac{1}{2}\sqrt{K_b \cdot c}$ 　　　　　C. $\sqrt{K_b \cdot c/2}$ 　　　　　D. $2c$

(3) 设 AgCl 在水中，在 $0.01 mol \cdot L^{-1}$ $CaCl_2$ 中，在 $0.01 mol \cdot L^{-1}$ NaCl 中以及在 $0.05 mol \cdot L^{-1}$ $AgNO_3$ 中的溶解度分别为 s_0、s_1、s_2 和 s_3，这些量之间的正确关系是_____。

A. $s_0 > s_1 > s_2 > s_3$ 　　　　　　　　B. $s_0 > s_2 > s_1 > s_3$

C. $s_0 > s_1 = s_2 > s_3$ 　　　　　　　　D. $s_0 > s_2 > s_3 > s_1$

(4) 下列物质在同浓度 $Na_2S_2O_3$ 溶液中溶解度（以 1L $Na_2S_2O_3$ 溶液中能溶解该物质的物质的量计）最大的是_____。

A. Ag_2S 　　　　　B. AgBr 　　　　　C. AgCl 　　　　　D. AgI

（提示：考虑 K_{sp}）

3. 填空题

在下列各系统中，各加入约 1.00g NH_4Cl 固体并使其溶解，对所指定的性质（定性地）影响如何？并简单指出原因。

(1) 10.0mL $0.10 mol \cdot L^{-1}$ HCl 溶液（pH 值）_____

_____。

(2) 10.0mL $0.10 mol \cdot L^{-1}$ NH_3 水溶液（氨在水溶液中的解离度）_____

_____。

(3) 10.0mL 纯水（pH 值）_____。

(4) 10.0mL 带有 $PbCl_2$ 沉淀的饱和溶液（$PbCl_2$ 的溶解度）_____。

4. 写出下列各种物质的共轭酸。

(1) CO_3^{2-}；(2) HS^-；(3) H_2O；(4) HPO_4^{2-}；(5) NH_3；(6) S^{2-}。

5. 写出下列各种物质的共轭碱。

(1) $H_2PO_4^-$；(2) HAc；(3) HS^-；(4) HNO_2；(5) HClO；(6) H_2CO_3。

6. 在某温度下 $0.10 mol \cdot L^{-1}$ 氢氰酸（HCN）溶液的解离度为 0.010%，试求在该温度时 HCN 的解离常数。

7. 计算 $0.050mol \cdot L^{-1}$ 次氯酸（HClO）溶液中的 H^+ 浓度和次氯酸的解离度。

8. 已知氨水溶液的浓度为 $0.20mol \cdot L^{-1}$。

（1）求该溶液中的 OH^- 的浓度、pH 值和氨的解离度。

（2）在上述溶液中加入 NH_4Cl 晶体，使其溶解后 NH_4Cl 的浓度为 $0.20mol \cdot L^{-1}$。求所得溶液的 OH^- 的浓度、pH 值和氨的解离度。

（3）比较上述（1）、（2）两小题的计算结果，说明了什么？

9. 根据书后附录 5 和附录 6，将下列化合物的 $0.10mol \cdot L^{-1}$ 溶液按 pH 值由小到大的顺序排列。

（1）HAc；（2）NaAc；（3）H_2SO_4；（4）NH_3；（5）NH_4Cl；（6）NH_4Ac。

10. 取 $50.0mL$ $0.100mol \cdot L^{-1}$ 某一元弱酸溶液，与 $20.0mL$ $0.100mol \cdot L^{-1}$ KOH 溶液混合，将混合溶液稀释至 $100mL$，测得此溶液的 pH 值为 5.25。求此一元弱酸的解离常数。

11. 在烧杯中盛放 $20.00mL$ $0.100mol \cdot L^{-1}$ 氨的水溶液，逐步加入 $0.100mol \cdot L^{-1}$ HCl 溶液。试计算：

（1）当加入 $10.00mL$ HCl 后，混合液的 pH 值；

（2）当加入 $20.00mL$ HCl 后，混合液的 pH 值；

（3）当加入 $30.00mL$ HCl 后，混合液的 pH 值。

12. 现有 $1.0L$ 由 HF 和 F^- 组成的缓冲溶液。试计算：

（1）当该缓冲溶液中含有 0.10mol HF 和 0.30mol NaF 时，其 pH 值为多少？

（2）往缓冲溶液（1）中加入 $0.40g$ $NaOH(s)$，并使其完全溶解（设溶解后溶液的总体积仍为 $1.0L$），问该溶液的 pH 值等于多少？

（3）当缓冲溶液 pH＝6.9 时，$c(HF)$ 与 $c(F^-)$ 的比值为多少？

13. 现有 $125mL$ $1.0mol \cdot L^{-1}$ NaAc 溶液，欲配制 $250mL$ pH 值为 5.0 的缓冲溶液，需加入 $6.0mol \cdot L^{-1}$ HAc 溶液多少毫升？

14. 在 $1L$ $0.10mol \cdot L^{-1}$ HAc 溶液中，需加入多少克的 $NaAc \cdot 3H_2O$ 才能使溶液的 pH 值为 5.5（假设 $NaAc \cdot 3H_2O$ 的加入不改变溶液的体积）。

15. 根据 PbI_2 的溶度积，计算（在 25℃时）：

（1）PbI_2 在水中的溶解度（$mol \cdot L^{-1}$）；

（2）PbI_2 饱和溶液中的 Pb^{2+} 和 I^- 的浓度；

（3）PbI_2 在 $0.010mol \cdot L^{-1}$ KI 饱和溶液中 Pb^{2+} 的浓度；

（4）PbI_2 在 $0.010mol \cdot L^{-1}$ $Pb(NO_3)_2$ 溶液中的溶解度（$mol \cdot L^{-1}$）。

16. 将 $Pb(NO_3)_2$ 溶液与 NaCl 溶液混合，设混合液中 $Pb(NO_3)_2$ 的浓度为 $0.20mol \cdot L^{-1}$，问：

（1）当混合溶液中 Cl^- 的浓度等于 $5.0 \times 10^{-4}mol \cdot L^{-1}$ 时，是否有沉淀生成？

（2）当混合溶液中 Cl^- 的浓度为多大时，开始生成沉淀？

（3）当混合溶液中 Cl^- 的浓度为 $6.0 \times 10^{-2}mol \cdot L^{-1}$ 时，残留于溶液中 Pb^{2+} 的浓度为多少？

17. （1）在 $0.01L$ 浓度为 $0.0015mol \cdot L^{-1}$ 的 $MnSO_4$ 溶液中，加入 $0.005L$ 浓度为 $0.15mol \cdot L^{-1}$ 的氨水，能否生成 $Mn(OH)_2$ 沉淀？

（2）若在上述 $MnSO_4$ 溶液中，先加入 $0.495g$ $(NH_4)_2SO_4$ 固体，然后加入 $0.005L$ 浓度 $0.15mol \cdot L^{-1}$ 的氨水，能否生成 $Mn(OH)_2$ 沉淀（假设加入固体后，体积不变）？

18. 在含有 Cl^-、Br^- 和 I^- 等离子的混合溶液中，各离子浓度均为 $0.10mol \cdot L^{-1}$。若向混合溶液中逐滴加入 $AgNO_3$ 溶液，通过计算判断哪种离子先沉淀，当 Cl^- 开始沉淀时，I^- 的浓度是多少？

19. 判断下列反应进行的方向，并作简单说明（设各物质的浓度均为 $1mol \cdot L^{-1}$）。

(1) $[Cu(NH_3)_4]^{2+} + Zn^{2+} \Longrightarrow [Zn(NH_3)_4]^{2+} + Cu^{2+}$

(2) $PbCO_3(s) + S^{2-} \Longrightarrow PbS(s) + CO_3^{2-}$

(3) $[Cu(CN)_2]^- + 2NH_3 \Longrightarrow [Cu(NH_3)_2]^+ + 2CN^-$

第3章 氧化还原反应与化学电源

3.1 氧化还原反应

氧化还原反应是化学反应的基本类型之一。根据反应物之间是否有电子转移可将化学反应分为两大类：氧化还原反应，即反应物之间有电子转移；非氧化还原反应，即反应物之间没有电子转移，如酸碱反应和沉淀反应等。氧化还原反应过程中有电子的转移，从而引起元素氧化数的变化。这类反应对于新物质的制备、金属材料的防腐、获取化学热能和电能都有重要意义。

3.1.1 氧化数

氧化数（oxidation number，又叫氧化值）是一个人为的概念，是某元素一个原子的表观电荷数，这种表观电荷数是假设把每个化学键中的电子指定给电负性较大的原子而求得。它主要用于描述物质的氧化或还原状态，并用于氧化还原反应方程式的配平。元素的氧化数可按以下规则确定。

① 在单质中元素的氧化数为零。这是因为成键电子的电负性相同，共用电子对不能指定给任何一方。

② 在单原子离子中，元素的氧化数等于离子所带的电荷数；在多原子离子中，各元素原子的氧化数代数和等于离子所带的电荷数。

③ 在中性分子中，各元素氧化数代数和等于零。

④ 氢在化合物中的氧化数一般为$+1$，而在与活泼金属生成的离子氢化物（如 NaH、CaH_2）中为-1；氧在化合物中的氧化数一般为-2，而在过氧化物（如 H_2O_2、Na_2O_2 等）中为-1，在超氧化物（如 KO_2）中为$-1/2$。

【例 3-1】 计算下列物质中带 * 元素的氧化数。
$$H_2S^*O_4 、 Na_2S_2^*O_3 、 S_4^*O_6^{2-} 、 Mn^*O_4^- 、 Fe_3^*O_4$$

解：根据分子或离子的总电荷数等于各元素氧化数的代数和，设带 * 元素的氧化数为 x。

$H_2S^*O_4$	$2\times(+1)+x+4\times(-2)=0$	$x=+6$
$Na_2S_2^*O_3$	$2\times(+1)+2x+3\times(-2)=0$	$x=+2$
$S_4^*O_6^{2-}$	$4x+6\times(-2)=-2$	$x=+2.5$
$Mn^*O_4^-$	$x+4\times(-2)=-1$	$x=+7$
$Fe_3^*O_4$	$3x+4\times(-2)=0$	$x=+8/3$

3.1.2　氧化还原电对

在氧化还原反应中，氧化剂与它的还原产物、还原剂与它的氧化产物组成的电对，称为氧化还原电对。例如反应 $2Fe^{3+} + 2I^- \rightleftharpoons 2Fe^{2+} + I_2$ 中存在两个电对：Fe^{3+}/Fe^{2+} 和 I_2/I^-。

在氧化还原电对中，氧化数较高者称为氧化型（如 Fe^{3+}、I_2），氧化数低者称为还原型（如 Fe^{2+}、I^-），氧化型物质写在左侧，还原型物质写在右侧，中间用斜线"/"隔开。电对中氧化型与还原型之间存在着共轭关系，如：

$$氧化型 + ne^- \rightleftharpoons 还原型$$
$$Fe^{3+} + e^- \rightleftharpoons Fe^{2+}$$
$$I_2 + 2e^- \rightleftharpoons 2I^-$$

在氧化还原反应中，电对物质的共轭关系式称为氧化还原半反应，如：

$$Cu^{2+}/Cu \qquad\qquad Cu^{2+} + 2e^- \rightleftharpoons Cu$$
$$S/S^{2-} \qquad\qquad S + 2e^- \rightleftharpoons S^{2-}$$
$$H_2O_2/OH^- \qquad\qquad H_2O_2 + 2e^- \rightleftharpoons 2OH^-$$
$$Cr_2O_7^{2-}/Cr^{3+} \qquad\qquad Cr_2O_7^{2-} + 14H^+ + 6e^- \rightleftharpoons 2Cr^{3+} + 7H_2O$$

由上面的氧化还原半反应可以看出，电对中氧化型物质得电子，在反应中作氧化剂；还原型物质失电子，在反应中作还原剂。氧化型物质的氧化能力与还原型物质的还原能力存在与共轭酸碱强弱相似的关系，即氧化型物质的氧化能力强，对应的还原型物质的还原能力弱；氧化型物质的氧化能力弱，对应的还原型物质的还原能力强；如 $Cr_2O_7^{2-}/Cr^{3+}$ 电对中，$Cr_2O_7^{2-}$ 氧化能力强，是强氧化剂，而 Cr^{3+} 是弱还原剂，还原能力弱。再如 S/S^{2-} 电对中，S^{2-} 是较强的还原剂，S 是较弱的氧化剂。

3.2　氧化还原反应的能量转化

3.2.1　氧化还原反应及其能量转化

氧化还原反应与非氧化还原反应相比，其不同之处在于氧化还原反应中有电子得失；相同之处是均伴随有能量转化。

对于一个能自发进行的氧化还原反应，很容易算出它在一定条件下的热效应 $\Delta_r H_m^{\ominus}$ 和可用来做非体积功（如电功）的那部分能量 $\Delta_r G_m^{\ominus}$。例如：反应 $Zn(s) + Cu^{2+}(aq) \rightleftharpoons Zn^{2+}(aq) + Cu(s)$，在 298.15K 时，其标准摩尔焓变 $\Delta_r H_m^{\ominus} = -217.2kJ\cdot mol^{-1}$，标准摩尔吉布斯函数变 $\Delta_r G_m^{\ominus} = -212.69kJ\cdot mol^{-1}$。这个热力学数据表明：如果还原剂（锌片）与氧化剂（如 $CuSO_4$）直接进行反应，其反应的焓变仅仅表现为热量的散失，即可放出 217.20kJ 的热量，没有电能产生；如果把反应物放在一定装置（如原电池）中进行，就能实现把化学能转变成电能的目的，而且最多只能获得 212.69kJ 的电能。实验室中常采用如图 3-1 所示的装置来实现这一转变。

3.2.2　原电池

把氧化还原反应的化学能直接转变为电能的装置叫做原电池。原电池必须由三部分组成：电极、盐桥、金属导线。

图 3-1 所示的装置即称为 Cu-Zn 原电池。在放入硫酸锌溶液的烧杯中插入锌片，在放入硫酸铜溶液的烧杯中插入铜片。将两种电解质溶液用盐桥联系起来，用导线连接锌片和铜片，并在导线中间连一个电流计，可以看到电流计的指针发生偏转，并说明有电子流从锌片流向铜片。

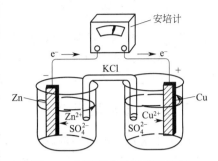

图 3-1 铜锌原电池装置示意图

原电池中所进行的氧化还原反应分别发生在两个电极上。通常规定，电子流出的一极称为负极，如锌极；电子流入的一极称为正极，如铜极。在负极上进行失电子的氧化反应，在正极上进行得电子的还原反应。两极上的反应称为电极反应。两极反应相加，就得到电池总反应。因为每一电极是原电池的一半，又称为半电池。例如，在铜锌原电池中：

负极　　$Zn(s) \rightleftharpoons Zn^{2+}(aq) + 2e^-$　　　氧化反应

正极　　$Cu^{2+}(aq) + 2e^- \rightleftharpoons Cu(s)$　　　还原反应

电池反应　　$Zn(s) + Cu^{2+}(aq) \rightleftharpoons Zn^2(aq) + Cu(s)$

盐桥通常是一 U 形管，其中装有琼胶的饱和氯化钾溶液。在上述原电池反应中，Zn 失电子变成 Zn^{2+} 进入 $ZnSO_4$ 溶液，使 $ZnSO_4$ 溶液因正离子增加而带正电荷；Cu^{2+} 还原成 Cu 沉积在铜片上，使硫酸铜溶液因 Cu^{2+} 减少、SO_4^{2-} 相对过剩而带负电荷。这两种状况会阻碍原电池反应的继续进行，以致中断电流的产生。当有盐桥时，盐桥中的 K^+ 移向 $CuSO_4$ 溶液，Cl^- 移向 $ZnSO_4$ 溶液，使溶液中正、负离子得到补充，维持两半电池的电荷平衡，电流便可持续产生。

原电池的装置可以用符号表示。按规定，负极写在左边，正极写在右边，以双垂线"‖"表示盐桥，以单垂线"│"表示两个相之间的界面。正、负两极中的电解质溶液紧靠盐桥左、右两侧。左右两端以导电电极材料表示。无导电电极材料的电极，应附加 Pt、C（石墨）等惰性导电材料作为电极载体。通常在电解质溶液（或气体）后面以符号"c"（或"p"）表示其浓度（或分压）。参加电极反应的介质，如 H^+、OH^- 等，也影响原电池反应的进行，因此，应随有关的半电池表示其中。电极反应中有气体时，应标明气体的分压力。同种电解质溶液中的不同离子，应加逗号"，"分隔，如 $|Fe^{2+}, Fe^{3+}|$。举例如下。

① 铜锌原电池符号表示为：

$$(-)Zn|ZnSO_4(c_1) \| CuSO_4(c_2)|Cu(+)$$

② 电池反应：$2Ag + Cl_2(p) \rightleftharpoons 2Ag^+(c_1) + 2Cl^-(c_2)$

电池符号表示：$(-)Ag|Ag^+(c_1) \| Cl^-(c_2)|Cl_2(p)|C(+)$

③ 电池反应：$Sn^{2+}(c_1) + I_2(s) \rightleftharpoons Sn^{4+}(c_2) + 2I^-(c_3)$

电池符号表示：$(-)(Pt)|Sn^{2+}(c_1), Sn^{4+}(c_2) \| I^-(c_3)|I_2(Pt)(+)$

④ 电池反应：$2MnO_4^-(c_1) + 5SO_3^{2-}(c_2) + 6H^+(c_3) \rightleftharpoons 2Mn^{2+}(c_4) + 5SO_4^{2-}(c_5) + 3H_2O$
的原电池符号表示为：

$$(-)(Pt)|SO_3^{2-}(c_2), SO_4^{2-}(c_5), H^+(c_3) \| MnO_4^-(c_1), Mn^{2+}(c_4), H^+(c_3)|(Pt)(+)$$

3.3 电极电势

原电池中有电流产生，说明正、负电极之间有电势差，称为电动势，同时也说明了正、负电极有电势，分别用 $\varphi_正$ 和 $\varphi_负$ 表示，原电池的电动势 E 就是不接负载时，组成该电池的两个电极的电极电势之差，即 $E=\varphi_正-\varphi_负$。那么正、负电极的电势是怎样产生的呢？

3.3.1 双电层理论

电极电势产生的机理可以用能斯特（W. Nernst）的双电层理论进行解释。金属晶体是由金属原子、金属正离子和自由电子所组成的。当把金属棒 M 插入该金属离子的盐溶液时，在金属表面与溶液之间存在两种相反的倾向：一方面，金属表面构成晶格的金属离子 M^{n+} 会由于自身的热运动及极性溶剂分子的强烈吸引而有进入溶液的倾向，这种倾向使得金属表面有过剩的自由电子，并且金属越活泼，盐溶液的浓度越小，金属失电子倾向越大。另一方面，溶液中溶剂化的金属离子也有从金属表面得到电子而在金属表面上沉积的倾向，并且金属活泼性越差，其盐溶液的浓度越大，金属离子获得电子的倾向越大。这两种倾向在某种条件下达到暂时平衡，用式子表示为：

$$M \underset{沉积}{\overset{溶解}{\rightleftharpoons}} M^{n+} \qquad + \qquad ne^-$$

（金属）　（在溶液中）　　　　（在金属上）

如果金属溶解倾向大于沉积倾向，达到平衡后金属表面将有一部分金属离子进入溶液，使金属表面带负电，而金属附近的溶液带正电〔图 3-2（a）〕；反之，如果金属离子沉积的倾向大于溶解的倾向，达到平衡后金属表面带正电，而金属附近的溶液带负电〔图 3-2（b）〕。无论是哪一种情况，在达到平衡后，金属与其盐溶液界面之间都会因带相反电荷而形成双电层结构，从而产生电势差，这个电势差称为金属电极的电极电势。

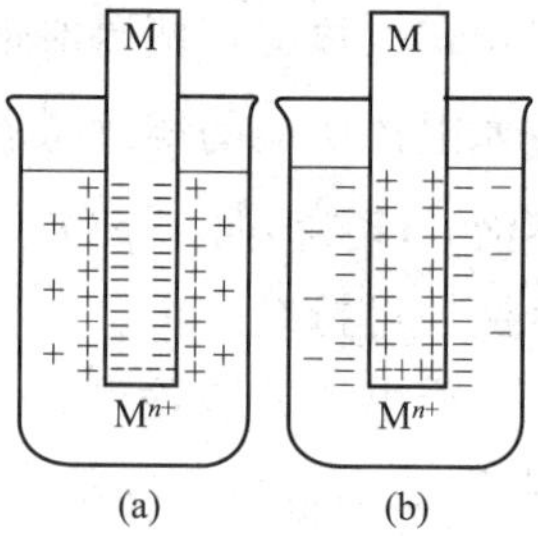

图 3-2　双电层示意图

当外界条件一定时，电极电势的高低取决于电极物质的本性。对于金属电极，金属的活泼性越大，其离子沉积的倾向越小，金属带负电荷越多，平衡时电极电势越低。相反，金属活泼性越小，其离子沉积的倾向越大，金属带正电荷越多，电极电势越高。从氧化还原的角度考虑，电极电势低，说明水溶液中金属的还原能力强。电极电势高，说明金属离子氧化能力强。所以可以利用电极电势的高低来判断电对物质的氧化还原能力。

不同的电极，溶解和沉积的平衡状态是不同的，因此不同电极有不同的电极电势。将两个不同的电极组成原电池，由于两个电极之间有电势差，因而产生了电流。

3.3.2 标准电极电势

迄今为止，电极电势的绝对值尚无法直接测量，但可以用比较的方法确定其相对值。通常采用一个标准电极作为参比电极，然后将参比电极和待测电极组成原电池，测量出电池的电动势，就可算出待测电极电势的相对值。

目前国际上选用标准氢电极作为标准参比电极，将其电极电势值定为零。标准氢电极的组成如图 3-3 所示。将镀有一层海绵状铂黑的铂片，浸入氢离子浓度为 $1\,mol\cdot L^{-1}$ 的 H_2SO_4

溶液中，在温度为 298.15K 时，不断通入压力为 100kPa 的纯氢气流。这时溶液中的氢离子与被铂黑吸附而达到饱和的氢气，建立起下列动态平衡：

$$2H^+(aq)+2e^- \Longrightarrow H_2(g)$$

这样就构成了标准氢电极。电化学中规定，标准氢电极的电极电势为零，记为 $\varphi^\ominus(H^+/H_2)=0.0000V$。

以锌电极为例，用标准氢电极与标准锌电极［即在 298.15K，$c(Zn^{2+})=1mol \cdot L^{-1}$ 时的锌电极］组成原电池，见图 3-4，用直流电位计测知电子从锌电极流向氢电极，故氢电极为正极，锌电极为负极。电池反应为：

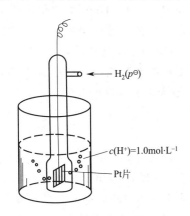

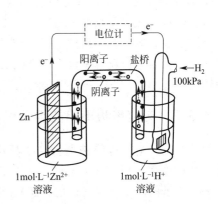

图 3-3 标准氢电极   图 3-4 标准电极电势的测定

$$Zn(s)+2H^+(aq) \Longrightarrow Zn^{2+}(aq)+H_2(g)$$

用电位差计测得在标准状态下上述电池的电动势-标准电动势（$E^\ominus$）为 0.7618V。

根据 $E^\ominus=\varphi^\ominus(H^+/H_2)-\varphi^\ominus(Zn^{2+}/Zn)$，可计算得到 Zn^{2+}/Zn 电对的标准电极电势：
$\varphi^\ominus(Zn^{2+}/Zn)=\varphi^\ominus(H^+/H_2)-E^\ominus=0V-0.7618V=-0.7618V$。

在实际工作中，由于标准氢电极要求氢气纯度较高，且压力稳定，铂黑作材料，使用又不方便，常用甘汞电极（见图 3-5）或氯化银电极作为电极电势的相对参考标准，称为参比电极。

以饱和甘汞电极为例，它是由 Hg 和糊状 Hg_2Cl_2 及 KCl 饱和溶液组成的，符号表示为

$$(Pt)Hg(l) \mid Hg_2Cl_2(s) \mid KCl(aq)$$

其电极反应为：

$$Hg_2Cl_2(s)+2e^- \Longrightarrow 2Hg(l)+2Cl^-(aq)$$

甘汞电极稳定性好、使用方便。饱和甘汞电极的电极电势经精确测量为 0.2415V。

氯化银电极的电极反应为

$$AgCl(s)+e^- \Longrightarrow Ag(s)+Cl^-(aq),$$

电极符号为

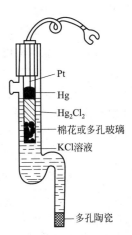

图 3-5 甘汞电极示意图

$$Ag(s) \mid AgCl(s) \mid Cl^-(aq)$$

298.15K 时其标准电极电势为 0.22233V。

附录 9 列出了一些常见氧化还原电对的标准电极电势，称为标准电极电势表。使用该表

时应注意以下几点。

① 电极反应一律用还原过程，即"氧化型$+ne^-$===还原型"表示，且从上到下按照电极电势的代数值递增顺序排列。

② 标准电极电势值与电极反应物质的计量系数无关。例如：

$$Cu^{2+}(aq)+2e^- \rightleftharpoons Cu \qquad \varphi^\ominus(Cu^{2+}/Cu)=+0.345V$$
$$2Cu^{2+}(aq)+4e^- \rightleftharpoons 2Cu \qquad \varphi^\ominus(Cu^{2+}/Cu)=+0.345V$$

③ 标准电极电势表中的数值适用于水溶液和标准态，而在非水溶液或非标准态时则不适用。

④ 标准电极电势表常分为酸表和碱表。酸表是指在$c(H^+)=1mol\cdot L^{-1}$的酸性介质的标准电极电势，碱表是指在$c(OH^-)=1mol\cdot L^{-1}$的碱性介质的标准电极电势。如为未标明酸碱介质的表，则看其列出的电极反应式。式中有H^+出现的为酸性介质，有OH^-出现的为碱性介质。若电极反应中没有H^+或OH^-出现，则根据电对物质存在状态确定其是在酸表中还是碱表中。如$Fe^{3+}+e^- === Fe^{2+}$，Fe^{3+}/Fe^{2+}电极电势值在酸表中。

3.3.3　影响电极电势的因素

前面讨论的电极电势是电极处于标准状态（各离子浓度$1mol\cdot L^{-1}$，各气体的分压力$100kPa$）的电势，但实际上电极往往不是处于标准状态。影响电极电势的因素很多，主要有溶液中离子的浓度（或气体的分压）、温度等。非标准状态的电极电势如何求得呢？

能斯特（W. Nernst）从理论上推导出电极电势与浓度、温度的关系式，称为能斯特方程式。任意给定的电极反应，可用通式表示为：

$$a\,Ox+ne^- \rightleftharpoons b\,Red$$

从热力学方面推导得出能斯特方程式为：

$$\varphi(Ox/Red)=\varphi^\ominus(Ox/Red)+\frac{RT}{nF}\ln\frac{[c(Ox)/c^\ominus]^a}{[c(Red)/c^\ominus]^b}$$

由于$c^\ominus=1mol\cdot L^{-1}$，若不考虑对数项中的单位，$c^\ominus$也可不写。

式中，φ（氧化态/还原态）表示电对在任意状态下的电极电势；$\varphi^\ominus$（氧化态/还原态）表示电对的标准电极电势；指数a、b表示电极反应中物质的化学计量数；n表示电极反应中转移电子数；R为摩尔气体常数；T为热力学温度；F为法拉第常数。

当温度$T=298.15K$时，因为$F=96485C\cdot mol^{-1}$、$R=8.314J\cdot mol^{-1}\cdot K^{-1}$，并把自然对数换算成常用对数，则能斯特方程式变为：

$$\varphi=\varphi^\ominus+\frac{8.314J\cdot mol^{-1}\cdot K^{-1}\times298.15K\times2.303}{n\times96485C\cdot mol^{-1}}\lg\frac{[c(Ox)/c^\ominus]^a}{[c(Red)/c^\ominus]^b}$$

则

$$\varphi=\varphi^\ominus+\frac{0.0592V}{n}\lg\frac{[c(Ox)/c^\ominus]^a}{[c(Red)/c^\ominus]^b}$$

使用能斯特方程式时应注意以下几点。

① 电极反应中若某一物质是固体或纯液体时，不列入方程式中。若为气体时，方程式的相对浓度改为相对分压（$p_B/p^\ominus$）。例如，对氢电极，

电极反应 $\qquad\qquad 2H^+(aq)+2e^- === H_2(g)$

$$\varphi(H^+/H_2)=\varphi^\ominus(H^+/H_2)+\frac{0.0592}{2}\lg\frac{[c(H^+)/c^\ominus]^2}{p(H_2)/p^\ominus}$$

② 公式中，Ox、Red 是广义的氧化型物质和还原型物质，它包括没有发生氧化数变化但参加电极反应的所有物质，如有 H^+、OH^- 等其他离子参与反应，则这些物质也应表示在方程式中。如

$$MnO_4^- + 8H^+ + 5e^- \Longrightarrow Mn^{2+} + 4H_2O$$

$$\varphi(MnO_4^-/Mn^{2+}) = \varphi^{\ominus}(MnO_4^-/Mn^{2+}) + \frac{0.0592}{5}lg\frac{[c(MnO_4^-)/c^{\ominus}][c(H^+)/c^{\ominus}]^8}{c(Mn^{2+})/c^{\ominus}}$$

（1）浓度对电极电势的影响

【例 3-2】 计算在 25℃ 时，Zn^{2+} 浓度为 $0.001mol \cdot L^{-1}$ 时，Zn^+/Zn 电对的电极电势。

解：电极反应

$$Zn^{2+} + 2e^- \Longrightarrow Zn(s)$$

查表得：$\varphi^{\ominus}(Zn^{2+}/Zn) = -0.7618V$，代入能斯特方程式得：

$$\varphi(Zn^{2+}/Zn) = \varphi^{\ominus}(Zn^{2+}/Zn) + \frac{0.0592}{2}lg\,c(Zn^{2+})/c^{\ominus}$$

$$= -0.762V + \frac{0.0592}{2}lg\frac{0.001mol \cdot L^{-1}}{1mol \cdot L^{-1}} = -0.851V$$

（2）生成沉淀对电极电势的影响

当电对中氧化型或还原型物质与沉淀剂作用生成沉淀时，其浓度会发生变化，从而引起电极电势值的改变。

【例 3-3】 已知 $Ag^+ + e^- \Longrightarrow Ag$　$\varphi^{\ominus} = 0.799V$，若在电极溶液中加入 Cl^-，则有 AgCl 沉淀生成，达到平衡后溶液中 Cl^- 的浓度为 $1.0mol \cdot L^{-1}$，计算 $\varphi(Ag^+/Ag)$ 值。

解：
$$\varphi(Ag^+/Ag) = \varphi^{\ominus}(Ag^+/Ag) + \frac{0.0592V}{n}lg\frac{c(Ag^+)}{c^{\ominus}}$$

由于 AgCl 沉淀的生成，溶液中 Ag^+ 浓度大大降低，$\dfrac{c(Ag^+)}{c^{\ominus}} = K_{sp}^{\ominus}(AgCl) \cdot c^{\ominus}/c(Cl^-)$

已知，$K_{sp}^{\ominus}(AgCl) = 1.77 \times 10^{-10}$，$c(Cl^-) = 1.0mol \cdot L^{-1}$

$$\frac{c(Ag^+)}{c^{\ominus}} = 1.77 \times 10^{-10}$$

$$\varphi(Ag^+/Ag) = 0.799V + \frac{0.0592V}{1}lg(1.77 \times 10^{-10}) = 0.222V$$

可见，由于 AgCl 沉淀的生成，银电极电势从 0.799V 降低至 0.222V，Ag^+ 的氧化性减弱了，而 Ag 的还原性增强了。这种系统，实际上已构成了一个新电极，即 Ag-AgCl 电极，电极反应为：$AgCl + e^- \Longrightarrow Ag + Cl^-$。

当在 298.15K，$c(Cl^-) = 1.0mol \cdot L^{-1}$，标准态时其电极电势为 Ag-AgCl 电极的标准电极电势 $\varphi^{\ominus}(AgCl/Ag) = 0.222V$。

（3）酸度对电极电势的影响

如果电极反应中有 H^+ 或 OH^- 参加，由能斯特方程式可知，改变溶液的酸度，电极电势将发生改变，从而改变电对物质的氧化还原能力。

【例 3-4】 计算 298.15K 时电极反应 $MnO_4^- + 8H^+ + 5e^- \Longrightarrow Mn^{2+} + 4H_2O$，$\varphi^{\ominus} = 1.51V$：

① pH=1.0，其他电极物质均处于标准态时的电极电势。

② pH=7.0，其他电极物质均处于标准态时的电极电势。

解：$\varphi(MnO_4^-/Mn^{2+}) = \varphi^{\ominus}(MnO_4^-/Mn^{2+}) + \dfrac{0.0592V}{n}\lg\dfrac{[c(MnO_4^-/c^{\ominus})][c(H^+)/c^{\ominus}]^8}{[c(Mn^{2+})/c^{\ominus}]}$

① pH=1.0，$c(H^+)=0.10mol\cdot L^{-1}$ 时

$$\varphi(MnO_4^-/Mn^{2+}) = 1.51V + \frac{0.0592V}{5}\lg\left(\frac{0.1mol\cdot L^{-1}}{1mol\cdot L^{-1}}\right)^8 = 1.42V$$

② pH=7.0，$c(H^+)=10^{-7}mol\cdot L^{-1}$ 时

$$\varphi(MnO_4^-/Mn^{2+}) = 1.51V + \frac{0.0592V}{5}\lg\left(\frac{10^{-7}mol\cdot L^{-1}}{1.0mol\cdot L^{-1}}\right)^8 = 0.847V$$

计算结果表明，MnO_4^- 的氧化能力随溶液酸度的降低而显著下降。这种现象具有普遍性，大多数含氧酸盐和氧化物在酸性条件下氧化能力大大提高，如 MnO_2、$K_2Cr_2O_7$ 在强酸性条件下为强氧化剂，而在碱性或中性条件下却无氧化能力。

3.4 电极电势的应用

电极电势的应用范围很广，电极电势是反映物质在水溶液中氧化还原能力大小的物理量，水溶液中进行的氧化还原反应的许多问题都可以通过电极电势来解决。现在仅介绍以下几个方面的应用。

3.4.1 比较氧化剂和还原剂的相对强弱

电极电势的大小，反映了氧化还原电对中氧化态物质和还原态物质在水溶液中氧化还原能力的相对强弱。电极电势值越小，该电对的还原态物质越易失去电子，是越强的还原剂，其对应的氧化态物质就越难得到电子，是越弱的氧化剂。相反，电极电势值越大，该电对的氧化态物质越易得电子，是越强的氧化剂，其对应的还原态物质则越难失电子，是越弱的还原剂。例如，已知

$$\varphi^{\ominus}(Cu^{2+}/Cu) = 0.34V$$
$$\varphi^{\ominus}(O_2/OH^-) = 0.401V$$
$$\varphi^{\ominus}(Ag^+/Ag) = 0.799V$$

可以看出，在标准状态下，氧化态物质的氧化能力 $Ag^+ > O_2 > Cu^{2+}$，还原态物质的还原能力 $Cu > OH^- > Ag$。上列三个电对中，Ag^+ 是最强的氧化剂，Cu 是最强的还原剂。

3.4.2 计算原电池的电动势和氧化还原反应的吉布斯函数变

一个能自发进行的氧化还原反应，可以装配成一个原电池，把化学能转变为电能。原电池通常在恒温、恒压下工作，根据化学热力学，如果在能量转变过程中无其他能量损失，则在等温、等压条件下，摩尔吉布斯函数变等于原电池可能做的最大电功，即

$$\Delta_r G_m = W'_{max} = W_e$$

此时，电子从原电池的负极移到正极的电荷总量为 Q，测得电动势为 E，原电池所做的电功 $W_e = -QE$。当原电池的两极在氧化还原反应中有单位物质的量的电子发生转移时，就产生

1 法拉第（F）的电量，$1F=96485C\cdot mol^{-1}$。如果氧化还原反应中有 $n\,mol$ 电子得或失，则产生 nF 电量，从而可得

$$\Delta_r G = W'_{max} = -QE = -nFE$$

式中，负号表示系统向环境做功。

当原电池处于标准状态时，有关离子浓度为 $1mol\cdot L^{-1}$，气体分压为 $100kPa$，温度通常选用 $298.15K$，此时电动势就是标准电动势 $E^{\ominus}$，$\Delta_r G_m$ 就是 $\Delta_r G_m^{\ominus}$，则

$$\Delta_r G_m^{\ominus} = -nFE^{\ominus}$$

式中，$E^{\ominus}$ 的 SI 单位是 V，$\Delta_r G_m^{\ominus}$ 的 SI 单位是 $J\cdot mol^{-1}$。

根据此式就可以从电极电势计算电池反应的吉布斯函数变。

【例 3-5】 计算由标准氢电极和标准镁电极组成的原电池的电动势和电池反应的标准摩尔吉布斯函数变。

解：查附录可得

$$\varphi^{\ominus}(Mg^{2+}/Mg) = -2.372V，\quad \varphi^{\ominus}(H^+/H_2) = 0.0000V$$

$\varphi^{\ominus}$ 值较小的标准镁电极应作为原电池的负极，$\varphi^{\ominus}$ 值较大的标准氢电极作为正极。原电池的符号表示为：

$$(-)Mg\,|\,Mg^{2+}(1mol\cdot L^{-1})\,\|\,H^+(1mol\cdot L^{-1})\,|\,H_2(100kPa)\,|\,(Pt)(+)$$

电池反应为：

$$Mg(s) + 2H^+(aq) =\!=\!= Mg^{2+}(aq) + H_2(g)$$

$$E^{\ominus} = \varphi^{\ominus}_{正} - \varphi^{\ominus}_{负} = 0V - (-2.372)V = 2.372V$$

电池反应中 $n=2$，则

$$\Delta_r G_m^{\ominus} = -nFE^{\ominus} = -2\times96485C\cdot mol^{-1}\times2.372V = -457725J\cdot mol^{-1}$$

$$= -457.73kJ\cdot mol^{-1}$$

3.4.3　判断氧化还原反应自发进行的方向

一个氧化还原反应能否自发进行，可用 $\Delta_r G_m$ 来判断，若 $\Delta_r G_m < 0$，反应就能自发进行。氧化还原反应的 $\Delta_r G_m$ 与原电池电动势的关系为：$\Delta_r G_m = -nFE$。其中 $n>0$，$F>0$，因而只有 $E>0$ 时才有 $\Delta_r G_m < 0$，即 $\varphi(正)>\varphi(负)$ 时，反应就能自发进行。也就是说，电极电势值小的还原态物质可以和电极电势值大的氧化态物质自发进行反应。因此，根据组成氧化还原反应的两电对的电极电势，就可以判断氧化还原反应进行的方向。

【例 3-6】 判断下列氧化还原反应进行的方向。

① $2Ag(s) + Hg^{2+}(1mol\cdot L^{-1}) \rightleftharpoons 2Ag^+(1mol\cdot L^{-1}) + Hg(l)$

② $2Ag(s) + Hg^{2+}(0.01mol\cdot L^{-1}) \rightleftharpoons 2Ag^+(1mol\cdot L^{-1}) + Hg(l)$

解：先从附录 9 中查出各电对标准电极电势。

$$\varphi^{\ominus}(Ag^+/Ag) = 0.799V，\quad \varphi^{\ominus}(Hg^{2+}/Hg) = 0.851V$$

① 因为 $c(Hg^{2+}) = c(Ag^+) = 1mol\cdot L^{-1}$，所以可用 $\varphi^{\ominus}$ 值直接比较。

$\varphi^{\ominus}(Hg^{2+}/Hg) > \varphi^{\ominus}(Ag^+/Ag)$，此时 Hg^{2+} 是较强的氧化剂，Ag 是较强的还原剂，反应①可正向进行。

② Ag^+ 仍为标准态，而 $c(Hg^{2+}) = 0.01mol\cdot L^{-1}$ 且两电极的标准电极电势相差很小

（0.052V），此时需计算出 $\varphi(Hg^{2+}/Hg)$ 再做判断。

$$\varphi(Hg^{2+}/Hg) = \varphi^{\ominus}(Hg^{2+}/Hg) + \frac{0.0592}{2}\lg\frac{c(Hg^{2+})}{c^{\ominus}}$$

$$= 0.851V + \frac{0.0592}{2}\lg\frac{0.01}{1} = 0.792V$$

此时 $\varphi(Hg^{2+}/Hg) < \varphi^{\ominus}(Ag^{+}/Ag)$，反应②将逆向进行。

【例 3-7】 25℃，控制溶液呈酸性（pH=5.0），其他离子或气体处于标准态，通过计算说明能否用下列氧化还原反应制取氧气？

$$2MnO_4^- + 5H_2O_2 + 6H^+ \rightleftharpoons 2Mn^{2+} + 5O_2 + 8H_2O$$

解：依题意 $c(H^+) = 1.0 \times 10^{-5}\ mol \cdot L^{-1}$，$p(O_2) = 100kPa$

$$c(MnO_4^-) = c(Mn^{2+}) = 1.0\ mol \cdot L^{-1}，T = 298.15K$$

两电极反应及标准电极电势为：

$$MnO_4^- + 8H^+ + 5e^- \rightleftharpoons Mn^{2+} + 4H_2O，\varphi^{\ominus}(MnO_4^-/Mn^{2+}) = 1.507V$$

$$O_2 + 2H^+ + 2e^- \rightleftharpoons H_2O_2，\varphi^{\ominus}(O_2/H_2O_2) = 0.695V$$

H^+ 浓度的改变对电极电势的影响用能斯特方程式计算如下：

$$\varphi(MnO_4^-/Mn^{2+}) = \varphi^{\ominus}(MnO_4^-/Mn^{2+}) + \frac{0.0592}{5}\lg\frac{c(MnO_4^-)/c^{\ominus} \cdot [c(H^+)/c^{\ominus}]^8}{c(Mn^{2+})/c^{\ominus}}$$

$$= 1.507V + \frac{0.0592}{5}\lg[1.0 \times 10^{-5}/1]^8 = 1.033V$$

$$\varphi(O_2/H_2O_2) = \varphi^{\ominus}(O_2/H_2O_2) + \frac{0.0592}{2}\lg\frac{[p(O_2)/p^{\ominus}] \cdot [c(H^+)/c^{\ominus}]^2}{c(H_2O_2)/c^{\ominus}}$$

$$= 0.695V + \frac{0.0592}{2}\lg[1.0 \times 10^{-5}/1]^2 = 0.399V$$

因为 $\varphi(MnO_4^-/Mn^{2+}) > \varphi(O_2/H_2O_2)$，所以可以用此题给出的反应制取氧气。

此例说明，有介质参与的氧化还原反应，酸度对电极电势的影响是很大的，有时还会影响到含氧酸根（如 MnO_4^-）被还原的产物，改变反应的方向等。

3.4.4 衡量氧化还原反应进行的程度

氧化还原反应进行程度的大小，可用标准平衡常数 $K^{\ominus}$ 值来衡量，$K^{\ominus}$ 值越大，反应进行程度越大，表示反应越完全。氧化还原反应标准平衡常数 $K^{\ominus}$ 可由电极电势计算出。

根据 $\Delta_r G_m^{\ominus} = -RT\ln K^{\ominus} = -nFE^{\ominus} = -2.303RT\lg K^{\ominus}$

所以：

$$nFE^{\ominus} = 2.303RT\lg K^{\ominus}$$

$$\lg K^{\ominus} = \frac{nFE^{\ominus}}{2.303RT}$$

若反应在 298.15K 下进行，则有

$$\lg K^{\ominus} = \frac{nE^{\ominus}}{0.0592}$$

式中，n 为氧化还原反应中得失电子数。只要知道由氧化还原反应所组成的原电池的正、负极的标准电极电势及转移电子数，就可以计算出用以衡量反应程度的 $K^{\ominus}$。

【例 3-8】 计算下列反应在 298.15K 时的标准平衡常数 $K^{\ominus}$，并讨论反应的彻底性。

$$Cu(s)+2Ag^+(aq) \Longleftrightarrow Cu^{2+}(aq)+2Ag(s)$$

解：先将上述反应组成一个标准状态下的原电池：

负极由电对 Cu^{2+}/Cu 组成，$\varphi^{\ominus}(Cu^{2+}/Cu)=0.342V$

正极由电对 Ag^+/Ag 组成，$\varphi^{\ominus}(Ag^+/Ag)=0.799V$

则

$$E^{\ominus}=\varphi^{\ominus}(正)-\varphi^{\ominus}(负)=\varphi^{\ominus}(Ag^+/Ag)-\varphi^{\ominus}(Cu^{2+}/Cu)$$
$$=0.799-0.342=0.457V$$

$$\lg K^{\ominus}=\frac{nE^{\ominus}}{0.0592}=\frac{2\times0.457}{0.0592}=15.44$$

$$K^{\ominus}=2.75\times10^{15}$$

从以上结果可以看出，该反应可能进行的程度是相当大的。一般来说，当 $n=1$ 时，$E^{\ominus}>0.3V$ 的氧化还原反应的 $K^{\ominus}>10^5$；当 $n=2$ 时，$E^{\ominus}>0.2V$ 的氧化还原反应的 $K^{\ominus}>10^6$，就可认为反应进行得相当完全。

电极电势的应用除了以上几个方面外，还可以用于判断电解产物、判断金属腐蚀的可能性和程度，设计新型化学电源、计算难溶电解质溶度积常数和配合物的稳定常数、判断水环境的氧化还原能力以及排放工业废水的质量监控等。

3.5　化学电源

通过化学反应释放出来的能量直接转换成电能的装置称为化学电源，理论上任何自发的氧化还原反应都可以装置成化学电源。但实际上，在制造时要考虑电池的体积、重量、电压、放电容量、寿命、维护及价格等。目前使用的有干电池、蓄电池和燃料电池等。化学电源的分类方法较多，若按电极上活性物质的保存方式来分，不能再生的叫一次电池（如普通干电池），能再生的叫二次电池（如铅蓄电池）；若按电解质的形态、性质来分，又有碱性电池、酸性电池、中性电池、有机电解质电池、固体电解质电池。电池的国家标准命名法是：负极在前，正极在后。有时可以简化电池的名称，如锌-二氧化锰电池简称为锌锰电池，锌-氧化银电池简称为锌银电池。单体电池的不同形状标记为：圆柱形标有字母 R，方形标有字母 S，扁形标有字母 F，L 表示电池中电解质是碱性液体。常用干电池编号及规格如表 3-1 所列。

表 3-1　常用干电池的编号及规格

市售民用编号	型　　　号		最大电池规格	
	IEC[1]	ANSI[2]	直径/mm	高/mm
8#	R1	N	12.0	30.2
7#	RO3	AAA	10.5	44.5
5#	R6	AA	14.5	50.5
2#	R14	C	26.2	50.5
1#	R20	D	34.2	61.5
7#	LRO3	AAA	10.5	44.5
5#	LR6	AA	14.5	50.5
2#	LR14	C	26.2	50.5
1#	LR20	D	34.2	61.5

① 国际电工协会（International Electrotechnical Commission）。

② 美国国家标准局（American National Standards Institute）。

化学电源作为高科技领域中的一个发展方向还在深入研究之中。

下面介绍几种化学电源的具体组成和特点。

3.5.1 干电池

(1) 锌锰干电池

锌锰干电池负极材料是金属锌筒，正极物质为 MnO_2 和石墨棒（导电材料），两极间填有 $ZnCl_2$ 和 NH_4Cl 的糊状混合物（见图 3-6）。

锌锰干电池的电池符号表示为：

$$(-)Zn \mid ZnCl_2, NH_4Cl(糊状) \mid MnO_2 \mid C(+)$$

接通外电路放电时的电极反应为：

负极　$Zn(s) == Zn^{2+}(aq) + 2e^-$

正极　$2MnO_2(s) + 2NH_4^+(aq) + 2e^-$
$$== Mn_2O_3(s) + 2NH_3(aq) + H_2O(l)$$

电池总反应为：$Zn(s) + 2MnO_2(s) + 2NH_4^+(aq)$
$$== Zn^{2+}(aq) + Mn_2O_3(s) + 2NH_3(aq) + H_2O(l)$$

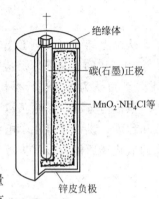

绝缘体

碳(石墨)正极

$MnO_2 \cdot NH_4Cl$等

锌皮负极

图 3-6　普通锌锰干电池
示意图

锌锰干电池的电动势为 1.5V，与电池的大小无关，电容量的大小与体积有关。其优点是携带方便，是日常生活中常用的直流电源。缺点是产生的 NH_3 能被石墨棒吸附，引起极化，导致电动势下降。锌锰干电池在放电以后不能使电池复原，所以称为一次电池。

如果用高导电的糊状 KOH 代替 NH_4Cl，正极导电材料改用钢筒，就变成碱性锌锰电池，其电池符号表示为：

$$(-)Zn \mid KOH(糊状) \mid MnO_2 \mid C(+)$$

电池总反应为：$MnO_2 + Zn + 2H_2O + 2OH^- == Mn(OH)_2 + Zn(OH)_4^{2-}$

与普通锌锰干电池比较，由于采用了离子导电性强的碱作为电解质溶液，电池内没有气体生成，使电池内阻减小，因而放电电压平稳，放电后电压恢复能力强，大电流连续放电容量是普通锌锰电池的 5 倍左右，正常电动势稳定在 1.5V，工作温度在 $-20 \sim 60℃$ 之间，广泛用于对讲机等现代通信系统中。

(2) 锌银碱性电池

锌银干电池正极的电极材料是 Ag_2O，负极是金属锌。锌银电池的电池符号为：

$$(-)Zn \mid ZnO \mid KOH(40\%) \mid Ag_2O \mid Ag(+)$$

放电时的电极反应为：

负极　$Zn(s) + 2OH^- - 2e^- == Zn(OH)_2(s)$

正极　$Ag_2O(s) + H_2O + 2e^- == 2Ag(s) + 2OH^-$

电池总反应为：$Zn(s) + Ag_2O(s) + H_2O == 2Ag(s) + Zn(OH)_2(s)$

$$E^\ominus = \varphi^\ominus(Ag_2O/Ag) - \varphi^\ominus[Zn(OH)_2/Zn] == 0.34 - (-1.245) = 1.585V$$

它的能量大，能大电流放电，常用于电子表、电子计算器、自动曝光照相机。近年来又制成了可长期以干态贮存的一次电池，已大量用在运载火箭、导弹系统上。

(3) 锌汞碱性电池（纽扣电池）

它以锌汞齐为负极，HgO 和炭粉（导电材料）为正极，以含有饱和 ZnO 的 KOH 糊状物为电解质，其中 ZnO 与 KOH 形成 $[Zn(OH)_4]^{2-}$ 配离子，见图 3-7。

它的电池符号表示为：

（－）Zn(Hg)|KOH(糊状，含饱和 ZnO)|HgO|Hg(＋)

放电时的电极反应为：

负极　$Zn(汞齐)+2OH^--2e^-\longrightarrow ZnO(s)+H_2O$

正极　$HgO(s)+H_2O+2e^-\longrightarrow Hg(l)+2OH^-$

电池总反应为：$Zn(汞齐)+HgO(s)\longrightarrow ZnO(s)$
$+Hg(l)$

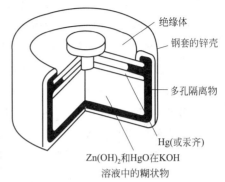

图 3-7　锌汞电池示意图

锌汞电池的特点是工作电压稳定，整个放电过程中其电压变化不大，保持在 1.34V 左右。锌汞电池可制成纽扣形状（纽扣电池），用作助听器、心脏起搏器等小型装置的电源。缺点是汞对人体有害，废弃物会对环境带来污染。

3.5.2　蓄电池

上述干电池是一次性电池，蓄电池是二次性电池。它在使用前，借助外来直流电使蓄电池内部进行氧化还原反应，把电能转变为化学能储蓄起来，这个过程叫充电。充电后的蓄电池就可当电源使用，此时化学能又转变为电能，这个过程叫放电。蓄电池可反复充电、放电。下面介绍几种常见的蓄电池。

（1）酸性蓄电池

铅蓄电池是常用的酸性蓄电池，它是用两组铅锑合金格板（相互间隔）作为电极导电材料，其中一组格板的孔穴中填充二氧化铅，在另一组格板的孔穴中填充海绵状金属铅，并以稀硫酸（密度为 $1.25\sim1.30g\cdot mL^{-1}$）作为电解质溶液而组成的，如图 3-8 所示。

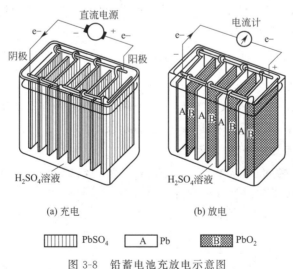

(a) 充电　　　　　　(b) 放电

▨ PbSO$_4$　　□ A Pb　　▨ B PbO$_2$

图 3-8　铅蓄电池充放电示意图

铅蓄电池在放电时相当于一个原电池的作用，如图 3-8(b) 所示，其电池符号表示为：

（－）$Pb|IIH_2SO_4(1.25\sim1.30g\cdot mL^{-1})|PbO_2(＋)$

放电时的电极反应为：

负极　　$Pb(s) + SO_4^{2-}(aq) \Longrightarrow PbSO_4 + 2e^-$

正极　　$PbO_2(s) + 4H^+(aq) + SO_4^{2-}(aq) + 2e^- \Longrightarrow PbSO_4(s) + 2H_2O(l)$

电池总反应为：$Pb(s) + PbO_2(s) + 2H_2SO_4(aq) \Longrightarrow 2PbSO_4(s) + 2H_2O(l)$

铅蓄电池在放电以后，可以利用外界直流电源进行充电，输入能量［见图 3-8(a)］使两极恢复原状，而使铅蓄电池可以循环使用。此时铅蓄电池相当于一个电解池的作用，两极反应为：

阴极　　$PbSO_4(s) + 2e^- \Longrightarrow Pb + SO_4^{2-}$

阳极　　$PbSO_4(s) + 2H_2O \Longrightarrow PbO_2 + 4H^+ + SO_4^{2-} + 2e^-$

电池总反应为：$2PbSO_4(s) + 2H_2O \Longrightarrow Pb + PbO_2 + 2H_2SO_4$

充电和放电用一个方程式表示为：

$$Pb + PbO_2 + 2H_2SO_4 \underset{充电}{\overset{放电}{\rightleftharpoons}} 2PbSO_4 + 2H_2O$$

注意，此时仅是为了记忆方便而写成一个方程式，并不表示可逆反应的平衡系统。

在正常情况下，铅蓄电池的电动势为 2.0V。电池放电时，随着 $PbSO_4$ 沉淀的析出和 H_2O 的生成，H_2SO_4 溶液的浓度降低，密度减小，因而用密度计测量硫酸溶液的密度低于 $1.20 g \cdot mL^{-1}$，则表示已部分放电，需充电后才能使用。

铅蓄电池的充放电可逆性好，稳定可靠，温度及电流密度适应性强，价格便宜，因此使用广泛。主要用作汽车和内燃机车的启动电源，搬运车辆、矿山车辆和潜艇的动力电源以及电站的备用电源，其主要缺点是笨重、抗震性差，而且浓 H_2SO_4 有腐蚀性。

（2）碱性蓄电池

镉镍电池是常见的一种碱性蓄电池，其电池符号表示为：

$$(-)Cd \mid KOH(1.19 \sim 1.21 g \cdot mL^{-1}) \mid NiO(OH) \mid C(+)$$

放电时的电极反应为：

负极　　$Cd(s) + 2OH^-(aq) \Longrightarrow Cd(OH)_2(s) + 2e^-$

正极　　$2NiO(OH)(s) + 2H_2O(l) + 2e^- \Longrightarrow 2Ni(OH)_2(s) + 2OH^-(aq)$

充放电用一个方程式表示为：

$$Cd(s) + 2NiO(OH)(s) + 2H_2O(l) \underset{充电}{\overset{放电}{\rightleftharpoons}} 2Ni(OH)_2(s) + Cd(OH)_2(s)$$

电池电动势为 1.3V。镉镍蓄电池的内部电阻小，电压平稳，反复充电次数多，使用寿命长，使用温度范围在 $-20 \sim 65$℃，常用于航天部门和用作电子计算器及收录机、航标灯等的电源。缺点是镉污染，逐渐被 MH-Ni 电池所取代。

（3）固体电解质电池——钠/硫电池

钠/硫电池是以熔融 Na 为负极，熔融的硫/多硫化钠为正极，采用仅让 Na^+ 通过的 β-Al_2O_3 陶瓷材料为固体电解质。其电池符号表示为：

$$(-)Na(l) \mid \text{β-}Al_2O_3 \mid S(Na_2S_x \text{ 液}) \mid C(+)$$

放电时电极反应为：

负极　　$2Na - 2e^- \Longrightarrow 2Na^+$

正极　　$xS + 2e^- \Longrightarrow S_x^{2-}$

电池总反应为：$2Na + xS \underset{充电}{\overset{放电}{\rightleftharpoons}} Na_2S_x$

该电池采用固体电解质 β-Al_2O_3，有较高的电导率、机械强度和化学稳定性。在 350℃

时的电动势为 2.074V。其优点是多硫化钠导电性好，功率是同重量的铅蓄电池的 3～4 倍，可用于需要高功率的电动机车。日本已制造出了世界上最大的钠/硫电池群，输出功率为 1000kW，可满足 500 个家庭的需要。

(4) 金属氢化物镍电池

MH-Ni 电池是近几年发展起来的一种新型碱性蓄电池。

1984 年，荷兰菲利普（Philips）公司以 $LaNi_{2.5}Co_{2.5}$ 贮氢合金制备出了实用 MH-Ni 电池，掀起了开发 MH-Ni 电池的热潮。

该电池的电池符号表示为：

$$(-)MH|KOH|NiOOH(+)$$

电池反应为：$NiOOH+MH \underset{充电}{\overset{放电}{\rightleftharpoons}} Ni(OH)_2+M$

电极反应的活性物质是氢，而吸氢合金则是作为活性物质的贮存介质，故 M 担负着贮氢和电化学反应的双重任务。

MH-Ni 电池具有以下特点：比能量高，是 Cd-Ni 电池的 1.5～2 倍；工作电压为 1.2～1.3V，与 Cd-Ni 电池有互换性，可快速充放电，耐过充、过放电性能优良，无记忆效应；不产生镉污染，被誉为"绿色电池"，因此 MH-Ni 电池广泛用于现代移动电话，便携式计算机等中。

(5) 锂电池

锂电池是用锂作为负极材料的各类系列电池的统称，包括一次电池和金属锂、锂离子二次电池。

锂离子电池因电解质不同，分为液态和固态锂离子电池两种。液态的电解质为非水电解质，它由有机溶剂和导电锂盐组成。比较成熟的锂离子电池的正极有 $LiCoO_2$、$LiNiO_2$ 和 $LiMn_2O_4$ 等化合物，负极有能嵌入 Li^+ 的碳素材料或石墨插层化合物等材料。充电时，Li^+ 从正极脱嵌经过电解质嵌入负极，负极处于富锂态；放电时则相反。

正极　　$xLi^+ + Li_{1-x}CoO_2 + xe^- = LiCoO_2$

负极　　$Li_xC_6 = xLi + 6C + xe^-$

电池总反应为：$LiCoO_2 + 6C \underset{充电}{\overset{放电}{\rightleftharpoons}} Li_xC_6 + Li_{1-x}CoO_2$

锂电池的工作电压为 3.6V 左右，约为 Cd-Ni 和 MH-Ni 电池的 3 倍，且重量轻，体积小，贮存寿命长，工作温度范围宽（-20～60℃），比能量高（是 Cd-Ni 电池的 2.6 倍，是 MH-Ni 电池的 1.75 倍），无记忆效应，无污染。目前广泛应用于计算机和移动电话中。

目前锂离子电池发展的方向是：制备具有与液态电解质性能相当的锂离子固体电解质，探索影响电池性能最主要因素的电极/电解质界面的修饰和改性技术，降低界面电阻以提高电池高倍率容量，以实现大容量全固态锂电池的商业化，如电动汽车、航天和贮能部门用的锂离子电池。

3.5.3　燃料电池

燃料电池是由燃料（氢、甲烷、肼、烃等）、氧化剂（氧气、氯气等）、电极和电解质溶液等组成的。燃料（如氢）连续不断地输入负极，作为还原性物质，把氧化剂（如氧）连续不断地输入正极，作为氧化性物质，通过反应把化学能转变成电能，连续产生电流。这是一种很有发展前途的电池，可以大大提高化学能的利用率（理论上可达 100%），实际上转化率为 70%。

以 30%KOH 溶液作为电解质溶液的氢-氧电池示例见图 3-9。为了使燃料便于进行电极反应，要求电极材料兼具催化剂的特性，可用多孔碳、多孔镍和铂、银等贵金属作电极材料。电池符号可表示为：

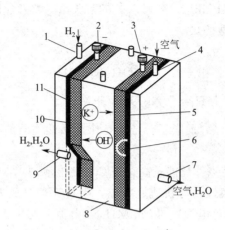

图 3-9　氢-氧燃料电池示意图

1—氢气入口；2，3—正负极接电柱；4—空气入口；5，11—隔板；6—多孔正极板；

7—空气和水蒸气出口；8—由氢氧化钾溶液组成的电解质；9—氢气和水蒸气出口；10—多孔负极板

$$(-)C|H_2|KOH(30\%)|O_2|C(+)$$

氢氧电池放电时的电极反应为

负极　　$2H_2 + 4OH^- - 4e^- \Longrightarrow 4H_2O$

正极　　$O_2 + 2H_2O + 4e^- \Longrightarrow 4OH^-$

电池总反应为：$2H_2 + O_2 \Longrightarrow 2H_2O$

若按 H_2、O_2 的分压均为 100kPa，30% 的 KOH 的物质的量浓度为 6.9mol·L^{-1} 计，即 $c(OH^-) = 6.9mol·L^{-1}$，则

负极　　$\varphi(H_2O/H_2) = \varphi^{\ominus}(H_2O/H_2) + \dfrac{0.0592}{4}\lg\dfrac{1}{6.9^4} = -0.8277 - 0.0496 = -0.8773V$

正极　　$\varphi(O_2/OH^-) = \varphi^{\ominus}(O_2/OH^-) + \dfrac{0.0592}{4}\lg\dfrac{1}{6.9^4} = 0.401 - 0.0496 = 0.352V$

电池电动势　　　　$E = \varphi_正 - \varphi_负 = 0.352 - (-0.8773) = 1.23V$

即每个电池可产生 1.23V 的电压。它的优点是生成物不会污染环境，而且比从燃烧同量的这种燃料所获得的热能转化成的电能要高得多，目前已用于航天飞机。

尽管燃料电池目前还存在着很多技术上的问题，例如氢的来源、材料的腐蚀、电极的催化作用等。但从长远看，能源系统必将进入"氢能"时代，因此其发展前景是极其广阔的。

除上面介绍的以外，锂-锰电池、锂-碘电池、太阳能电池等多种高效、安全、价廉的电池都在研究之中。化学电源的研究和开发是化学科学的重要研究领域之一，也是能源工作者的研究领域之一。由于电子技术、通信事业、信息产业的飞速发展及国际上对环境和资源保护的日益重视，促使化学电源产品向高容量、高性能、低消耗、无公害、体积小和重量轻的

方向发展，化学电源领域必将成为 21 世纪世界科技璀璨的明珠。

思考题

1. 锌锰干电池中 NH_4Cl 和 MnO_2 的作用是什么？

2. 写出铅蓄电池放电时的两个电极的电极反应式和电极电势的能斯特方程式。

3. 一种新型的锂-铬酸银电池，以锂作负极，碳酸丙烯酯（含 $LiClO_4$）为电解质，Ag_2CrO_4（Ag）为正极，它可用于埋藏式心脏起搏器及其他微电流工作的仪器设备中，试写出它的电极反应式。

4. 为何燃料电池比燃烧这种燃料所获得的能量高？

习题

1. 将下列各氧化还原反应组成原电池，分别用电池符号表示。

（1）$Fe + Ni^{2+} \Longrightarrow Fe^{2+} + Ni$

（2）$Cu + Cl_2 \Longrightarrow Cu^{2+} + 2Cl^-$

（3）$Sn^{2+} + Hg^{2+} \Longrightarrow Sn^{4+} + Hg(l)$

（4）$Cr_2O_7^{2-} + 6Fe^{2+} + 14H^+ \Longrightarrow 2Cr^{3+} + 6Fe^{3+} + 7H_2O$

2. 写出下列原电池的两极反应、电池反应，并计算原电池的电动势（未注明的均为标准态）。

（1）$Pb | Pb^{2+}(0.1mol \cdot L^{-1}) \| Sn^{2+} | Sn$

（2）$Zn | Zn^{2+} \| H^+(0.001mol \cdot L^{-1}) | H_2 | (Pt)$

3. 在标准态下，下列反应均按正方向进行：

$K_2Cr_2O_7 + 6FeSO_4 + 7H_2SO_4（稀）\Longrightarrow Cr_2(SO_4)_3 + 3Fe_2(SO_4)_3 + K_2SO_4 + H_2O$

$2FeCl_3 + SnCl_2 \Longrightarrow SnCl_4 + 2FeCl_2$

指出这两个反应中有几个氧化还原电对？比较它们的电极电势的相对大小、氧化态物质氧化能力的大小，还原态物质还原能力的大小（从大到小列出次序）。

4. 银不能溶于 $1.0mol \cdot L^{-1}$ 的 HCl 溶液，却可以溶于 $1.0mol \cdot L^{-1}$ 的 HI 溶液，试通过计算说明理由。

5. 判断下列氧化还原反应进行的方向（设离子浓度均为 $1mol \cdot L^{-1}$）：

（1）$Co^{2+} + 2Cl^- \rightleftharpoons Co + Cl_2$

（2）$2Cr^{3+} + 3I_2 + 7H_2O \rightleftharpoons Cr_2O_7^{2-} + 6I^- + 14H^+$

（3）$Cu + 2FeCl_3 \rightleftharpoons CuCl_2 + 2FeCl_2$

6. 在 25℃和标准态下，将反应 $Zn + Fe^{2+}(aq) \Longrightarrow Zn^{2+}(aq) + Fe$ 组成原电池：

（1）通过计算说明该电池反应最多能转化成多少电能（$\Delta G_m^{\ominus}$）；

（2）计算 $c(Fe^{2+}) = 1.0 \times 10^{-2} mol \cdot L^{-1}$，其他均为标准态时原电池的电动势；

（3）利用附录中有关数据计算该反应的标准平衡常数 $K^{\ominus}$。

7. 298K 时，已知电池反应 $H_3AsO_4(aq) + 2H^+(aq) + 2I^-(aq) \Longrightarrow H_3AsO_3(aq) + I_2$

$(s)+H_2O(l)[(\varphi^\ominus(H_3AsO_4/H_3AsO_3)=0.56V]$

(1) 计算原电池的标准电动势 $E^\ominus$；

(2) 计算反应的标准摩尔吉布斯自由能变 $\Delta_r G_m^\ominus$；

(3) 当溶液 pH=8，其他物质均为标准状态时，该反应向什么方向进行？

8. 氢-氧燃料电池的电池反应为：$H_2(g)+\dfrac{1}{2}O_2(g)\Longrightarrow H_2O(l)$ $\Delta_r G_m^\ominus$ (298.15K)=237.19kJ·mol^{-1}。试计算：

(1) 该电池的标准电动势；

(2) 燃烧 1mol H_2 可获得的最大功；

(3) 若该燃料电池的转化率为 83%，燃烧 1mol H_2 可获得多少电功？

9. 选择题

(1) 在标准态时，往 H_2O_2 酸性溶液中加入适量的 Fe^{2+}，其反应产物可能是____。

A. Fe、O_2 和 H^+　　　　　　　　B. Fe^{3+} 和 O_2

C. Fe^{3+} 和 H_2O　　　　　　　　D. Fe 和 H_2O

(2) 对于由下列反应组成的原电池来说，欲使电动势增加，可采取的措施有____。

$$Zn+Cd^{2+}\longrightarrow Zn^{2+}+Cd$$

A. 降低 Zn^{2+} 浓度　　　　　　　　B. 增加 Cd^{2+} 浓度

C. 加大锌电极　　　　　　　　　　　D. 降低 Cd^{2+} 浓度

(3) 有一种含 Cl^-、Br^- 和 I^- 的溶液，要使 I^- 被氧化而 Cl^-、Br^- 不被氧化，则在下列氧化剂中____比较适宜？为什么？

A. $KMnO_4$ 酸性溶液　　　　　　　　B、$K_2Cr_2O_7$ 酸性溶液

C. 氯水　　　　　　　　　　　　　　D、$Fe_2(SO_4)_3$ 溶液

10. 填空

(1) 如果用_____代替 NH_4Cl，正极导电材料改用_____，普通锌锰干电池就变成碱性锌锰电池。

(2) 电池的国家标准命名法是：_____。

(3) 铅蓄电池的主要缺点是_____，镉镍电池的主要缺点是_____。

(4) 燃料电池是由_____、_____、_____和电解质溶液等组成的。燃料连续不断地输入_____，作为_____物质，把氧化剂连续不断地输入_____，作为_____物质，通过化学反应把化学能转变成电能。

第 4 章 物质结构基础

不同的物质其性质不同，这是由物质内部结构的不同所引起的。要了解物质的性质及其变化规律，就必须了解原子结构和分子结构。

4.1 核外电子运动的特性

通常情况下，在化学变化中原子核不发生变化，实质上只是核外电子的运动状态发生变化，因此，研究核外电子运动的特性及其规律，对认识原子结构具有十分重要的意义。

4.1.1 氢原子光谱和玻尔理论

实验发现，任何一种元素的气态原子在高温火焰、电火花或电弧作用下均能发出特征的焰色，经过分光镜后都可以得到一种特征的线状光谱，这些光谱是由一系列的线条构成的。不同元素的原子所发射的线状光谱是不同的，而相同元素的原子发射的线状光谱都一样，这说明线状光谱与原子结构密切相关。氢原子的线状光谱有五条明亮的谱线（见图 4-1），它们都位于可见光区，在紫外区和红外区还有几组谱线。

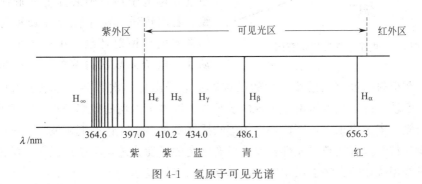

图 4-1 氢原子可见光谱

为了解释氢原子光谱，1913 年，丹麦物理学家玻尔（Bohr）在前人的基础上，提出了一个原子结构假说（称为玻尔理论）。假说认为：原子中的电子只能在一些符合量子条件的圆形轨道上绕核旋转，每一个特定的圆形轨道都有确定的能量 E（称为轨道能级），电子在这些轨道上运动时，称原子处于定态。原子可以有各种可能的定态，其中能量最低的定态称为基态，其余称为激发态。在定态下运动的电子不辐射能量，只有当电子从一个轨道跃迁到另一个轨道时才放出或吸收能量。玻尔理论引入了量子化概念，并运用牛顿力学定律，推算了氢原子的轨道半径和能量，以及电子从高能态跃迁至低能态时辐射光的频率，其计算结果与氢原子光谱实验完全一致。

玻尔理论成功地解释了氢原子光谱，指出了原子结构的量子化特征，对原子结构的研究起到了积极的作用。但玻尔理论在解释多电子原子光谱和氢原子光谱的精细结构时遇到了困难，更不能用来进一步研究化学键的形成，其原因在于它未能完全冲破经典力学的束缚，只是勉强地加进一些假定，因此，它必然会被新的量子力学理论所取代。

4.1.2 微观粒子的波粒二象性

20 世纪初，对光的研究证实了光既具有波动性又具有微粒性，称为光的波粒二象性。光的波动性表现在与光的传播有关的现象（如干涉、衍射等）中；光的微粒性表现在光与实物相互作用的有关现象（如光压、光电效应等）中。1924 年，法国物理学家德布罗意（De Broglie）受光的波粒二象性的启发，提出了具有静止质量的微观粒子（如电子、光子等）也具有波粒二象性的假设。他认为质量为 m，以速度 v 运动着的微粒子，不仅具有动量 $P = mv$（粒子性特征），而且具有相应的波长 λ（波动性特征），两者之间可以通过普朗克常数 h（6.625×10^{-34} J·s）相互联系起来，即

$$\lambda = \frac{h}{mv} = \frac{h}{P} \tag{4-1}$$

德布罗意的假设在 1927 年被美国的戴维逊（Davisson）等人的电子衍射实验所证实，如图 4-2 所示。当电子射线从 A 处射出后，穿过晶体粉末 B，投射到屏幕 C 上时，如同光的衍射一样，也会出现明暗交替的衍射环纹。后来发现质子、中子等微观粒子的射线都有衍射现象，证明它们都具有波粒二象性。

根据电子衍射实验，当用很弱的电子流且实验时间较短时，则在照相底片上出现不规则分布的感光点。若经过足够长的时间，通过大量电子后，则底片上就形成了衍射环纹。若用较强的电子流可在较短时间内得到同样的电子衍射环纹。由此可见，电子的波动性是电子无数次行为的统计结果。从衍射图像可知，在衍射强度（波强度）大的区域表示电子出现的次数多，即电子出现的概率较大；衍射强度较小的区域表示电子出现的次数少，即电子出现的概率较小。物质波的强度与微粒出现的概率密度成正比，因此，电子等物质波是具有统计性的概率波。

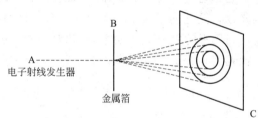

图 4-2　电子衍射装置示意图

由于微观粒子具有波粒二象性，因此没有确定的运动轨迹，不能用经典力学来描述其运动状态，只能用统计的方法去认识它在空间某处出现的概率。

4.2　核外电子运动状态的近代描述

4.2.1　波函数和原子轨道

1926 年，奥地利物理学家薛定谔（Schrödinger）提出了一个描述氢原子核外电子运动的波动方程，称为薛定谔方程。它是一个二阶偏微分方程，即

$$\frac{\partial^2 \psi}{\partial x^2}+\frac{\partial^2 \psi}{\partial y^2}+\frac{\partial^2 \psi}{\partial z^2}+\frac{8\pi^2 m}{h^2}(E-V)\psi=0 \tag{4-2}$$

式中，ψ 为电子的空间坐标 x，y，z 的波函数；m 为电子的质量；E 为电子的总能量；V 为电子的势能。

薛定谔方程是描述微观粒子运动状态变化规律的基本方程。求解薛定谔方程可以得到描述电子运动状态的波函数 ψ。波函数不是一个具体数目，它是用空间坐标 (x,y,z) 来描述原子核外电子运动状态的数学函数式。通常波函数又称原子轨道，也就是说波函数和原子轨道是描述原子中电子运动状态的同义词。例如，ψ_{1s}、ψ_{2s}、ψ_{2p}、ψ_{3d} 分别称为 1s 轨道、2s 轨道、2p 轨道和 3d 轨道。应当指出，原子轨道并不表示一个固定的圆周轨道，不能将它和玻尔的轨道概念相混淆。

为了方便，在解薛定谔方程时，将空间直角坐标 (x,y,z) 转换为球面坐标 (r,θ,φ)（见图 4-3）。

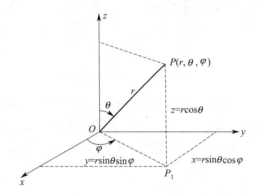

图 4-3　直角坐标与球面坐标的关系

经坐标变换后，得到的 ψ 是变量 r，θ，φ 的函数（见表 4-1）。

表 4-1　氢原子的波函数（a_0＝玻尔半径）

轨道	$\psi(r,\theta,\varphi)$	$R(r)$	$Y(\theta,\varphi)$
1s	$\sqrt{\dfrac{1}{a_0^3}}\,\mathrm{e}^{-r/a_0}$	$2\sqrt{\dfrac{1}{a_0^3}}\,\mathrm{e}^{-r/a_0}$	$\sqrt{\dfrac{1}{4\pi}}$
2s	$\dfrac{1}{4}\sqrt{\dfrac{1}{2\pi a_0^3}}\left(2-\dfrac{r}{a_0}\right)\mathrm{e}^{-r/2a_0}$	$\sqrt{\dfrac{1}{8a_0^3}}\left(2-\dfrac{r}{a_0}\right)\mathrm{e}^{-r/2a_0}$	$\sqrt{\dfrac{1}{4\pi}}$
2p_x	$\dfrac{1}{4}\sqrt{\dfrac{1}{2\pi a_0^3}}\left(\dfrac{r}{a_0}\right)\mathrm{e}^{-r/2a_0}\cdot\cos\theta$		$\sqrt{\dfrac{3}{4\pi}}\cos\theta$
2p_z	$\dfrac{1}{4}\sqrt{\dfrac{1}{2\pi a_0^3}}\left(\dfrac{r}{a_0}\right)\mathrm{e}^{-r/2a_0}\cdot\sin\theta\cos\varphi$	$\dfrac{1}{4}\sqrt{\dfrac{1}{24\pi a_0^3}}\left(\dfrac{r}{a_0}\right)\mathrm{e}^{-r/2a_0}$	$\sqrt{\dfrac{3}{4\pi}}\sin\theta\cos\varphi$
2p_y	$\dfrac{1}{4}\sqrt{\dfrac{1}{2\pi a_0^3}}\left(\dfrac{r}{a_0}\right)\mathrm{e}^{-r/2a_0}\cdot\sin\theta\sin\varphi$		$\sqrt{\dfrac{3}{4\pi}}\sin\theta\sin\varphi$

由于很难用合适的图像将 ψ 随 r，θ，φ 的变化情况表示清楚，因此通常将波函数分成随半径变化和随角度变化两部分，即

$$\psi(r,\theta,\varphi)=R(r)Y(\theta,\varphi) \tag{4-3}$$

式中，$R(r)$ 表示波函数的径向部分，只随电子离核的距离 r 而变化；$Y(\theta,\varphi)$ 表示波函数的角度部分，只随角度 θ，φ 而变化。

若将 $R(r)$ 对 r 作图，就可以了解波函数随 r 的变化情况；将 $Y(\theta,\varphi)$ 对 θ，φ 作图，就可以了解波函数随 θ，φ 的变化情况。我们通常接触较多的是波函数（原子轨道）的角度分布图（见图 4-4）。

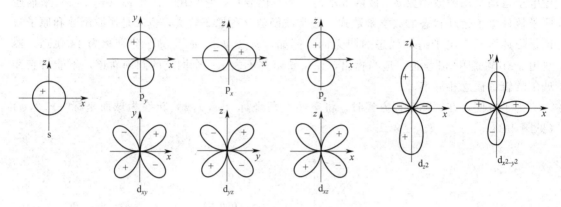

图 4-4　原子轨道角度分布图

由图 4-4 可以看出，s 轨道的形状是球形对称的。p 轨道的角度部分分布在 3 个坐标轴上呈哑铃形对称，分别称为 p_x、p_y 和 p_z 轨道。d 轨道形状更为复杂一些，呈花瓣状。图中的＋、－号表示 Y 值的正、负，它在研究化学键的形成时有着重要的意义。

4.2.2　电子云

波函数 ψ 虽然能描述核外电子的运动状态，但它不能与任何可以观察的物理量相联系，而波函数的平方 $|\psi|^2$ 可以反映核外电子在空间某处单位体积内出现的概率大小，即概率密度。

为了形象地表示核外电子运动的概率分布情况，化学上习惯用小黑点的疏密程度表示电子在空间各处出现概率密度的相对大小。小黑点较密的地方，表示概率密度较大，单位体积内电子出现的机会多；小黑点较疏的地方，表示概率密度较小，单位体积内电子出现的机会少。这种以小黑点疏密形象化表示电子概率分布的图形称为电子云。氢原子 1s 电子云（见图 4-5）是球形对称的，且距核越近，电子出现的概率密度越大，距核越远，概率密度越小。应当指出，电子云是电子行为具有统计性的一种形象化的表示，图中小黑点的数目并不代表电子的数目，而只代表 1 个电子的许多可能的瞬时位置。

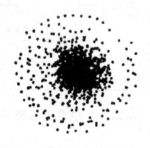

图 4-5　氢原子 1s 电子云

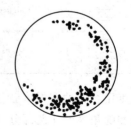

图 4-6　氢原子 1s 电子云界面图

　　核外电子的运动范围从理论上讲是没有界限的，但实际上在离核较远的地方电子出现的概率非常小。如果将电子云图中电子概率密度相等的各点联结起来作为 1 个界面，使界面内电子出现的概率达 90%（或 95%），这种球面图形称为电子云的界面图（见图 4-6）。

　　与原子轨道角度部分 $Y(\theta,\varphi)$ 相对应，$Y^2(\theta,\varphi)$ 称为电子云的角度部分。

　　若将 $Y^2(\theta,\varphi)$ 随 θ，φ 的变化作图，即得电子云的角度分布图（见图 4-7）。

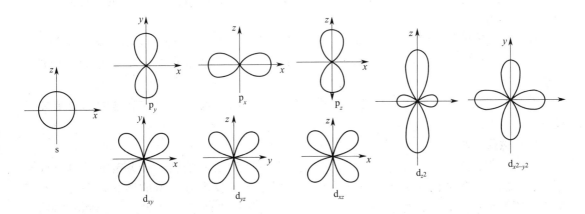

图 4-7　电子云角度分布图

　　比较图 4-4 和图 4-7 可知，电子云的角度分布图与原子轨道的角度分布图的形状和空间取向相似。但有两点区别：一是原子轨道角度分布图有正、负之分，而电子云角度分布图均为正值，这是因为电子云角度分布是原子轨道角度分布的平方；二是电子云的角度分布图形比原子轨道的角度分布图形要"瘦"一些，这是因为 Y 值小于 1，其 Y^2 就更小。

4.2.3　四个量子数

　　解薛定谔方程时，为了得到合理的解，引入了 3 个参数即 n、l 和 m。因为这些参数具有量子化的特性，所以称为量子数。其中 n 称为主量子数，l 称为角量子数，m 称为磁量子数。将这 3 个量子数按一定规律取值时，可以得到各种波函数，因此，可用量子数来描述核外电子运动状态。另外，通过对光谱精细结构的研究，发现电子除了绕核运动外，其自身还有自旋运动。为了描述核外电子的自旋状态，需要引入第 4 个量子数——自旋量子数 m_s。由此可见，要完整描述每个电子的运动状态需要用 n、l、m、m_s 4 个量子数。

　　(1) 主量子数（n）

　　n 的取值为 1，2，3…，n 等正整数，它是决定轨道能量的主要因素。对于核外只有 1 个电子的氢原子或类氢离子，其轨道能量 E 仅和主量子数有关，即

$$E = -2.18 \times 10^{-18} \left(\frac{1}{n^2} \right) (\text{J}) \tag{4-4}$$

可见 n 值越大，能量越高。

　　n 还决定着电子绕核运动时离核的平均距离，也就是电子出现概率密度最大的地方离核的远近，n 值大，电子离核的平均距离越远。通常把具有相同 n 值的各原子轨道称为同一电子层，这样就可以按能量高低将电子分成若干层。当 $n = 1$、2、3、4、5、6、7 时，分别

表示第一、二、三、四、五、六、七层，相应的光谱符号为 K、L、M、N、O、P、Q。

（2）角量子数（l）

l 的取值为 0，1，2，…，$n-1$，其取值受 n 值的限制。它决定电子运动的轨道角动量，确定原子轨道和电子云的形状。l 的每一个取值代表一种原子轨道或电子云的形状。例如 $l=0$ 为球形对称；$l=1$ 为哑铃形；$l=2$ 为花瓣形等。习惯上把 n 相同、l 不同的状态称为电子亚层。$l=0$、1、2、3 分别称为 s、p、d、f 亚层等，$l=0$、1、2、3 的轨道分别称为 s、p、d、f 轨道。

为了区别不同电子层的亚层，常把主量子数标在亚层符号的前面。例如，第 1 层的 s 亚层用 1s 表示；第 2 层的 s 亚层用 2s 表示；3p 表示第 3 层的 p 亚层；4d 表示第 4 层的 d 亚层。

在多电子原子中，l 和 n 一起决定轨道的能量，同一电子层中 l 值越大的轨道能量越高。

（3）磁量子数（m）

m 的取值为 0，±1，±2，…，$\pm l$，其取值受 l 数值的限制。它决定原子轨道或电子云在空间的伸展方向。也就是说原子轨道或电子云不仅具有一定的形状，而且在空间还有不同的伸展方向。m 可能取值的数目等于空间伸展方向不同的原子轨道数目。例如，$l=0$，$m=0$，表示 s 亚层只有 1 个原子轨道，即 s 轨道；$l=1$，$m=0$、±1，表示 p 亚层有 3 个原子轨道，即 p_x、p_y、p_z 轨道；$l=2$，$m=0$、±1、±2，表示 d 亚层有 5 个原子轨道，即 d_{xy}、d_{xz}、d_{yz}、d_{z^2}、$d_{x^2-y^2}$；$l=3$，$m=0$、±1、±2、±3，表示 f 亚层有 7 个原子轨道。

在没有外加磁场的情况下，同一亚层的原子轨道（如 p_x、p_y、p_z），其能量是相等的，称为等价轨道或简并轨道。

（4）自旋量子数（m_s）

m_s 决定电子自身固有的运动状态，习惯上称为自旋运动状态。m_s 只可能有 2 个取值，即 $+1/2$ 和 $-1/2$。常用"↑"和"↓"表示两种不同的自旋状态。

量子数之间的联系归纳在表 4-2 中。

表 4-2　量子数与原子轨道之间的联系

n	取值	1	2				3								
	电子层符号	K	L				M								
l	取值	0	0	1			0	1			2				
	亚层符号	1s	2s	2p			3s	3p			3d				
m	取值	0	0	+1	0	-1	0	+1	0	-1	+2	+1	0	-1	-2
	轨道符号	1s	2s	$2p_x$	$2p_z$	$2p_y$	3s	$3p_x$	$3p_z$	$3p_y$	$3d_{xz}$	$3d_{x^2-y^2}$	$3d_{z^2}$	$3d_{xy}$	$3d_{yz}$
	亚层轨道数	1	1	3			1	3			5				
	电子层轨道数	1	4				9								

综上所述，电子在核外的运动状态可以用 4 个量子数来确定。通常用 4 个量子数的组合来表示，即 (n,l,m,m_s)。$n=2$ 时，n，l，m 3 个量子数组合形式有 $(2,0,0)$，$(2,1,0)$，$(2,1,+1)$，$(2,1,-1)$ 4 种，同理可推出 $n=3$ 或 4 时，它们的组合分别有 9 种或 16 种。例如，描述钠原子最外层电子的 4 个量子数为 $(3,0,0,+1/2)$ 或 $(3,0,0,-1/2)$。

4.3　原子核外电子结构

在多电子原子中，电子不仅受原子核的吸引，而且还存在着电子之间的相互排斥，因此，作用于电子上的核电荷数以及原子轨道的能级都较为复杂。

4.3.1　原子轨道的能级

(1) 屏蔽效应和钻穿效应

在氢原子和类氢离子中，由于核外只有 1 个电子，不存在电子之间的相互作用问题。对多电子原子来说，核外任一电子除受核的吸引外，还受到其他电子的排斥。其他电子对某一电子的排斥作用，可以近似地看成是削弱了原子核对该电子的吸引作用，这种对核电荷 Z 的削弱作用称为屏蔽效应。核电荷被削弱的程度即屏蔽效应的大小，可由屏蔽常数 σ 来衡量。削弱后的核电荷称为有效核电荷 Z^*，它们之间的关系为

$$Z^* = Z - \sigma \tag{4-5}$$

这样多电子原子中电子 i 的能量公式可表示为

$$E = \frac{-2.18 \times 10^{-18} \times (Z-\sigma)^2}{n^2} (\text{J}) \tag{4-6}$$

屏蔽效应可以解释 l 相同、n 越大的电子其能量越高。因为对同一原子来说，离核较近的电子受其他电子的屏蔽效应较小，屏蔽常数较小，能量较低；离核较远的电子受其他电子的屏蔽效应较大，屏蔽常数较大，能量较高。所以有 $E_{1s} < E_{2s} < E_{3s}$，$E_{2p} < E_{3p} < E_{4p}$。

一般情况下，对于被屏蔽的电子是 s 电子或 p 电子，屏蔽常数可近似地按下面的方法取值。

① 1s 电子对 1s 电子的 $\sigma = 0.30$。

② n 层电子对 n 层电子的 $\sigma = 0.35$（n 层 d 电子或 f 电子，对 n 层 s 电子或 p 电子的 $\sigma = 0$）。

③ $(n-1)$ 层电子对 n 层电子的 $\sigma = 0.85$。

④ $(n-2)$ 层及更内层电子对 n 层电子的 $\sigma = 1.00$。

例如，钠原子的 $Z = 11$，作用在最外层电子上的有效核电荷

$$Z^* = Z - \sigma = 11 - (2 \times 1.00 + 8 \times 0.85) = 2.20$$

又如，氯原子的 $Z = 17$，作用在最外层电子上的有效核电荷

$$Z^* = (Z - \sigma) = 17 - (2 \times 1.00 + 8 \times 0.85 + 6 \times 0.35) = 6.10$$

在多电子原子中，对于 n 较大的电子出现概率最大的地方离核较远，但在离核较近的地方也有出现的概率，也就是说外层电子可能钻到内层出现在离核较近的地方，这种现象称为钻穿效应。一般来说，在核附近出现概率较大的电子，可以较多地回避其他电子的屏蔽作用，直接感受较大的有效核电荷的吸引，因而能量较低；反之亦然。n 相同 l 越小的电子钻穿效应越明显，轨道能量越低，所以有 $E_{ns} < E_{np} < E_{nd} < E_{nf}$。

由于屏蔽效应和钻穿效应，当 n 和 l 都不同时，可能出现能级交错现象。轨道能级交错现象往往发生在钻穿能力强的 ns 轨道与钻穿能力弱的 $(n-1)$d 或 $(n-2)$f 轨道之间，例如：$E_{4s} < E_{3d} < E_{4p}$，$E_{5s} < E_{4d} < E_{5p}$，$E_{6s} < E_{4f} < E_{5d} < E_{6p}$。

(2) 原子轨道近似能级图

氢原子轨道的能量取决于主量子数 n。在多电子原子中，轨道能量除取决于主量子数 n 以外，还与角量子数 l 有关。1939 年鲍林（Pauling）根据光谱实验结果，总结出了多电子

原子中轨道能级高低的一般情况，并用小圆圈代表原子轨道，用小圆圈位置的高低表示能量的高低，绘成近似能级图（见图 4-8）。

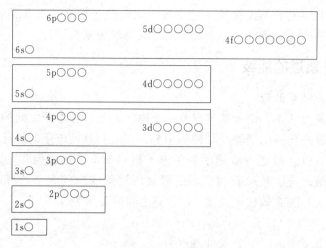

图 4-8　鲍林近似能级图

由近似能级图也可以看出：当角量子数 l 相同时，随主量子数 n 的增大，轨道能级升高。当主量子数 n 相同时，随角量子数 l 的增大，轨道能级升高。当主量子数和角量子数都不同时，有时出现能级交错现象。

根据各轨道能量高低的相互接近情况，可把原子轨道划分为若干能级组。图 4-8 中同一方框内各原子轨道能量接近，构成 1 个能级组。多电子原子核外电子是按照近似能级图由低到高的顺序填充的，每填满一个能级组即完成周期表中的一个周期。

4.3.2　核外电子分布原理

根据光谱实验结果和对元素周期系的分析，总结出了原子中核外电子分布的 3 个基本原理，即泡利不相容原理、能量最低原理和洪德规则。

（1）泡利（Pauli）不相容原理

1925 年，泡利根据原子的光谱现象和考虑到周期系中每一周期元素的数目，提出了一个原则，即一个原子中不可能存在 4 个量子数完全相同的 2 个电子。这一原则后来被称为泡利不相容原理。按照这一原理，每个原子轨道上最多只能容纳自旋相反的 2 个电子。

（2）能量最低原理

根据"能量越低越稳定"的规律，电子的分布方式应使得系统的能量最低，这就是能量最低原理。按照这一原理，核外电子的分布，在不违背泡利不相容原理的前提下，电子总是尽先占有能量最低的轨道，这样的状态是原子的基态。

（3）洪德（Hund）规则

1925 年洪德从光谱实验数据总结出，在等价轨道上分布的电子将尽可能分占不同的轨道，而且自旋平行。量子力学证明，电子按照洪德规则分布，可使原子系统的能量最低，最稳定。

另外，作为洪德规则的特例，等价轨道处于全充满（p^6，d^{10}，f^{14}）或半充满（p^3，d^5，f^7）或全空（p^0，d^0，f^0）时，也可使原子处于较稳定的状态。

4.3.3 核外电子分布式和价电子层分布式

根据核外电子分布的原则和光谱实验的结果，可得到各元素基态原子的核外电子分布。原子的核外电子分布也称原子的电子层结构。各元素基态原子的电子层结构列于表 4-3 中。

多电子原子核外电子分布的表达式称为电子分布式。例如，钛（Ti）原子有 22 个电子，根据电子分布原则和近似能级顺序，其电子分布式为

$$1s^2 2s^2 2p^6 3s^2 3p^6 3d^2 4s^2$$

应当指出，虽然 3d 和 4s 轨道发生能级交错，电子首先填充 4s 轨道，但在书写电子分布式时要把 3d 放在 4s 前面，和同层的 3s、3p 放在一起。

又如，锰（Mn）原子中有 25 个电子，其电子分布式应为

$$1s^2 2s^2 2p^6 3s^2 3p^6 3d^5 4s^2$$

由于必须服从洪德规则，所以 3d 轨道上的 5 个电子应分别分布在 5 个 3d 轨道上，而且自旋平行。此外，铬（Cr）、铜（Cu）、银（Ag）和金（An）等原子的 $(n-1)$ d 轨道上的电子都处于半充满或全充满状态（见表 4-3），通常是比较稳定的。

为避免电子分布式写的太长，通常将内层已达到稀有气体原子结构的部分写成"原子实"，用相应的稀有气体元素符号加方括号表示。如钛原子可写为 $[Ar]3d^2 4s^2$，锰原子可写为 $[Ar]3d^5 4s^2$。

由于化学反应通常只涉及外层价电子的改变，所以一般只需写出原子的价电子层分布式即可。所谓价电子层是指价电子所在的电子层。对主族元素，价电子层就是最外层，例如，$_{11}$Na 的价电子层构型为 $3s^1$；$_{17}$Cl 的价电子层构型为 $3s^2 3p^5$。但对于过渡元素，所谓价电子层还应包括次外层的 d 电子或外数第 3 层的 f 电子。例如，$_{24}$Cr 的价电子层构型为 $3d^5 4s^1$，$_{58}$Ce 价电子层构型为 $4f^1 5d^1 6s^2$。

值得注意的是，当原子失去电子而成为正离子时，一般是能量较高的最外层的电子先失去，并且往往引起电子层数的减少。例如，Fe^{3+} 的最外层电子构型是 $3s^2 3p^6 3d^5$，而不是 $3s^2 3p^6 3d^3 4s^2$ 或 $3d^3 4s^2$，也不能只写成 $3d^5$。又如，Ti^{4+} 的最外层电子构型是 $3s^2 3p^6$。原子成为负离子时，原子所得的电子总是分布在它的最外电子层上。例如，Cl^- 的最外层电子分布式为 $3s^2 3p^6$。

表 4-3　原子的电子层结构（基态）

周期	原子序数	元素符号	电　　子　　层																
			K	L		M			N				O				P			Q
			1s	2s	2p	3s	3p	3d	4s	4p	4d	4f	5s	5p	5d	5f	6s	6p	6d	7s
1	1	H	1																	
	2	He	2																	
2	3	Li	2	1																
	4	Be	2	2																
	5	B	2	2	1															
	6	C	2	2	2															
	7	N	2	2	3															
	8	O	2	2	4															
	9	F	2	2	5															
	10	Ne	2	2	6															
3	11	Na	2	2	6	1														
	12	Mg	2	2	6	2														
	13	Al	2	2	6	2	1													
	14	Si	2	2	6	2	2													
	15	P	2	2	6	2	3													
	16	S	2	2	6	2	4													
	17	Cl	2	2	6	2	5													
	18	Ar	2	2	6	2	6													

续表

周期	原子序数	元素符号	电子层 K	L		M			N				O				P			Q
			1s	2s	2p	3s	3p	3d	4s	4p	4d	4f	5s	5p	5d	5f	6s	6p	6d	7s
4	19	K	2	2	6	2	6		1											
	20	Ca	2	2	6	2	6		2											
	21	Sc	2	2	6	2	6	1	2											
	22	Ti	2	2	6	2	6	2	2											
	23	V	2	2	6	2	6	3	2											
	24	Cr	2	2	6	2	6	5	1											
	25	Mn	2	2	6	2	6	5	2											
	26	Fe	2	2	6	2	6	6	2											
	27	Co	2	2	6	2	6	7	2											
	28	Ni	2	2	6	2	6	8	2											
	29	Cu	2	2	6	2	6	10	1											
	30	Zn	2	2	6	2	6	10	2											
	31	Ga	2	2	6	2	6	10	2	1										
	32	Ge	2	2	6	2	6	10	2	2										
	33	As	2	2	6	2	6	10	2	3										
	34	Se	2	2	6	2	6	10	2	4										
	35	Br	2	2	6	2	6	10	2	5										
	36	Kr	2	2	6	2	6	10	2	6										
5	37	Rb	2	2	6	2	6	10	2	6			1							
	38	Sr	2	2	6	2	6	10	2	6			2							
	39	Y	2	2	6	2	6	10	2	6	1		2							
	40	Zr	2	2	6	2	6	10	2	6	2		2							
	41	Nb	2	2	6	2	6	10	2	6	4		1							
	42	Mo	2	2	6	2	6	10	2	6	5		1							
	43	Tc	2	2	6	2	6	10	2	6	5		2							
	44	Ru	2	2	6	2	6	10	2	6	7		1							
	45	Rh	2	2	6	2	6	10	2	6	8		1							
	46	Pd	2	2	6	2	6	10	2	6	10									
	47	Ag	2	2	6	2	6	10	2	6	10		1							
	48	Cd	2	2	6	2	6	10	2	6	10		2							
	49	In	2	2	6	2	6	10	2	6	10		2	1						
	50	Sn	2	2	6	2	6	10	2	6	10		2	2						
	51	Sb	2	2	6	2	6	10	2	6	10		2	3						
	52	Te	2	2	6	2	6	10	2	6	10		2	4						
	53	I	2	2	6	2	6	10	2	6	10		2	5						
	54	Xe	2	2	6	2	6	10	2	6	10		2	6						
6	55	Cs	2	2	6	2	6	10	2	6	10		2	6			1			
	56	Ba	2	2	6	2	6	10	2	6	10		2	6			2			
	57	La	2	2	6	2	6	10	2	6	10		2	6	1		2			
	58	Ce	2	2	6	2	6	10	2	6	10	1	2	6	1		2			
	59	Pr	2	2	6	2	6	10	2	6	10	3	2	6			2			
	60	Nd	2	2	6	2	6	10	2	6	10	4	2	6			2			
	61	Pm	2	2	6	2	6	10	2	6	10	5	2	6			2			
	62	Sm	2	2	6	2	6	10	2	6	10	6	2	6			2			
	63	Eu	2	2	6	2	6	10	2	6	10	7	2	6			2			
	64	Gd	2	2	6	2	6	10	2	6	10	7	2	6	1		2			
	65	Tb	2	2	6	2	6	10	2	6	10	9	2	6			2			
	66	Dy	2	2	6	2	6	10	2	6	10	10	2	6			2			
	67	Ho	2	2	6	2	6	10	2	6	10	11	2	6			2			
	68	Er	2	2	6	2	6	10	2	6	10	12	2	6			2			
	69	Tm	2	2	6	2	6	10	2	6	10	13	2	6			2			
	70	Yb	2	2	6	2	6	10	2	6	10	14	2	6			2			
	71	Lu	2	2	6	2	6	10	2	6	10	14	2	6	1		2			
	72	Hf	2	2	6	2	6	10	2	6	10	14	2	6	2		2			
	73	Ta	2	2	6	2	6	10	2	6	10	14	2	6	3		2			

续表

周期	原子序数	元素符号	电子层																	
---	---	---	K	L		M			N				O				P			Q
			1s	2s	2p	3s	3p	3d	4s	4p	4d	4f	5s	5p	5d	5f	6s	6p	6d	7s
	74	W	2	2	6	2	6	10	2	6	10	14	2	6	4		2			
	75	Re	2	2	6	2	6	10	2	6	10	14	2	6	5		2			
	76	Os	2	2	6	2	6	10	2	6	10	14	2	6	6		2			
	77	Ir	2	2	6	2	6	10	2	6	10	14	2	6	7		2			
	78	Pt	2	2	6	2	6	10	2	6	10	14	2	6	9		1			
	79	Au	2	2	6	2	6	10	2	6	10	14	2	6	10		1			
6	80	Hg	2	2	6	2	6	10	2	6	10	14	2	6	10		2			
	81	Tl	2	2	6	2	6	10	2	6	10	14	2	6	10		2	1		
	82	Pb	2	2	6	2	6	10	2	6	10	14	2	6	10		2	2		
	83	Bi	2	2	6	2	6	10	2	6	10	14	2	6	10		2	3		
	84	Po	2	2	6	2	6	10	2	6	10	14	2	6	10		2	4		
	85	At	2	2	6	2	6	10	2	6	10	14	2	6	10		2	5		
	86	Rn	2	2	6	2	6	10	2	6	10	14	2	6	10		2	6		
7	87	Fr	2	2	6	2	6	10	2	6	10	14	2	6	10		2	6		1
	88	Ra	2	2	6	2	6	10	2	6	10	14	2	6	10		2	6		2
	89	Ac	2	2	6	2	6	10	2	6	10	14	2	6	10		2	6	1	2
	90	Th	2	2	6	2	6	10	2	6	10	14	2	6	10		2	6	2	2
	91	Pa	2	2	6	2	6	10	2	6	10	14	2	6	10	2	2	6	1	2
	92	U	2	2	6	2	6	10	2	6	10	14	2	6	10	3	2	6	1	2
	93	Np	2	2	6	2	6	10	2	6	10	14	2	6	10	4	2	6	1	2
	94	Pu	2	2	6	2	6	10	2	6	10	14	2	6	10	7	2	6		2
	95	Am	2	2	6	2	6	10	2	6	10	14	2	6	10	9	2	6		2
	96	Cm	2	2	6	2	6	10	2	6	10	14	2	6	10	10	2	6	1	2
	97	Bk	2	2	6	2	6	10	2	6	10	14	2	6	10	11	2	6		2
	98	Cf	2	2	6	2	6	10	2	6	10	14	2	6	10	12	2	6		2
	99	Es	2	2	6	2	6	10	2	6	10	14	2	6	10	13	2	6		2
	100	Fm	2	2	6	2	6	10	2	6	10	14	2	6	10	14	2	6		2
	101	Md	2	2	6	2	6	10	2	6	10	14	2	6	10	14	2	6		2
	102	No	2	2	6	2	6	10	2	6	10	14	2	6	10	14	2	6		2
	103	Lr	2	2	6	2	6	10	2	6	10	14	2	6	10	14	2	6	1	2
	104	Rf	2	2	6	2	6	10	2	6	10	14	2	6	10	14	2	6	2	2
	105	Ha	2	2	6	2	6	10	2	6	10	14	2	6	10	14	2	6	3	2
	106		2	2	6	2	6	10	2	6	10	14	2	6	10	14	2	6	4	2
	107		2	2	6	2	6	10	2	6	10	14	2	6	10	14	2	6	5	2
	108		2	2	6	2	6	10	2	6	10	14	2	6	10	14	2	6	6	2
	109		2	2	6	2	6	10	2	6	10	14	2	6	10	14	2	6	7	2

4.4 原子电子层结构与元素周期表的关系

元素的性质随着核电荷的递增而呈现周期性的变化称为元素周期律。原子核外电子分布的周期性是元素周期律的基础，元素周期表是周期律的表现形式。常见的是长式周期表（见彩插）。

4.4.1 原子的电子层结构与周期数

元素在周期表所处的周期数等于该元素原子的电子层数。例如，$_{24}Cr$ 的电子分布式为 $1s^2 2s^2 2p^6 3s^2 3p^6 3d^5 4s^1$，可知 Cr 为第四周期元素。

从电子分布规律可以看出，各周期数与各能级组相对应。每一周期元素的数目等于相应能级组内轨道所能容纳的最多电子数（见表 4-4）。

表 4-4　各周期元素的数目

周期	能级组	能级组内各原子轨道	元素数目
1	1	1s	2
2	2	2s2p	8
3	3	3s3p	8
4	4	4s3d4p	18
5	5	5s4d5p	18
6	6	6s4f5d6p	32
7	7	7s5f6d……	23(未完)

4.4.2　原子的电子层结构与族数

元素在周期表中所处的族数：主族以及第 I、第 II 副族元素的族数等于最外层电子数；第 III 至第 VII 副族元素的族数等于最外层 s 电子数与次外层 d 电子数之和；VIII 族元素的最外层 s 电子数与次外层 d 电子数之和为 8～10；零族元素最外层电子数为 8 或 2。

4.4.3　原子的电子层结构与元素分区

根据原子的外层电子构型，可把周期表中的元素分成 5 个区，即 s 区、p 区、d 区、ds 区和 f 区（见图 4-9）。

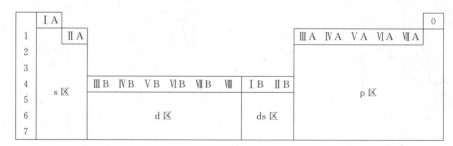

图 4-9　元素周期表分区情况

① s 区——包括第 I、第 II 主族元素，价电子层构型为 $n\mathrm{s}^{1\sim2}$。

② p 区——包括第 III 至第 VII 主族和零族元素，价电子层构型为 $n\mathrm{s}^2 n\mathrm{p}^{1\sim6}$。

③ d 区——包括第 III 至第 VII 副族和 VIII 族元素，价电子层构型一般为 $(n-1)\mathrm{d}^{1\sim8} n\mathrm{s}^2$。

④ ds 区——包括第 I、第 II 副族元素，价电子层构型为 $(n-1)\mathrm{d}^{10} n\mathrm{s}^{1\sim2}$。

⑤ f 区——包括镧系、锕系元素，价电子层构型一般为 $(n-2)\mathrm{f}^{1\sim14} n\mathrm{s}^2$。

4.5　原子结构与元素性质的关系

元素的性质取决于原子的结构，周期表中元素性质呈周期性的变化，就是原子结构周期性变化的反映。

4.5.1 原子半径

因为原子核外的电子云没有确切的边界，所以原子半径的大小也很难确定，一般是测定分子或晶体中两个相距最近同种元素原子核之间距离的一半作为原子半径。同种元素的两个原子以共价单键连接时，其核间距离的一半叫作该原子的共价半径；金属晶格中相邻两个原子核间距离的一半叫作金属半径。同种元素的共价半径和金属半径数值不同，后者一般比前者大 10%～15%。稀有气体在低温时形成的单原子分子晶体中，相邻两个原子核间距离的一半叫范德华（van der Waals）半径，它一般比共价半径大 40%。各元素的原子半径见表 4-5，表中金属元素采用金属半径，非金属元素采用共价半径，稀有气体采用范德华半径。

表 4-5　元素的原子半径　　　　　　　　　　单位：pm

H 37																	He 122
Li 152	Be 111											B 88	C 77	N 70	O 66	F 64	Ne 160
Na 186	Mg 160											Al 143	Si 117	P 110	S 104	Cl 99	Ar 191
K 227	Ca 197	Sc 164	Ti 145	V 131	Cr 125	Mn 124	Fe 124	Co 125	Ni 125	Cu 128	Zn 133	Ga 122	Ce 122	As 121	Se 117	Br 114	Kr 198
Rb 248	Sr 215	Y 181	Zr 160	Nb 143	Mo 136	Tc 136	Ru 133	Rh 135	Pd 138	Ag 144	Cd 149	In 163	Sn 141	Sb 141	Te 137	I 133	Xe 217
Cs 265	Ba 217	Lu 173	Hf 159	Ta 143	W 137	Re 137	Os 134	Ir 136	Pt 136	Au 144	Hg 160	Tl 170	Pb 175	Bi 155	Po 153	At	Rn
Fr	Ra	Lr															

La	Ce	Pr	Nd	Pm	Sm	Eu	Gd	Tb	Dy	Ho	Er	Tm	Yb
188	182	183	182	181	180	204	180	178	177	177	176	175	194

同一周期从左到右原子半径逐渐减小，到稀有气体突然变大。短周期和长周期原子半径变化情况有所不同。

在短周期中，电子填充在最外电子层，它对处于同一层的电子屏蔽效应较小，有效核电荷增加显著，核对外层电子的引力逐渐加强，所以半径减小较快。

在长周期中，主族元素原子半径变化规律同短周期。过渡元素电子依次增加在次外层的 d 轨道上，对外层电子而言屏蔽效应较大，因而有效核电荷增加缓慢，原子半径略有减小。当次外层 d 轨道被电子充满时，电子间屏蔽效应变大，有效核电荷略有下降，原子半径又略为增大。镧系、锕系元素电子增加在 $(n-2)f$ 上，它对外层电子屏蔽效应更大，有效核电荷增加得更小，所以总的趋势是原子半径虽然减小，但减小得更缓慢。

同一族自上而下原子半径逐渐增大，但主族和副族情况有所不同。

在每一主族中，由于自上而下电子层逐渐增加，因而原子半径逐渐增大。

在每一副族中，自上而下原子半径因电子层增加一般也增大，但变化不明显，特别是第

五、第六周期的原子半径非常接近，这是受了镧系收缩的影响。

4.5.2 电离能和电子亲和能

(1) 电离能

任一元素处于基态的气态原子失去一个电子形成气态正离子时，所需的能量称为该元素的电离能，用 I 表示，单位为 $kJ \cdot mol^{-1}$。失去最高能级中的第一个电子成为气态 $+1$ 价离子所需的能量叫第一电离能，用 I_1 表示。从气态 $+1$ 价离子再失去一个电子成为 $+2$ 价离子所需的能量叫第二电离能，用 I_2 表示，其余类推。由于原子失去一个电子后成为带正电荷的阳离子，若再失去电子要克服离子的过剩电荷，所以 $I_1 < I_2 < I_3 < \cdots\cdots$。元素间一般用第一电离能进行比较，表 4-6 为各元素的第一电离能。

从表 4-6 可以看出：同一周期主族元素，从左到右电离能逐渐增大。这是由于同一周期从左到右，元素原子的有效核电荷逐渐增加，核对外层电子的吸引力逐渐增强，原子半径逐渐减小，原子失去电子逐渐变得困难。同一周期副族元素从左向右，由于原子的有效核电荷增加不多，核对外层电子的吸引力略为增强，原子半径减小的幅度很小，因而电离能总的来看只是稍微增大，而且个别处变化还不十分规律。

表 4-6 元素的第一电离能　　　　　　　　　　　单位：$kJ \cdot mol^{-1}$

H 1312.0																	He 2372.3
Li 520.3	Be 899.5											B 800.6	C 1086.4	N 1402.3	O 1314	F 1681	Ne 2080.7
Na 495.8	Mg 737.7											Al 577.6	Si 786.5	P 1011.8	S 999.6	Cl 1251.1	Ar 1520.5
K 418.9	Ca 589.8	Sc 631	Ti 658	V 650	Cr 652.8	Mn 717.4	Fe 759.4	Co 758	Ni 736.7	Cu 745.5	Zn 906.4	Ga 578.8	Ge 762.2	As 944	Se 940.9	Br 1139.9	Kr 1350.7
Rb 403.0	Sr 549.5	Y 616	Zr 660	Nb 664	Mo 685.0	Tc 702	Ru 711	Rh 720	Pd 805	Ag 731	Cd 867.7	In 558.3	Sn 708.6	Sb 831.6	Te 869.3	I 1008.4	Xe 1170.4
Cs 375.7	Ba 502.9	La* 538.1	Hf 654	Ta 761	W 770	Re 760	Os 840	Ir 880	Pt 870	Au 890.1	Hg 1007	Tl 589.3	Pb 715.5	Bi 703.3	Po 812	At [916.7]	Rn 1037.0
Fr [386]	Ra 509.4	Ac** 490															

*	La 538.1	Ce 528	Pr 523	Nd 530	Pm 536	Sm 543	Eu 547	Gd 592	Tb 564	Dy 572	Ho 581	Er 589	Tm 596.7	Yb 603.4	Lu 523.5
**	Ac 490	Th 590	Pa 570	U 590	Np 600	Pu 585	Am 578	Cm 581	Bk 601	Cf 608	Es 619	Fm 627	Md 635	No 642	Lr

同一主族元素自上而下，原子的电离能逐渐减小。这是由于自上而下核电荷数虽然增多，但电子层数也相应增多，原子半径增大的因素起主要作用，使核对外层电子的吸引力减弱，因而逐渐容易失去电子。副族元素自上而下原子半径只是略微增大，而且第五、第六周期元素的原子半径又非常接近，核电荷数增多的因素起了作用，使第六周期元素的电离能比相应同一副族增大，但变化幅度不大，而且变化没有较明显的规律。

(2) 电子亲和能

一个基态气态原子得到一个电子形成气态 -1 价离子时释放出的能量称为该元素的第一电子亲和能，用 E_1 表示，单位是 $kJ \cdot mol^{-1}$。电子亲和能依次有 E_1、E_2、E_3 等。另外电子亲和能的符号与电离能相反，即放热为正，吸热为负。如硫的 $E_1 = 200.4 kJ \cdot mol^{-1}$，但硫原子得到一个电子后会排斥再来的第二个电子，所以 $E_2 = -590.0\text{kJ·mol}^{-1}$。电子亲和能越大，表示该元素的原子越易获得电子。

电子亲和能不易测定，因此数据不多，表 4-7 列出了主族元素原子的电子亲和能。在周期表中，电子亲和能变化规律与电离能变化规律基本上相同，即同一周期自左至右电子亲和能依次增大。到稀有气体突然变为负值，说明它们不易得电子，得到电子需供给能量。同族中从上到下电子亲和能逐渐减小。电子亲和能的变化规律也有例外。例如，同一主族中，电子亲和能最大的不是第二周期元素而是第三周期元素。这是因为第二周期元素原子半径较小，电子间斥力较大造成的。

表 4-7 主族元素原子的电子亲和能   单位：kJ·mol^{-1}

H 72.9								He (−21)
Li 59.8	Be (−240)	B 23	C 122	N 0±20	O 141	F 322		Ne (−29)
Na 52.9	Mg (−230)	Al 44	Si 120	P 74	S 200.4	Cl 348.7		Ar (−35)
K 48.4	Ca (−156)	Ga 36	Ge 116	As 77	Se 195	Br 324.5		Kr (−39)
Rb 46.9	Sr	In 34	Sn 121	Sb 101	Te 190.1	I 295		Xe (−40)
Cs 45.5	Ba (−52)	Tl 50	Pb 100	Bi 100	Po (180)	At (270)		Rn (−40)

注：括号中的数据并非实验值。

4.5.3 元素的金属性和非金属性与元素的电负性

元素的金属性是指在化学反应中原子失去电子的能力，非金属性表示在化学反应中原子得到电子的能力。同一周期元素从左到右，有效核电荷数增大，原子半径逐渐减小，失电子能力逐渐减弱，得电子能力逐渐增强，故金属性逐渐减弱，非金属性逐渐增强，例如钠原子作用在最外层电子上的有效核电荷为 2.20，而氯原子作用在最外层电子上的有效核电荷为 6.10，钠原子半径（共价半径）为 154pm，氯原子半径为 99pm。所以钠元素是活泼的金属，而氯元素是活泼的非金属。同一族元素从上到下，由于电子层数增加，原子半径明显增大，失电子能力逐渐增强，得电子能力逐渐减弱，故金属性逐渐增强，非金属性逐渐减弱。但是，副族元素由于原子电子层结构较复杂，元素金属性变化规律不明显。

为了定量地比较原子在分子中吸引电子的能力，鲍林于 1932 年引入了电负性的概念。电负性数值越大，表明原子在分子中吸引电子的能力越强，电负性值越小，表明原子在分子中吸引电子的能力越弱。表 4-8 列出了鲍林的电负性数据。

从表 4-8 中可看出，一般金属元素（除铂系，即钌、铑、钯、锇、铱、铂以及金以外）的电负性数值小于 2.0，而非金属元素（除 Si 外）则大于 2.0。主族元素的电负性具有较明显的周期性变化规律，而副族元素的电负性数值则较接近，变化规律不明显。f 区的镧系元素的电负性值更为接近。电负性的这种变化规律和元素的金属性与非金属性的变化规律是一致的。

表 4-8　鲍林电负性数据

Li 1.0	Be 1.5					H 2.1						B 2.0	C 2.5	N 3.0	O 3.5	F 4.0
Na 0.9	Mg 1.2											Al 1.5	Si 1.8	P 2.1	S 2.5	Cl 3.0
K 0.8	Ca 1.0	Sc 1.3	Ti 1.5	V 1.6	Cr 1.6	Mn 1.5	Fe 1.8	Co 1.9	Ni 1.9	Cu 1.9	Zn 1.6	Ga 1.6	Ce 1.6	As 2.0	Se 2.4	Br 2.8
Rb 0.8	Sr 1.0	Y 1.2	Zr 1.4	Nb 1.6	Mo 1.8	Tc 1.9	Ru 2.2	Rh 2.2	Pd 2.2	Ag 1.9	Cd 1.7	In 1.7	Sn 1.8	Sb 1.9	Te 2.1	I 2.5
Cs 0.7	Ba 0.9	La~Lu 1.0~1.2	Hf 1.3	Ta 1.5	W 1.7	Re 1.9	Os 2.2	Ir 2.2	Pt 2.2	Au 2.4	Hg 1.8	Tl 1.8	Pb 1.9	Bi 1.9	Po 2.0	At 2.2
Fr 0.7	Ra 0.9	Ac 1.1	Th 1.3	Pa 1.4	U 1.4				Np~No 1.4~1.3							

4.5.4　元素的氧化值

同周期主族元素从左至右最高氧化值逐渐升高，并等于所属族的外层电子数或族数。

副族元素的原子中，除最外层 s 电子外，次外层的 d 电子也可能参加反应。因此，d 区副族元素的最高氧化值一般等于最外层的 s 电子和次外层 d 电子之和（但不大于 8），第Ⅲ～Ⅶ副族元素与主族相似，同周期从左至右最高氧化值也逐渐升高，并等于所属族的族数，ds 区的第Ⅱ副族元素的最高氧化值为 +2，即最外层 s 电子数。而第Ⅰ副族中 Cu、Ag、Au 的最高氧化值分别为 +2、+1、+3，第Ⅷ族中元素除钌和锇外，未发现其他有氧化值为 +8 的化合物。

4.6　化学键

分子或晶体由哪些原子或离子组成，原子或离子相互之间是怎样结合的，分子或晶体的几何构型如何，以及分子之间存在着什么样的作用力等，是分子结构的主要研究内容。

分子或晶体既然能够稳定存在，说明其原子或离子之间存在着强烈的相互作用。化学上把分子或晶体中相邻的 2 个或多个原子或离子之间强烈的相互作用称为化学键。化学键主要有离子键、共价键和金属键（金属键将在本章第 8 节中介绍）等类型。

4.6.1　离子键

1916 年柯塞尔（Kosser）根据稀有气体原子具有稳定结构的事实，提出了离子键理论。根据这一理论，不同的原子相互作用时首先形成具有稳定结构的正、负离子，然后通过静电吸引力形成化合物。

4.6.1.1　离子键的形成和特征

当电负性较小的原子与电负性较大的原子作用时，前者失去电子形成正离子，后者获得电子形成负离子，正、负离子之间由于静电引力而相互吸引，但当它们充分接近时，两种离子的电子云之间又相互排斥，在吸引力与排斥力达到平衡时，整个体系的能量降到最低，正、负离子便稳定地结合形成离子型分子。例如金属钠与氯气的反应，即

$$Na(s) + \frac{1}{2}Cl_2(g) \longrightarrow NaCl(s)$$

NaCl 的形成过程可表示为

$$\left. \begin{array}{l} n\,Na(3s^1) \xrightarrow{-ne^-} n\,Na^+(2s^2 2p^6) \\ n\,Cl(3s^2 3p^5) \xrightarrow{+ne^-} n\,Cl^-(3s^2 3p^6) \end{array} \right\} \xrightarrow{静电引力} n\,NaCl$$

离子键的本质是正、负离子间的静电引力，若近似地把正、负离子的电荷分布看做是球形对称的，则根据库仑定律，带相反电荷（q^+ 和 q^-）的离子间的静电引力 F 与离子电荷的乘积成正比，而与离子间距离（核间距）d 的平方成反比。即

$$F = k\frac{q^+ \cdot q^-}{d^2}$$

由此可见，离子的电荷越大，离子间的距离越小，则离子间的引力越大，形成的化学键越牢固。

由于离子的电荷分布是球形对称的，因此在空间条件许可的情况下，离子可以从不同的方向上尽可能多地吸引带有相反电荷的离子，这说明离子键既无方向性也无饱和性。

4.6.1.2 离子的结构

离子的结构特征主要有 3 个，即离子的电荷、离子的电子层结构和离子半径。

(1) 离子电荷

从离子键的形成过程可以看出，正离子的电荷数就是相应原子失去的电子数；负离子的电荷数就是相应原子获得的电子数。一般来说，离子的电荷数越高，对相反离子的吸引力越大。

(2) 离子的电子层结构

原子得到电子成为负离子时，所得电子总是分布在它的最外电子层上。简单负离子的电子层结构具有稀有气体结构，如 O^{2-}（$2s^2 2p^6$）、Cl^-（$3s^2 3p^6$）等。原子失去电子成为正离子时，一般是能量较高的最外层电子先失去。正离子的电子层结构除了具有稀有气体结构外，还有其他多种结构。大致有下列几种。

① 2 电子构型：最外层为 2 个电子的离子，如 Li^+、Be^{2+} 等。

② 8 电子构型：最外层为 8 个电子的离子，如 Na^+、Ca^{2+} 等。

③ 18 电子构型：最外层为 18 个电子的离子，如 Zn^{2+}、Hg^{2+}、Ag^+ 等。

④ 18+2 电子构型：最外层为 2 个电子，次外层为 18 个电子的离子，如 Pb^{2+}、Sn^{2+} 等。

⑤ 9~17 电子构型：最外层的电子数为 9~17 之间的不饱和构型的离子，如 Fe^{2+}、Cr^{3+}、Mn^{2+} 等.

(3) 离子半径

在离子型晶体中，正、负离子之间保持着一定的平衡距离，这一距离称为核间距，用 d 表示。核间距可看作是正、负离子半径之和，即 $d = r_+ + r_-$。核间距 d 的数值可由实验测得，通常以氟离子（F^-）半径为 133pm 或氧离子（O^{2-}）半径为 132pm 作为标准，根据核间距 d 计算出其他离子半径（见表 4-9）。

表 4-9　离子半径　　　　　　　单位：pm

	Li^+	Be^{2+}													Zn^{2+}	Ga^{3+}			Ce^{2+}	As^{3+}
	68	35													74	62			73	58
F^-	Na^+	Mg^{2+}	Al^{3+}																
133	97	66	51																
Cl^-	K^+	Ca^{2+}	Sc	Ti^{4+}	Cr^{3+}	Mn^{2+}	Fe^{2+}	Fe^{3+}	Co^{2+}	Ni^{2+}	Cu^{2+}	Ag^+	Cd^{2+}	In^{3+}			Sn^{2+}	Sb^{2+}	
181	133	99	73.2	68	63	80	74	64	72	69	72	126	97	81			93	76	
Br^-	Rb^+	Sr^{2+}	外层 9~17 个电子									Hg^{2+}	Tl^{2+}	Tl^+	Pb^{2+}	Bi^{2+}			
196	147	112										110	95	147	120	96			
I^-	Cs^+	Ba^{2+}																	
220	167	134																	
外层 8(或 2) 个电子												外层 18 个电子		外层 18+2 个电子					

离子半径大致有如下一些变化规律。

① 正离子半径较其原子半径小，如 Na 原子的半径是 154pm，而 Na^+ 的离子半径是 97pm。相反，简单负离子半径较其原子半径大，如 Cl 原子的半径是 99pm，而 Cl^- 的离子半径是 181pm。这是由于原子失去电子成为正离子时，有效核电荷增大，对外层电子引力增大，使半径减小。相反，原子得到电子成为负离子时，外层电子增多，有效核电荷减小，对外层电子引力减小，使半径增大。一般来说，正离子半径较小（100～170pm），负离子半径较大（130～250pm）；同一元素形成带不同电荷的正离子时，高价离子的半径小于低价离子的半径，例如 Pb^{2+} 的离子半径是 120pm，而 Pb^{4+} 的离子半径是 84pm。

② 同一主族中，自上而下由于电子层数增多，具有相同电荷数的同族离子的半径则依次增大。例如：

$$r(Li^+) < r(Na^+) < r(K^+) < r(Rb^+) < r(Cs^+)$$
$$r(F^-) < r(Cl^-) < r(Br^-) < r(I^-)$$

③ 同一周期中，自左而右，正离子电荷增多，则离子半径依次减小。例如：

$$r(Na^+) > r(Mg^{2+}) > r(Al^{3+})$$

而负离子的电荷自左而右依次减小，半径也略减小。例如：

$$r(N^{3-}) > r(O^{2-}) > r(F^-)$$

这是由于它们的电子层数相同，而有效核电荷依次递增，电子云趋于收缩的结果。

4.6.2 共价键

离子键理论对电负性相差很大的 2 个原子所形成的分子能较好予以说明，但对同种元素的原子或电负性相差较小的原子所组成的分子（如 H_2、O_2、HCl 等），就显得不适用了。

1927 年海特勒（Heitler）和伦敦（London）成功地把量子力学应用到简单的 H_2 分子结构上，使共价键的本质得到了理论上的解释。后来鲍林等人把这一结果推广到其他分子中，便发展成为近代价键理论。价键理论又称为电子配对法，简称 VB 法。

(1) 共价键的本质

用量子力学处理 H_2 分子的结果表明：当电子自旋方向相同的 2 个氢原子相互靠近时，两核间电子出现的概率密度减小，使系统能量升高 [见图 4-10(a) 曲线]，2 个氢原子间发生相互排斥 [见图 4-11(a)]，因而不可能形成稳定的氢分子；如果 2 个氢原子的未成对电子自旋方向相反，则这 2 个氢原子相互靠近时，两原子核间电子出现的概率密度增大，使系统的能量降低 [见图 4-11(b)]。当 2 个氢原子的核间距 $d = 74pm$（实验值）时，其能量最

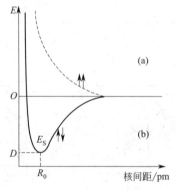

图 4-10 形成氢分子的能量曲线

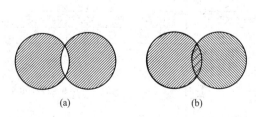

图 4-11 氢分子的两种状态

低，低于孤立的 2 个氢原子的能量之和［见图 4-10(b) 曲线］。此时，2 个氢原子之间形成了稳定的共价键而结合成氢分子。

由以上讨论可知，量子力学阐明的共价键本质是：2 个电子可以相互配对为 2 个原子轨道所共用，2 个未成对电子的自旋方向相反时，2 个原子轨道相互作用而发生重叠，电子云密集于两原子核之间，使系统能量降低而形成稳定的分子。

(2) 价键理论的要点

把量子力学处理氢分子的结果推广到其他分子系统，就形成了价键理论，其基本要点如下。

① 如果原子 A 和 B 各有 1 个未成对电子，且自旋方向相反，当它们相互靠近时，这 2 个电子可以配对形成共价单键，例如 H—H，H—Cl 等；如果原子 A 和 B 各有 2 个或 3 个未成对电子，这些电子可两两配对形成共价双键或共价三键。例如 $O=O$，$N\equiv N$ 等；如果原子 A 有 2 个未成对电子，原子 B 只有 1 个未成对电子，则 1 个 A 原子可以和 2 个 B 原子结合形成 AB_2 分子，例如 H_2O、H_2S 等。

② 原子轨道重叠时，必须考虑原子轨道的"+"、"−"号。只有同符号的原子轨道才能实现有效重叠。轨道的正、负号相当于机械波中的波峰和波谷，2 个同号原子轨道相遇时相互加强，异号原子轨道相遇时相互削弱甚至抵消。原子轨道重叠时总是沿着重叠最多的方向进行，重叠越多，形成的共价键越牢固，这就是原子轨道最大重叠原理。

(3) 共价键的特征

与离子键不同，共价键具有饱和性和方向性。

① 共价键的饱和性：所谓饱和性是指 1 个原子所能形成的共价键的总数是一定的。自旋方向相反的 2 个电子配对之后，就不能再与另 1 个原子中的未成对电子配对。例如 2 个氯原子各有 1 个未成对电子，在形成 Cl_2 后，2 个原子的成单电子都已配对，不能再与第 3 个氯原子的未成对电子配对而形成 Cl_3。

② 共价键的方向性：所谓方向性是指原子轨道重叠时总是沿着重叠最多的方向取向。在形成共价键时，已知 s 轨道在空间呈球形对称，而 p、d、f 等轨道在空间都有一定的伸展方向，所以 s 和 s 轨道可以在任何方向上达到最大程度的重叠，而有 p、d、f 轨道参加的重叠，则只有沿着一定的方向才能发生轨道的最大重叠。例如，形成氯化氢分子时，氢原子的 1s 轨

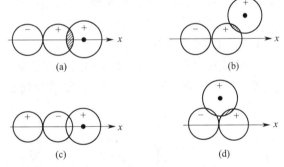

图 4-12　s 和 p_x 轨道的重叠方法

道和氯原子的 $3p_x$ 轨道有 4 种可能的重叠方式（见图 4-12），其中只有采取图 4-12(a) 的重叠方式成键才能使 s 轨道和 p_x 轨道的有效重叠最大。

(4) 共价键的类型

由于原子轨道重叠的方式不同，所以形成不同类型的共价键。共价键可分为 σ 键和 π 键。

若原子轨道沿键轴（即两核连线）方向以"头碰头"方式进行重叠而成键，这种键称为 σ 键。例如 H_2 分子中的 s-s 重叠，HCl 分子中的 s-p_x 重叠，Cl_2 分子中的 p_x-p_x 重叠［见图 4-13(a)］等；若原子轨道沿键轴方向以"肩并肩"方式进行重叠而成键［见图 4-13(b)］，这种键称为 π 键。共价单键一般是 σ 键，在共价双键和三键中，除了 σ 键外，还有 π 键。例如 N_2 分子中的 N 原子有 3 个未成对的 p 电子（即 p_x、p_y、p_z），如果 2 个 N 原子以 p_x 轨道沿键轴方向以"头碰头"方式重叠形成 1 个 σ 键，则其余的 p_y-p_y 和 p_z-p_z 只能以"肩并

肩"的方式重叠而形成 2 个相互垂直的 π 键（见图 4-14）。

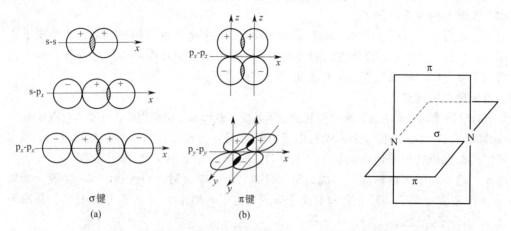

图 4-13　σ 键和 π 键

图 4-14　氮分子中的三键

一般来说，π 键没有 σ 键牢固，比较容易断裂。因为 π 键轨道重叠部分不像 σ 键那样集中在两核的连线上，所以原子核对 π 电子的束缚力较小，电子运动的自由性较大。因此含双键或三键的化合物（如不饱和烃）一般容易参加反应。

4.6.3　杂化轨道和分子结构

价键理论阐明了共价键的形成过程和本质，能较好地解释许多双原子分子的结构，但在解释多原子分子的空间构型时却出现了矛盾。例如 CH_4 分子为正四面体的空间构型，键角为 $109°28'$，但 C 原子的电子层结构为 $1s^2 2s^2 2p^2$，只有 2 个未成对电子，根据共价键的饱和性，C 原子只能形成 2 个共价单键，键角应为 $90°$，这显然与事实不符。1931 年鲍林在价键理论的基础上提出了杂化轨道理论，较好地解释了多原子分子的空间构型。

4.6.3.1　杂化轨道理论的要点

① 在成键过程中，由于原子间的相互影响，同一原子中某些不同类型而能量相近的原子轨道可以"混合"起来，重新分配能量和确定空间方向，组合成一组新的原子轨道，从而改变了原有轨道的状态，这一过程称为原子轨道的杂化。杂化后形成的新轨道称为杂化轨道。

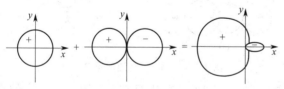

图 4-15　sp 杂化轨道的形成

② 杂化轨道比原来未杂化的轨道成键能力强。成键能力的相对大小可以通过轨道图形给予说明。如图 4-15 所示，sp 杂化轨道的形状与原来的 s 和 p 轨道都不相同，其形状一头大一头小，成键时用较大的一头进行轨道重叠，因而成键能力更强，形成的共价键更稳定。

③ 杂化轨道的数目等于参与组合的原子轨道数。每个杂化轨道都含有参与组合的各原子轨道成分，且在所有杂化轨道中，各原子轨道成分之和等于 1。

4.6.3.2　杂化轨道的类型和分子的空间构型

根据参与杂化的原子轨道的种类和数目的不同，可分为不同的杂化类型。

（1）sp 杂化和 $BeCl_2$ 分子的空间构型

sp 杂化轨道是由 1 个 ns 轨道和 1 个 np 轨道组合而成的，每个 sp 杂化轨道含 1/2 s 成分

和 1/2p 成分。例如 $BeCl_2$ 分子，其中心原子为 Be 原子，基态 Be 原子的价电子层构型为
$2s^2$，杂化轨道理论认为，成键时 Be 原子的 1 个 2s 电子被激发到 1 个空的 2p 轨道上，形成
价电子层构型为 $2s^1 2p^1$ 的激发态，激发态 Be 原子的 2s 轨道和 1 个 2p 轨道进行杂化，形成
2 个等同的 sp 杂化轨道，2 个 sp 杂化轨道的夹角为 180°，呈直线形。（见图 4-16）。

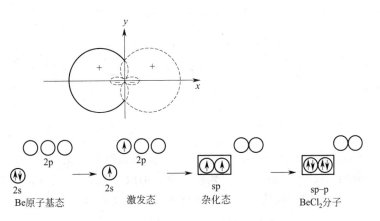

图 4-16 $BeCl_2$ 中 Be 原子的 sp 杂化

Be 原子以 2 个 sp 杂化轨道分别与 Cl 原子的 3p 轨道重叠，形成 2 个 sp-p 的 σ 键，键角
为 180°，所以 $BeCl_2$ 分子的空间构型为直线形。

（2）sp^2 杂化和 BF_3 分子的空间构型

sp^2 杂化轨道是由 1 个 ns 轨道和 2 个 np 轨道组合而成的，每个 sp^2 杂化轨道含有 1/3s 成
分和 2/3p 成分。例如 BF_3 分子，其中心原子为 B 原子，基态 B 原子的价电子层构型为
$2s^2 2p^1$，在成键过程中，B 原子的 1 个 2s 电子被激发到 1 个空的 2p 轨道上，形成价电子层
构型为 $2s^1 2p^2$ 的激发态，2s 轨道和 2 个 2p 轨道进行杂化，形成 3 个等同的 sp^2 杂化轨道
（见图 4-17）。

图 4-17 BF_3 中 B 原子的 sp^2 杂化

3 个 sp^2 杂化轨道间的夹角互成 120°，呈平面三角形 [见图 4-18(a)]。B 原子以 3 个
sp^2 杂化轨道分别与 F 原子的 2p 轨道重叠，形成 3 个 sp^2-p 的 σ 键，键角互成 120°，所以
BF_3 分子的空间构型为平面三角形 [见图 4-18(b)]。

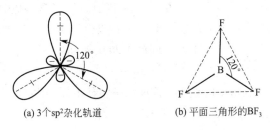

(a) 3 个 sp^2 杂化轨道 　　　　(b) 平面三角形的 BF_3

图 4-18 sp^2 杂化轨道和 BF_3 分子构型

（3）sp^3 杂化和 CH_4 分子的空间构型

sp^3 杂化轨道是由 1 个 ns 轨道和 3 个 np 轨道组合而成的，每个 sp^3 杂化轨道含 1/4s 成分和 3/4p 成分。例如 CH_4 分子，中心原子 C 的基态价电子层构型为 $2s^2 2p^2$，在成键过程中，C 原子的 1 个 2s 电子被激发到 1 个空的 2p 轨道上，形成价电子层构型为 $2s^1 2p^3$ 的激发态，激发态 C 原子的 2s 轨道和 3 个 2p 轨道进行杂化，形成 4 个等同的 sp^3 杂化轨道（见图 4-19）。

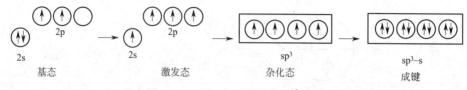

图 4-19 CH_4 中 C 原子的 sp^3 杂化

4 个 sp^3 杂化轨道在空间互成 $109°28'$ 夹角，呈正四面体形 [见图 4-20(a)]。C 原子以 4 个 sp^3 杂化轨道分别与 4 个 H 原子的 1s 轨道重叠，形成 4 个 sp^3-s 的 σ 键，键角在空间互成 $109°28'$。所以 CH_4 分子的空间构型为正四面体形 [见图 4-20(b)]。

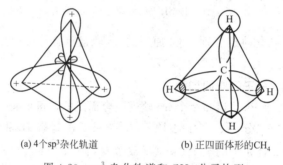

(a) 4 个 sp^3 杂化轨道   (b) 正四面体形的 CH_4

图 4-20 sp^3 杂化轨道和 CH_4 分子构型

（4）sp^3 不等性杂化和 NH_3、H_2O 分子的空间构型

前述的 sp、sp^2 和 sp^3 杂化中，参与杂化的轨道都含有未成对电子，每种杂化所形成的杂化轨道的性质完全相同，所以这类杂化称为等性杂化。但轨道杂化并非仅限于含未成对电子的原子轨道，含有孤对电子的原子轨道也可以和含未成对电子的轨道杂化，这时所形成的杂化轨道的性质不完全相同。这种由于孤对电子的存在，使各个杂化轨道的性质不完全相同的杂化称为不等性杂化。例如，NH_3 分子和 H_2O 分子中的轨道杂化就属于不等性杂化。

在 NH_3 分子形成过程中，中心原子 N 的 1 个 2s 轨道和 3 个 2p 轨道杂化，形成 4 个 sp^3 杂化轨道。其中 3 个含未成对电子的杂化轨道分别与 3 个 H 原子的 1s 轨道重叠，形成 3 个 N—H 键。而另 1 个杂化轨道含有 1 对电子，不参与成键，称为孤对电子。孤对电子的电子云比较密集于 N 原子附近，其形状更接近于 s 轨道，所以含 s 成分较多，含 p 成分较少，而成键电子占据的杂化轨道中含 s 成分较少，含 p 成分较多。由于孤对电子对成键电子所占据的杂化轨道有排斥作用，使 N—H 键之间的夹角压缩到 $107°18'$。因此，NH_3 分子的空间构型为三角锥形 [见图 4-21(a)]。

在 H_2O 分子中，由于 O 原子有两对孤对电子，使 O—H 键之间的夹角压缩到 $104°45'$。因此 H_2O 分子的空间构型为 "V" 字形 [见图 4-21(b)]。

由 s 轨道和 p 轨道形成的杂化轨道和分子的空间构型列于表 4-10 中。

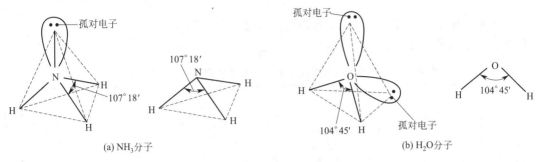

图 4-21　NH₃ 和 H₂O 分子的空间构型

表 4-10　一些杂化轨道（s-p 型）分子空间构型

杂化轨道类型	sp	sp²	sp³	sp³（不等性）	
参加杂化轨道	1个 s,1个 p	1个 s,2个 p	1个 s,3个 p	1个 s,3个 p	
杂化轨道数	2	3	4	4	
成键轨道夹角 θ	180°	120°	109°28′	90°<θ<109°28′	
空间构型	直线形	平面三角形	正四面体形	三角锥形	"V"字形
实例	BeCl₂　HgCl₂	BF₃ BCl₃	CH₄ SiCl₄	NH₃ PH₃	H₂O H₂S

4.7　分子间力与氢键

分子间力与化学键不同，它是指分子与分子之间存在着的一种较弱的作用力。气体分子的液化和液体分子的凝固等现象，主要靠分子间的作用力。分子间力也称为范德华力。范德华力是决定物质的熔点、沸点、溶解性等物理性质的重要因素。

分子间的作用力与分子的极性密切相关。

4.7.1　分子的极性和分子的极化

（1）分子的极性

在分子中，由于原子核所带正电荷的电量和电子所带负电荷的电量是相等的，所以整个分子呈电中性。但根据分子内部正、负电荷的分布情况，可把分子分为极性分子和非极性分子两类。设想在分子中正、负电荷都有一个"电荷中心"，则正、负电荷中心重合的分子称为非极性分子，正、负电荷中心不重合的分子称为极性分子。

分子的极性与键的极性有关。对于双原子分子，键的极性决定着分子的极性。由同种元素组成的双原子分子（如 H₂、N₂、O₂、Cl₂ 等），键无极性，所以为非极性分子；由不同元素组成的双原子分子（如 HF、HCl、HBr、HI 等），键为极性键，所以为极性分子。对于多原子分子，分子的极性除与键的极性有关外，还与分子的空间结构是否对称有关。例如 CO₂ 分子，C＝O 键是极性键，但由于分子为对称的直线形结构，键的极性互相抵消，正、负电荷中心重合，所以为非极性分子。在 H₂O 和 NH₃ 分子中，O—H、N—H 键为极性键，分子分别为不对称的"V"字形和三角锥形结构，正、负电荷中心不重合，所以 H₂O 和 NH₃ 分子都为极性分子。

分子的极性可以用电偶极矩来衡量。电偶极矩 μ 定义为分子中正、负电荷中心间的距离 d 与正、负电荷中心所带的电量 q 的乘积。即

$$\mu = qd \qquad (4\text{-}7)$$

分子电偶极矩的数值可以通过实验测出，它的单位是 C·m（库·米）。表 4-11 列出了一些物质分子的电偶极矩和分子的空间构型。

表 4-11　一些物质分子的电偶极矩和分子的空间构型（在气相中）

物质	电偶极矩 $\mu/(10^{-30}\text{C·m})$	分子空间构型	物质	电偶极矩 $\mu/(10^{-30}\text{C·m})$	分子空间构型
H_2	0	直线形	H_2S	3.07	V 字形
CO	0.33	直线形	H_2O	6.24	V 字形
HF	6.40	直线形	SO_2	5.34	V 字形
HCl	3.62	直线形	NH_3	4.34	三角锥形
HBr	2.60	直线形	BCl_3	0	平面三角形
HI	1.27	直线形	CH_4	0	正四面体形
CO_2	0	直线形	CCl_4	0	正四面体形
CS_2	0	直线形	$CHCl_3$	3.37	四面体形
HCN	9.94	直线形	BF_3	0	平面三角形

根据电偶极矩数值可以比较分子极性的相对强弱，电偶极矩数值越大，表示分子的极性越强。电偶极矩等于零的分子为非极性分子。

（2）分子的极化

如果把非极性分子放在电极的平板之间，在外电场的影响下，带正电荷的核向负电极偏移，核外电子（或电子云）向正电极偏移，结果使核和电子云发生相对位移，分子发生变形，导致原来重合的正电荷中心与负电荷中心彼此分离，使分子产生了偶极（见图 4-22）。这一过程称为分子的极化，所形成的偶极称为诱导偶极。当外电场取消时，则诱导偶极消失，分子重新变为非极性分子。

外界电场对极性分子也有影响。由于极性分子本身存在着偶极（称为固有偶极），在外电场作用下，它的正极被引向外电场的负极，负极被引向外电场的正极。极性分子的偶极有秩序地取向一定的方位（见图 4-23），这种作用称为取向作用。同时，在电场作用下，分子发生变形而产生诱导偶极。这时，极性分子由于诱导偶极加上固有偶极，使极性增强。因此，极性分子的极化是分子的取向和变形的总结果。

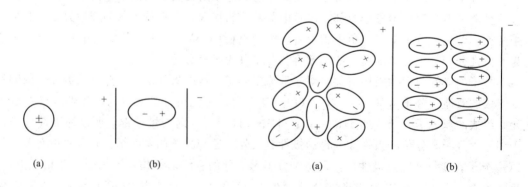

图 4-22　非极性分子的极化　　　　　　　图 4-23　极性分子的取向

4.7.2　分子间力

分子间力一般包括色散力、诱导力和取向力三部分。

（1）色散力

当非极性分子相互靠近时（见图 4-24），由于电子的不断运动和原子核的不断振动，要使每一瞬间正、负电荷中心都重合是不可能的。因此，在每一个瞬间都会有偶极存在，这种偶极称为瞬时偶极。

瞬时偶极总是处于异极相邻的状态。由瞬时偶极之间产生的吸引力称为色散力。虽然瞬时偶极存在的时间极短，但异极相邻的状态总是不断地重复着，使得分子间始终存在着色散力。

图 4-24 非极性分子相互作用   图 4-25 非极性分子与极性分子相互作用

（2）诱导力

当极性分子和非极性分子相互靠近时（见图 4-25），除存在色散力外，由于非极性分子受极性分子电场的影响而被极化，产生诱导偶极。由诱导偶极和极性分子的固有偶极之间产生的吸引力称为诱导力。同时，诱导偶极又作用于极性分子，使偶极长度增加，极性增强，从而进一步加强了它们之间的吸引。

（3）取向力

当极性分子相互靠近时（见图 4-26），除存在色散力外，由于它们固有偶极之间的同极相斥，异极相吸，使它们在空

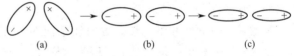

图 4-26 极性分子相互作用

间按异极相邻状态取向。由固有偶极之间的取向而产生的分子间力称为取向力。由于取向力的存在，使极性分子更加靠近，同时在相邻分子的固有偶极作用下，使每个分子的正、负电荷中心更加分开，产生诱导偶极，因此在极性分子之间还存在着诱导力。

总之，在非极性分子之间只有色散力，在极性分子和非极性分子之间存在着色散力和诱导力，在极性分子之间存在着色散力、诱导力和取向力。色散力在各种分子间都有，而且一般也是最主要的。只有当分子的极性很大（如 H_2O 分子）时，才以取向力为主。而诱导力一般较小，如表 4-12 所列。

表 4-12 分子间作用能的分配

物质分子	取向力 $kJ \cdot mol^{-1}$	诱导力/$kJ \cdot mol^{-1}$	色散力/$kJ \cdot mol^{-1}$	总作用力/$kJ \cdot mol^{-1}$
H_2	0	0	0.17	0.17
Ar	0	0	8.49	8.49
Xe	0	0	17.41	17.41
CO	0.003	0.008	8.74	8.75
HCl	3.30	1.10	16.82	21.22
HBr	1.09	0.71	28.45	30.25
HI	0.59	0.31	60.54	61.44
NH_3	13.30	1.55	14.73	29.58
H_2O	36.36	1.92	9.00	47.28

分子间力普遍存在于各种分子之间，其强度较小（一般为 $0.2 \sim 50 kJ \cdot mol^{-1}$），与共价

键的键能（一般为 $100\sim450kJ\cdot mol^{-1}$）相比小 $1\sim2$ 个数量级。分子间力没有方向性和饱和性。分子间力的作用范围很小（$300\sim500pm$），它随分子之间距离的增大而迅速减弱，因此分子间力是一种近距离的作用力。分子间力一般随相对分子质量的增大而增大。因为相对分子质量越大，分子体积就越大，因而变形性越大，则分子间的色散力越强。例如，卤素单质的熔点、沸点随相对分子质量的增大而升高，所以在常温下，F_2、Cl_2 为气体，Br_2 和 I_2 分别为液体和固体。

4.7.3 氢键

当 H 原子与电负性较大、半径较小的 X（如 F、O、N）原子形成共价键时，由于键的极性很强，共用电子对强烈地偏向 X 原子一边，使得 H 原子几乎成为"裸露"的质子，因此它还能吸引另 1 个电负性较大、半径较小的 Y 原子的孤对电子而形成氢键。简单示意如下：

$$X\text{—}H\cdots Y$$
$$\uparrow\qquad\uparrow$$
$$\text{共价键 氢键}$$

X 和 Y 可以是同种元素的原子（如 O—H$\cdots$O，N—H$\cdots$N），也可以是不同元素的原子（N—H$\cdots$O）。

能形成氢键的物质相当广泛，例如 HF、H_2O、NH_3、无机含氧酸、有机酸、醇、胺、蛋白质等物质的分子间都存在着氢键。不仅分子间可形成氢键，分子内也可以形成氢键，例如硝酸和水杨酸分子内都有氢键形成。

氢键具有方向性和饱和性。方向性是指 Y 原子与 X—H 形成氢键时，在可能范围内要尽量使 X—H$\cdots$Y 在一条直线上。因为这样所形成的氢键最强；饱和性是指每 1 个 X—H 只能与 1 个 Y 原子形成氢键。因为 H 原子很小，而 X 和 Y 原子都较大，如果另 1 个 Y 接近，则受到 X—H$\cdots$Y 中的 X 和 Y 的排斥力比受到 H 的吸引力大。例如 HF 中氢键结构如下：

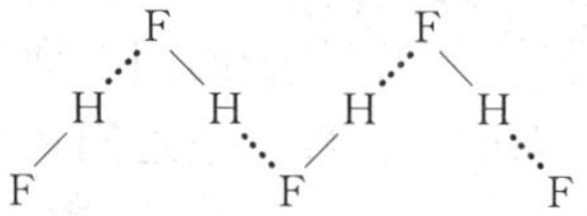

氢键的键能一般小于 $40kJ\cdot mol^{-1}$，比化学键的键能小得多，而与分子间力的能量较为接近，属分子间力的范畴。如果物质的分子间存在氢键，会使分子间作用力大大加强，从而对物质的性质（如熔点、沸点、溶解性等）产生明显的影响。

4.7.4 分子间作用力对物质性质的影响

由共价型分子组成的物质的物理性质如熔点、沸点、溶解性等与分子的极性、分子间力以及氢键有关。举例说明如下。

(1) 物质的熔点和沸点

由共价型分子以分子间力（有的还有氢键）结合成的物质，因分子间的相互作用力较弱，所以这类物质的熔点都较低。从表 4-13 可看出，对于同类型的物质，其熔点一般随摩尔质量（或相对分子质量）的增大而升高。这主要是由于在同类型的这些物质中，分子的体积一般随摩尔质量的增加而增大，从而使分子间的色散力随摩尔质量的增大而增强。这些物质的沸点变化规律与熔点类似。

含有氢键的物质的熔点、沸点，比同类型无氢键存在的物质要高。例如，第Ⅶ主族元素的氢化物的熔点、沸点随摩尔质量增大而升高（HF、HCl、HBr、HI 的沸点分别为 20℃、−85℃、−57℃、−36℃），但 HF 因分子间存在氢键，其熔点、沸点比同类型氢化物要高，呈现出反常现象。第 V、VI 主族元素的氢化物的情况也类似。

表 4-13　某些物质的摩尔质量对物质熔点沸点的影响

物质	摩尔质量/g·mol^{-1}	熔点/℃	沸点/℃
CH_4（天然气主要组分）	16.04	−182.0	−164
正 C_8H_{18}（汽油组分）	114.23	−56.8	125.7
正 C_8H_{18}（汽油组分）	184.37	−5.5	235.4
正 C_8H_{18}（汽油组分）	226.45	18.1	287

（2）物质的溶解性

影响物质在溶剂中溶解程度的因素较复杂。一般来说，"相似者相溶"是 1 个简单而较有用的经验规律。即极性溶质易溶于极性溶剂，非极性（或弱极性）溶质溶于非极性（或弱极性）溶剂。溶质与溶剂的极性越相近，越易互溶。例如，碘易溶于苯或四氯化碳，而难溶于水。这主要是因为碘、苯和四氯化碳等都为非极性分子，分子间存在着相似的作用力（都为色散力），而水为极性分子，分子之间除主要存在取向力外还有氢键，因此碘难溶于水。

通常用的溶剂一般有水和有机物两类。水是极性较强的溶剂，它既能溶解多数强电解质如 HCl、NaOH、K_2SO_4 等，又能与某些极性有机物如丙酮、乙醚、乙酸等相溶。这主要是由于这些强电解质（离子型化合物或极性分子化合物）与极性分子 H_2O 能相互作用而形成正、负水合离子；而乙醚和乙酸等分子不仅有极性，且其氧原子借孤对电子能与水分子中的 H 原子形成氢键，因此它们也能溶于水。但强电解质却难被非极性分子的有机溶剂所溶解，或者说非极性溶剂分子难以克服这些电解质本身微粒间的作用力，而使它们分散而溶解。

有机溶剂主要有两类：一类是非极性和弱极性溶剂，如苯、甲苯、汽油以及四氯化碳、三氯甲烷、三氯乙烯、四氯乙烯和某些卤代烃等。它们一般难溶或微溶于水，但都能溶解非极性或弱极性的有机物如机油、润滑油。因此，在机械和电子工业中常用来清洗金属部件表面的润滑油等矿物性油污；另一类是极性较强的有机溶剂，如乙醇、丙酮以及低分子量的羧酸等。这类溶剂的分子中，既包含有羟基（—OH）、羰基（ $\diagdown \!\!\!\!\diagup$ C=O）、羧基（—COOH）这类极性较强的基团，并且还含有烷基类基团，前者能与极性溶剂如水相溶，而后者则能溶解于弱极性或非极性的有机物如汽油、卤代烃等。根据这一特点，在金属部件清洗过程中，往往先以甲苯、汽油或卤代烃等除去零件表面的油污（主要是矿物油），然后再以这类极性溶剂（如丙酮）洗去残留在部件表面的非极性或弱极性溶剂，最后以水洗净。为使其尽快干燥，可将经水洗后的部件用少量乙醇擦洗表面，以加速水分挥发。这一清洗过程主要依赖于分子间相互作用力的相似，即"相似相溶"的规律。

4.8　晶体结构简介

4.8.1　晶体的特征

物质常以气态、液态和固态三种形态存在。固态物质可分为晶体和非晶体（无定形体）两类，但绝大多数都是晶体。从微观上说，晶体是指组成物质的微粒（离子、分子、原子）

在空间有规律地排列而成的固体，由于内部结构的这种规律使晶体具有以下 3 个宏观特征。

① 有一定的几何外形。由于生成晶体的实际条件不同，所得晶体在外形上可能发生某些缺损，但晶面间的夹角（称晶角）总是不变的。

② 有固定的熔点。

③ 表现各向异性。即在各个方向上的物理性质（如导热性、热膨胀、导电性、折光率、机械强度等）是不一样的。如云母特别容易沿着和底面平行的方向，平行分裂成很薄的薄片；石墨的导电性能，在与层平行方向上的导电率与层垂直方向上的导电率之比为 $10^4 : 1$。非晶体则无一定的外形和固定的熔点，加热时先软化，随温度的升高，流动性逐渐增强，直至熔融状态。非晶体往往是各向同性的。

晶体结构的 X 射线衍射研究表明，组成晶体的结构粒子在晶体内部是有规律地排列在一定点上的，这些在空间有规律排列的点形成的空间格子称为晶格。晶格中排有微粒的那些点称为格点（或称为结点）。能够代表晶体结构特征的最小组成部分，也即晶格中的最小重复单位称为晶胞。晶胞在空间无限重复排列就形成了晶格，晶体是具有晶格结构的固体，因此晶体的性质与晶胞的大小、形状和组成有关。

4.8.2 晶体的基本类型

按晶格格点上微粒间作用力的不同，晶体可分为离子晶体、原子晶体、分子晶体、金属晶体、混合型晶体、过渡型晶体几种类型。

(1) 离子晶体

格点上交替排列着正、负离子，其间以离子键结合而构成的晶体称为离子晶体。典型的离子晶体主要是由活泼金属元素与活泼非金属元素形成的离子型化合物。例如 Cl^- 和 Na^+ 可形成 NaCl 离子型晶体。

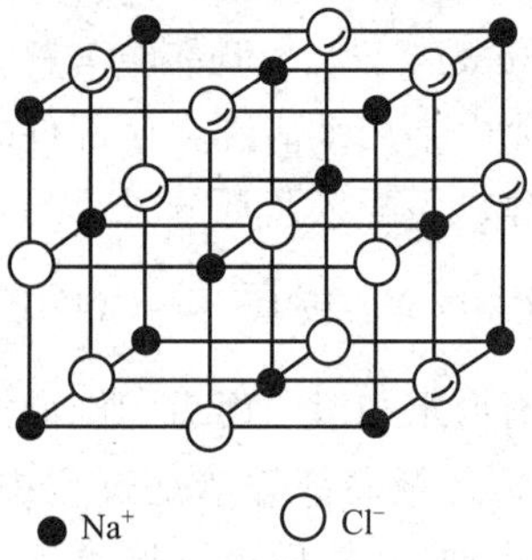

● Na⁺   ○ Cl⁻

图 4-27　氯化钠晶体
结构示意图

由于离子键不具有饱和性和方向性，所以在离子晶体中各离子将尽可能多地与异号离子接触，以使系统尽可能处于最低能量状态而形成稳定的结构。例如在氯化钠晶体中，每个钠离子被六个氯离子所包围，同样每个氯离子也被六个钠离子所包围，交替延伸为整个晶体（见图 4-27）。所以在食盐晶体中并不存在单个的氯化钠（NaCl）分子，仅有钠离子和氯离子，只有在高温蒸气中才能以单分子形式存在。

在离子晶体中，正负离子之间有很强的静电作用，离子键的键能比较大，所以离子晶体都具有较高的熔点、沸点和硬度。这些特性都与离子型晶体的晶格能的大小有关。在标准状态下，将 1mol 离子型晶体中的离子分成相互远离的气态离子时的焓变，称为离子型晶体的晶格能，简称晶格能（也称为点阵能）。用 $\Delta_u H_m^{\ominus}$ 表示，单位 $kJ \cdot mol^{-1}$。晶格能的大小与正、负离子的电荷（分别以 Z_+、Z_- 表示）和正、负离子半径（分别以 r_+、r_- 表示）有关，即

$$\Delta_u H_m^{\ominus} \propto \frac{|Z_+ \cdot Z_-|}{r_+ + r_-}$$

晶格能愈大，晶体熔点愈高，硬度愈大。大多数离子晶体溶于极性溶剂中，特别是水中，而不溶于非极性溶剂中。离子晶体在熔融状态或是在水溶液中都是电的良导体，但在固体状

态，离子被局限在晶格的某些位置上振动，因而几乎不导电。离子晶体虽硬但比较脆，这是因为晶体在受到冲击力时，各层离子发生错动，则吸引力大大减弱而破碎。一些离子化合物的性质如表 4-14 所列。

表 4-14　一些离子化合物的性质

晶体(NaCl 型)	离子电荷	$r_+ + r_-$/pm	熔点/℃	晶格能/kJ·mol^{-1}	莫氏硬度
NaF	1	230	993	891.19	3.2
NaCl	1	278	801	771	
NaBr	1	293	747	733	
NaI	1	317	661	684	
MgO	2	198	2852	3889	5.6～6.5
CaO	2	231	2614	3513	4.5
SrO	2	244	2430	3310	3.8
BaO	2	266	1918	3152	3.3

（2）原子晶体

组成晶格的格点上排列的微粒是原子，原子间以共价键结合构成的晶体称为原子晶体。在金刚石中，碳原子形成 4 个 sp^3 杂化轨道，以共价键彼此相连，每个碳原子都处于与它直接相连的 4 个碳原子所组成的正四面体的中心，组成了一整块晶体，所以在原子晶体中也不存在单个的小分子，见图 4-28。

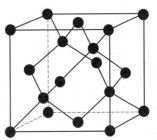

图 4-28　金刚石结构示意图

周期系第Ⅳ主族元素碳（金刚石）、硅、锗、锡（灰锡）等单质的晶体是原子晶体；周期系第Ⅲ、Ⅳ、Ⅴ主族元素彼此组成的某些化合物，如碳化硅（SiC）、氮化铝（AlN）、石英（SiO$_2$）也是原子晶体，其晶体结构如图 4-29 所示，每一个硅原子位于四面体的中心，每一个氧原子与 2 个硅原子相连，硅氧原子个数比为 1：2。

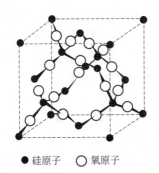

●硅原子　○氧原子

图 4-29　石英的晶体结构

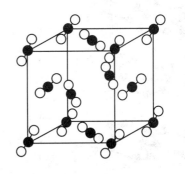

图 4-30　二氧化碳的晶体结构

原子晶体格点上的微粒是通过共价键结合起来的，结合力极强，所以原子晶体的熔点极高，硬度极大，不导电，不溶于常见的溶剂中，延展性差。如金刚石熔点高达 3750℃，硬度最大（莫氏硬度 10）。

原子晶体同离子晶体一样，没有单个分子存在，化学式 SiC、SiO$_2$ 等只代表晶体中各种元素原子数的比例。

（3）分子晶体

格点上排列的微粒为共价分子或单原子分子，微粒间以分子间力或氢键结合构成的晶体称为分子晶体。分子晶体通常包括非金属单质以及由非金属之间（或非金属与某些金属）所形成的化合物。固体二氧化碳（又称为干冰）是分子晶体。如图 4-30 所示，CO_2 分子分别占据立方体的八个顶角和六个面的中心位置，它们之间靠微弱的范德华力结合在一起。二氧化碳气体在低于 300K 时，加压容易液化。液态二氧化碳自由蒸发时，一部分冷凝成固体二氧化碳。常压下，194.5 K 时固体二氧化碳直接升华为气态 CO_2 分子。

分子间力比分子内部原子间的作用力弱得多，克服分子间的结合力所需的能量是比较小的，所以分子晶体一般具有较低的熔点，硬度小，易挥发。一些分子晶体溶于水后生成水合离子而能导电。如 HCl 晶体、HAc 晶体等。

（4）金属晶体

格点上排列的微粒为金属原子或正离子，这些原子或正离子和从金属原子上脱落下来的自由电子以金属键结合构成的晶体称为金属晶体。金属晶体犹如大小相同的钢球堆积而成紧密的结构。

金属原子的半径较大，外层价电子受原子核的吸引力较小，容易失去电子，形成正离子。在这些正离子中间存在着从原子上脱落下来的电子，这些电子能够在离子晶格中自由运动，称为自由电子。由于自由电子不停地运动，把原子或离子联系在一起，形成金属键。金属键没有方向性和饱和性，在空间许可的条件下，每个金属原子或离子尽可能多地与其他金属原子或离子堆积。所以金属结构一般总是按紧密的方式堆积起来，具有较大的密度。金属是热和电的良导体。金属受到外力作用时，金属原子层之间发生相对位移，但金属键并没有断裂，因此金属具有延展性。自由电子可吸收可见光，随即又放射出来，所以金属一般呈银白色。不同金属单质的金属键强度差异很大，因此金属单质的熔点和硬度相差较大。熔点最高的是钨（3410℃），最低的是汞（-38.87℃），硬度最大的是铬（莫氏硬度为 9.0），最小的是铯（莫氏硬度为 0.2）。

（5）混合型晶体

晶格格点上微粒间同时存在几种作用力，这样所形成的晶体称为混合型晶体。石墨是典型的层状晶体。在石墨分子中，同层的碳原子以 sp^2 杂化形成 3 个 sp^2 杂化轨道，每个碳原子与另外 3 个碳原子形成 C—C σ 键，键长 142pm，键角 120°，6 个碳原子在同一平面上形成正六边形的环，伸展形成片层结构（图 4-31）。在同一平面的碳原子还各剩 1 个含 1 个电子的 2p 轨道，垂直于该平面，这些相互平行的 p 轨道可以相互重叠形成遍及整个平面层的离域大 π 键。由于大 π 键的离域性，电子能沿着每一个平面层方向自由运动，使石墨具有良好的导电性、传热性和一定的光泽。

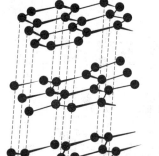

图 4-31 石墨的层状结构

石墨晶体中层与层之间是以微弱的范德华力结合起来的，距离较大，为 340pm。所以，石墨片层之间容易滑动。但是，由于同一平面层上的碳原子间结合力很强，极难破坏，所以石墨的熔点也很高，化学性质也很稳定。

（6）过渡型晶体

① 微观结构特点 晶体的晶格格点上的微粒是离子或分子，微粒间的作用力介于离子键和共价键。

由于离子的极化作用，使晶体格点上微粒之间的键型发生了变异，使离子键向共价键过渡，从而形成过渡型晶体．

② 离子极化理论

a. 正离子和负离子均可看成球形对称，正负电荷重心重合于离子中心。

b. 当正离子和负离子接近时，各自在相反电场的影响下发生变形而极化——正、负两极分开。使异号离子极化而变形的作用叫做离子的极化作用。受异号离子的极化作用而发生变形的性质叫离子的变形性。

c. 由于正离子半径较负离子小，较难变形，一般只考虑正离子的极化作用和负离子的变形性。正离子的极化作用大小，与正离子的电荷、半径、电子构型有关。正离子电荷越高，半径越小，它的极化能力越强；负离子电荷越高，半径越大，变形性越大。

d. 离子极化的结果

由于离子的极化作用，使正、负离子的原子轨道或电子云产生变形，导致原子轨道的相互重叠，电子配对共用，使晶体格点上微粒之间的键型发生了变异，趋向于生成极性较小的键，即离子键向共价键转变，离子晶体向分子晶体过渡，从而形成过渡型晶体。例如，由于 Fe^{3+} 比 Fe^{2+} 极化能力强，Fe^{3+} 和 Fe^{2+} 与 Cl^- 形成氯化物时，$FeCl_2$ 是离子键，而 $FeCl_3$ 则显示向共价键过渡，其晶体类型也由离子晶体向分子晶体过渡，故 $FeCl_3$ 的熔点（306℃）比 $FeCl_2$ 的熔点（672℃）还要低。

过渡型晶体的这个特性在工程实际中应用较广。过渡型晶体二碘化钨（WI_2）熔点低易挥发，在灯管中加入少量 I_2 可制得碘钨灯。当钨丝受热温度维持在 250～650℃ 时，钨升华到灯管壁与 I_2 生成 WI_2，WI_2 在整个灯管内扩散，碰到高温钨丝便重新分解，并把钨留在灯丝上，这样循环不息，可以大大提高灯的发光率和寿命。如果把金属钨改成稀土元素镝、钬，同样的道理可提高灯的发光效率和寿命，而且由于镝和钬的原子能级多，受激发放出与太阳接近的多种颜色的原子发射光谱而成为太阳灯。

 思考题

1. 核外电子运动为什么不能准确测定？

2. n、l、m 3 个量子数的组合方式有何规律？这 3 个量子数各有何物理意义？

3. 什么是原子轨道和电子云？原子轨道与轨迹有什么区别？

4. 比较波函数的角度分布图与电子云的角度分布图的异同点。

5. 多电子原子的轨道能级与氢原子的有什么不同？

6. 有无以下的电子运动状态？为什么？

(1) $n=1$，$l=1$，$m=0$；

(2) $n=2$，$l=0$，$m=\pm 1$；

(3) $n=3$，$l=3$，$m=\pm 3$；

(4) $n=4$，$l=3$，$m=\pm 2$。

7. 在长式周期表中是如何划分 s 区、p 区、d 区、ds 区、f 区的？每个区所有的族数与 s、p、d、f 轨道可分布的电子数有何关系？

8. 指出下列说法的错误。

(1) 氯化氢（HCl）溶于水后产生 H^+ 和 Cl^-，所以氯化氢分子是由离子键形成的。

（2）CCl_4 和 H_2O 都是共价型化合物，因 CCl_4 的相对分子质量比 H_2O 大，所以 CCl_4 的熔点、沸点比 H_2O 高。

（3）色散力仅存在于非极性分子之间。

（4）凡是含有氢的化合物都可以形成氢键。

 习题

1. 判断题

（1）s 电子绕核旋转其轨道为 1 个圆周，而 p 电子是走"8"字形。（   ）

（2）当主量子数 $n=1$ 时，有自旋相反的两条轨道。（   ）

（3）多电子原子轨道的能级只与主量子数有关。（   ）

（4）当 $n=4$ 时，其轨道总数为 16，电子最大容量为 32。（   ）

（5）所有高熔点物质都是原子晶体。（   ）

（6）分子晶体的水溶液都不导电。（   ）

（7）离子型化合物的水溶液都能很好地导电。（   ）

（8）基态原子价电子层未成对电子数等于该原子能形成的共价单键数，此即所谓的饱和性。（   ）

（9）两原子以共价键结合时，化学键为 σ 键；以共价多重键结合时，化学键均为 π 键。（   ）

（10）所谓 sp^3 杂化，是指 1 个 s 电子与 3 个 p 电子的混杂。（   ）

2. 选择题

（1）已知某元素＋2 价离子的电子分布式为 $1s^2 2s^2 2p^6 3s^2 3p^6 3d^{10}$，该元素在周期表中所属的区为（   ）。

A. s 区　　　　　　　B. d 区　　　　　　　C. ds 区　　　　　　D. p 区

（2）确定基态碳原子中两个未成对电子运动状态的量子数分别为（   ）。

A. 2，0，0，$+1/2$；2，0，0，$-1/2$　　B. 2，1，1，$+1/2$；2，1，1，$-1/2$

C. 2，2，0，$+1/2$；2，2，1，$+1/2$　　D. 2，1，0，$-1/2$；2，1，1，$-1/2$

（3）下列各分子中，中心原子在成键时以 sp^3 不等性杂化的是（   ）。

A. $BeCl_2$　　　　　　B. PH_3　　　　　　C. H_2S　　　　　　D. $SiCl_4$

（4）下列各物质的分子间只存在色散力的是（   ）。

A. CO_2　　　　　　B. NH_3　　　　　　C. H_2S　　　　　　D. HBr

E. SiF_4　　　　　　F. $CHCl_3$　　　　　G. CH_3OCH_3

（5）下列各种含氢物质中含有氢键的是（   ）。

A. HCl　　　　　　　B. CH_3CH_2OH　　　C. CH_3CHO　　　　D. CH_4

（6）下列物质的化学键中，既存在 σ 键又存在 π 键的是（   ）。

A. CH_4　　　　　　B. 乙烷　　　　　　　C. 乙烯　　　　　　D. SiO_2　　　　　E. N_2

（7）下列化合物晶体中既存在离子键，又有共价键的是（   ）。

A. NaOH　　　　　　B. Na_2S　　　　　　C. $CaCl_2$　　　　　D. Na_2SO_4　　　E. MgO

（8）一多电子原子中，能量最高的是（   ）。

A. 3，1，1，$-1/2$ 　　　　　B. 3，1，0，$-1/2$

C. 4，1，1，$-1/2$ 　　　　　D. 4，2，-2，$-1/2$

3. 分别近似计算第 4 周期 K 和 Cu 两种元素的原子作用在 4s 电子上的有效核电荷数，并解释其对元素性质的影响。

4. 填充下表

原子序数	原子的外层电子构型	未成对电子数	周期	族	所属区	最高氧化值
16						
19						
42						
48						

5. 指出下列各电子结构中，哪一种表示基态原子，哪一种表示激发态原子，哪一种表示是错误的？

(1) $1s^2 2s^2$；　(2) $1s^2 2s^1 2d^1$；　(3) $1s^2 2s^1 2p^2$；(4) $1s^2 2s^2 2p^1 3s^1$；(5) $1s^2 2s^4 2p^2$；

(6) $1s^2 2s^2 2p^6 3s^2 3p^6 3d^1$。

6. 某元素的最高化合价为 $+6$，最外层电子数为 1，原子半径是同族元素中最小的，试写出：

(1) 元素的名称及核外电子分布式；

(2) 价层电子分布式；

(3) $+3$ 价离子的最外层电子分布式。

7. 试用杂化轨道理论解释 BF_3 为平面三角形，而 NF_3 为三角锥形。

8. 试写出下列各化合物分子的空间构型，说明成键时中心原子的杂化轨道类型以及分子的电偶极矩是否为零。

(1) SiH_4；(2) H_2S；(3) BCl_3；(4) $BeCl_2$；(5) PH_3。

9. 说明下列每组分子间存在着什么形式的分子间作用力（取向力、诱导力、色散力、氢键）。

(1) 苯和 CCl_4；(2) 甲醇和水；(3) HBr 气体；(4) He 和水；(5) HCl 和水。

10. 乙醇和甲醚（CH_3OCH_3）是同分异构体，但前者沸点为 78.5℃，后者的沸点为 -23℃。试加以解释。

11. 下列各物质中哪些可溶于水？哪些难溶于水？试根据分子的结构简单说明。

(1) 甲醇；(2) 丙酮；(3) 氯仿；(4) 乙醚；(5) 甲醛；(6) 甲烷。

12. 在 He^+ 中，3s、3p、3d、4s 轨道能级自低至高排列顺序为_____，在 K 原子中，顺序为_____，Mn 原子中，顺序为_____。

13. A 原子的 M 层比 B 原子的 M 层少 4 个电子，B 原子的 N 层比 A 原子的 N 层多 5 个电子，则 A、B 的元素符号分别为____、____，A 与 B 的单质在酸性溶液中反应得到的两种化合物分别为____、_____。

14. 某元素基态原子，有量子数 $n=4$，$l=0$，$m=0$ 的一个电子和 $n=3$，$l=2$ 的 10 个电子，该元素的价电子结构是_____，位于元素周期表第 __ 周期，第 __ 族。

15. 第五周期某元素，其原子失去 2 个电子，在 $l=2$ 的轨道内电子全充满，试推断该元素的原子序数、电子结构，并指出位于周期表中哪一族？是什么元素？

16. 试判断下列各组化合物熔点高低顺序，并简单加以解释。

（1）NaF NaCl NaBr NaI；

（2）SiF$_4$ SiCl$_4$ SiBr$_4$ SiI$_4$。

17. 邻硝基苯酚的熔、沸点比对硝基苯酚的熔、沸点要＿＿＿＿这是因为邻硝基苯酚存在＿＿＿＿＿，而对硝基苯酚存在＿＿＿＿＿，这两种异构体中，＿＿＿＿＿＿＿较易溶于水。

18. 稀有气体和金刚石晶格格点上都是原子，但为什么它们的物理性质相差甚远？

20 世纪是人类社会高速发展的世纪，也是人类对资源和环境破坏最严重的世纪。屡屡发生的触目惊心的环境污染事件使人们认识到：一味地向自然环境索取而不加保护无异于自掘坟墓；建立在此基础上的发展是不可持续的；人类不仅需要对已经发生的污染进行有效的治理，更需要从源头上防止污染的发生。只有当人们普遍树立起环保意识，形成世界范围的巨大力量来保护我们共同的环境时，科学技术的进步才能给人类带来稳定的繁荣。

《中华人民共和国环境保护法》从法学的角度对环境概念进行了阐述："本法所称环境，是指影响人类生存和发展的各种天然的和经过人工改造的自然因素的总体，包括大气、水、海洋、土地、矿藏、森林、草原、野生生物、自然遗迹、人文遗迹、风景名胜区、自然保护区、城市和乡村等。"

人类的生活环境按要素分为自然环境和社会环境，我们所讨论的是自然环境。

自然环境为人类的生存和发展提供了必要的物质条件。人体从自然环境中摄取空气、水和食物，经过消化、吸收、合成，组成人体组织的细胞和组织的各种成分并产生能量，以维持生命活动。同时，又将体内不需要的代谢产物通过各种途径排入环境，从而对环境产生影响。

人类在发展自身的生存条件的过程中，直接或间接地向环境排放超过其自净能力的物质或能量，从而使环境质量恶化，对人类的生存与发展、生态系统和财产造成不利影响的现象叫做环境污染。

按环境要素，环境污染可分为大气污染、水污染、土壤污染、噪声污染、光污染、生物污染等。本章简单介绍由化学物质引起的大气污染、水污染和土壤污染以及各种污染的防治方法。

5.1 大气污染与保护

5.1.1 大气圈的结构与组成

大气圈的组成可分为恒定的、可变的和不定的三种组分。氮气（78.09%）、氧气（20.95%）、氩气（0.93%）及微量的稀有气体构成大气的恒定组分。恒定组分的比例在地球表面的任何地方几乎不变。二氧化碳和水蒸气构成大气的可变组分，组分含量随季节和气象的变化及人们生活活动而发生变化。不定组分与自然灾害和人类活动有直接关系，其组成有尘埃、硫氧化物、氮氧化物等物质。不定组分是造成大气污染的主要根源。

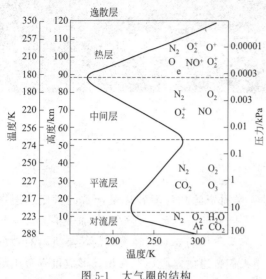

图 5-1　大气圈的结构

由于重力的作用，大气的质量在垂直方向上的分布是不均匀的。50%的大气集中在离地面 5km 以下，90%的大气分布在 30km 以下。根据大气的物理性质和化学性质及其垂直分布的特点，将大气圈分成对流层、平流层、中间层、暖层和逸散层五个层次。图 5-1 表示各层离地球表面的高度、温度和压力。

对流层是大气圈的最底层，厚度约 12km，集中了整个大气圈质量的 80%～95%。对流层与人类活动关系最为密切，特别是厚度在 2km 以内的大气，最容易受人类活动的影响，产生污染。正常条件下，对流层下热上冷，空气可以形成对流，空气对流对污染气体的扩散十分有利。但若形成下冷上热的"逆温"现象，污染气体就难以通过对流扩散，这时将产生大气污染事件。20 世纪的 10 大公害事件中，马斯河谷大气污染事件、洛杉矶光化学烟雾事件、多诺拉大气污染事件、伦敦烟雾事件都是在逆温情况下发生的。平流层位于地球表面 12～50km 处，含有大量的臭氧。平流层的温度下冷上热，没有上下大气对流。这层空气十分稀薄，污染气体一旦进入平流层，很长时间不会散去，而且对臭氧层有极大的破坏。

5.1.2　大气污染源与一次污染

5.1.2.1　大气污染源的形成

大量的燃料废气和工业废气排入大气中，对空气造成污染。这些大气污染物主要包括以下几方面。

① 煤、石油、煤气、天然气等燃烧时排放的固体悬浮颗粒及废气（主要是氮氧化物、硫氧化物）。例如：工业生产中燃料燃烧的排放物；家庭取暖和煮食的燃煤排放物。

② 工业生产过程中排出的各种废气及排放的各类粉尘。例如：各类化工厂向大气排放具有刺激性、腐蚀性的有机或无机气体，化纤厂排放的硫化氢、二硫化碳、甲醇、丙酮等气体。

③ 采矿采煤时产生的粉尘。

④ 汽车尾气。作为空气污染的主要来源之一，汽车尾气中含有大量的有害物质，包括一氧化碳、氮氧化物、碳氢化合物和固体悬浮颗粒等。目前全世界的汽车超过 10 亿辆。每年全国机动车排放的污染物超过 5000 万吨，包括氮氧化物（NO_x）、碳氢化合物、一氧化碳、颗粒物，其中汽车排放的 NO_x 和细颗粒物超过 85%，碳氢化合物和 CO 超过 70%。这些污染物对大气造成的危害是相当严重的。

要解决大气污染问题，必须了解和研究污染气体的组成及其在空气中发生的变化，只有这样才能有效地防止和治理大气污染问题。

5.1.2.2　一次污染物

一次污染物是指从各类工厂、汽车等污染源中直接排放出来的大气污染物，它排放量大，影响范围广，危害也较大。它们主要是一氧化碳、硫氧化物（SO_x）、氮氧化物（NO_x）、碳氢化物（烷烃、烯烃、芳烃等）及颗粒物等。其又可分为反应性污染物和非反应性污染物，反应性污染物在大气中可以发生各种反应，又产生许多新的大气污染物，称为二次污染物。一次污染物、二次污染物在大气中集中很大浓度时，在光的照射下发生协同作用，造成各类污染事件，给工农业生产及人们身体健康带来更大的危害。

(1) 一氧化碳

一氧化碳在大气污染物中，其排放总量居首位。当一氧化碳被人吸入体内后，就会迅速与血液中的血红蛋白结合（一氧化碳与血红蛋白的结合能力是氧气的 $200\sim300$ 倍），使血红蛋白失去了与氧结合的能力。这样，造成人体体内缺氧，常伴随有头痛、晕眩等症状，严重的则使人窒息死亡。当空气中 CO 含量超过 $10^{-5}cm^3 \cdot m^{-3}$ 时，会导致神经机能障碍，对外界条件反应迟钝。空气中 CO 含量超过 $15cm^3 \cdot m^{-3}$，持续 8h，会发生有害影响。一般城市中的 CO 浓度，随行车类型和行车速度而变化。早晚上下班，浓度出现高峰值，车速越高，CO 排出越少。因此，城市的交叉路口及交通繁忙的道路上，CO 的浓度很高。此外，CO 还是产生光化学烟雾的有害气体之一。

(2) 硫氧化物

硫氧化物（大部分是 SO_2，也有一部分是 SO_3）主要来自含硫燃料的燃烧、硫矿石的冶炼及硫的生产过程。全世界每年排入大气中的 SO_2 大约在 1.5 亿吨。在空气中 SO_2 遇水蒸气生成亚硫酸（H_2SO_3），一部分 SO_2 还可以氧化成 SO_3，SO_3 遇水蒸气很快又形成 H_2SO_4 雾。其反应如下：

$$SO_2 + H_2O =\!=\!= H_2SO_3$$
$$2SO_2 + O_2 =\!=\!= 2SO_3$$
$$SO_3 + H_2O =\!=\!= H_2SO_4$$

SO_2 是一种有强烈刺激性气味的气体，对人的呼吸道有强烈的刺激。当空气中 SO_2 的浓度在 $0.04cm^3 \cdot m^{-3}$ 左右时，可使支气管炎及肺癌患者的死亡率明显增高，使植物的落叶增多，产生慢性植物损伤，降低产量。SO_2 与空气中的水形成酸雾，酸雾比干燥的硫氧化物的危害更大。在干燥空气中，SO_2 浓度达到 $800cm^3 \cdot m^{-3}$ 时人还可以忍受，但酸雾浓度在 $0.8cm^3 \cdot m^{-3}$ 时人已不能忍受。二氧化硫还是一种腐蚀性较大的气体，如果加上酸雾的协同作用，会造成金属的严重腐蚀，使橡胶制品老化，皮革失去强度，建筑材料变色变质，甚至使石雕、壁画等艺术品毁损。英国伦敦烟雾就是硫酸雾造成的大气污染事件。另外，大气中的粉尘与 H_2SO_4 作用生成硫酸盐（固体颗粒中有 $5\%\sim20\%$ 为硫酸盐），一定颗粒的硫酸盐在空气中形成气溶胶，对人体健康有很大影响。气溶胶还会吸附大气中的 SO_2，这将进一步增大其危害性。

(3) 氮氧化物

氮氧化物主要是一氧化氮（NO）和二氧化氮（NO_2），主要来自燃料的燃烧过程或制造硝酸、硝酸盐、氮肥、炸药、染料及其中间体的工厂排出的尾气。汽车和内燃机排放的气体中也有大量的氮氧化物。

NO 是无色无味气体，浓度低时，能刺激呼吸系统，浓度高时，可使人急性中毒导致中枢神经受损。在空气中 NO 可以转化成 NO_2，NO_2 是一种棕色有刺激性臭味的气体，毒性比 NO 大，NO_2 能强烈地刺激人的呼吸系统，浓度大时可导致死亡。NO_2 还损害植物，在 $0.5cm^3 \cdot m^{-3}$ NO_2 下持续 35 天，能使柑橘落叶并发生萎黄病。NO_2 具有腐蚀性，能腐蚀各种材料的织物，破坏染料，使其褪色；对各种镍铜材料，也具有一定的腐蚀作用。

空气中的 N_2 在高温条件下和 O_2 反应也生成 NO，NO 进一步与 O_2 生成 NO_2，该反应为：

$$N_2+O_2 \Longrightarrow 2NO$$

$$2NO+O_2 \Longrightarrow 2NO_2$$

NO 的生成速度随燃烧温度升高而增大。温度在 300℃ 以下时，产生的 NO 很少；但 1500℃ 以上时，NO 的生成量明显增加（见表 5-1），而且燃烧温度越高，氧气的浓度越大，反应时间越长，生成 NO 的量就越多。

表 5-1 NO 的生成量与温度的关系（空气中）

温　　度/K	800	1590	1810	2030	2250
生成 NO 的体积浓度/×10^{-6}	0.77	550.0	1380.0	2600.0	4150.0

但高温条件下，NO 转化成 NO_2 的量很小。随着温度降低，NO_2 的量逐渐增加。氮氧化物是形成光化学烟雾的主要污染物之一。汽车排出大量 NO_x 及碳氢化物，经太阳光暴晒，就会产生光化学烟雾，使空气污染更为严重。

（4）碳氢化合物（CH）

碳氢化合物主要是：饱和烃、不饱和烃、芳香烃等。主要来自于：①石油开采及运输过程的泄漏，散失；②石油制品在生产和使用过程中的散发物；③燃料燃烧的排放物，其中汽车尾气占很大比例；④生物的分解产物。

汽车尾气中含有一种毒性很大的碳氢化合物——苯并芘。苯并芘是芳香烃类化合物的一

3,4-苯并芘

种，其中 3,4-苯并芘对人体的危害最大，是一种致癌物质，最低致癌量为 $0.4 \sim 2\mu g$。

有资料表明：一般汽车行驶 1h，大约产生 3,4-苯并芘 $300\mu g$，燃烧 1kg 煤能产生 0.21mg 苯并芘。许多纤维素物质在燃烧时也能生成苯并芘，例如在农村焚烧农作物秸秆、城市中焚烧秋季落叶都会产生苯并芘。碳氢化合物在一定条件下也会产生光化学烟雾，造成更严重的污染。

（5）总悬浮颗粒物与可吸入颗粒物

总悬浮颗粒物（total suspended particles，TSP）由 $0.05 \sim 100\mu m$ 大小不等的颗粒物组成。它能长时间悬浮于空气中，主要来源于燃料燃烧时产生的烟尘、生产加工过程中产生的粉尘、建筑和交通的扬尘、风沙扬尘以及气态污染物经过复杂物理化学过程在空气中生成的相应的盐类颗粒。总悬浮颗粒物中 $10\mu m$ 以下的颗粒物会随气流进入人的气管甚至肺部，因此人们称其为可吸入颗粒物（inhalable particles，IP），用 PM10 表示。这个数值是空气质量级别的一个最主要指标。

颗粒物（particulate matter，PM）对人体的危害与颗粒物的大小有关。颗粒物的直径越小，进入呼吸道的部位越深。直径 $10\mu m$ 的颗粒物通常沉积在上呼吸道，直径 $5\mu m$ 的可进入呼吸道的深部，$2\mu m$ 以下的可 100% 深入到细支气管和肺泡。2012 年环境空气质量标准（GB 3095—2012）新增了细颗粒物 PM2.5 监测指标，它是指环境空气中空气动力学当量直径≤$2.5\mu m$ 的颗粒物，直径不到人的头发丝粗细的 1/20。这个值越高，代表空气污染越严重。虽然 PM2.5 只是地球大气成分中含量很少的组分，但它对空气质量和能见度等有重要的影响。PM2.5 粒径小，富含大量的有毒、有害物质且在大气中的停留时间长、输送

距离远，因而对人体健康和大气环境质量的影响更大。城市中 PM2.5 的主要来源是机动车
尾气、餐饮油烟、建筑、水泥及道路扬尘等。

PM2.5 超标还带来了另外一个影响——灰霾天气。按照世界气象组织的规定，当大气
水平能见度小于 10km、相对湿度小于 90% 时，这样的天气情况为灰霾。气象专家和医学专
家认为，由细颗粒物造成的灰霾天气对人体健康的危害甚至要比沙尘暴更大。在欧盟国家
中，PM2.5 导致人们的平均寿命减少 8.6 个月。而 PM2.5 还可成为病毒和细菌的载体，为
呼吸道传染病的传播推波助澜。中国工程院院士、中国环境监测总站原总工程师魏复盛的研
究结果还表明，PM2.5 和 PM10 浓度越高，儿童及其双亲呼吸系统病症的发生率也越高，
而 PM2.5 的影响尤为显著。

5.1.3　二次污染与四大环境问题

排放到大气中的污染物经过各种复杂的反应，变成二次污染物，一次污染物、二次污染
物共同作用，造成综合性污染现象，如光化学烟雾、臭氧层空洞、温室效应、酸雨等，导致
环境恶化。

(1) 光化学烟雾

大气中的 HC、CO、NO_x 等一次污染物，在太阳光（紫外线）的照射下，发生复杂的
光化学反应，生成二次污染物。一次污染物和二次污染物混合形成污染烟雾，称为光化学烟
雾。在 1940 年美国洛杉矶首次发生光化学烟雾事件，因此又叫洛杉矶型烟雾（呈蓝色）。

造成光化学烟雾的主要原因是，排放到大气中的一次污染物，在"逆温层"出现的条件
下，无法扩散，长时间聚集，经强烈的太阳光照射，发生如下的光化学反应：

$$2NO(g)+O_2(g)=\!=\!=2NO_2(g)$$
$$NO_2(g)=\!=\!=NO(g)+O(g)$$
$$O(g)+O_2(g)=\!=\!=O_3(g)$$
$$CO+NO_x+CH+阳光+O_2 \longrightarrow O_3(g)+NO_x(g)+CO_2(g)+各种有机产物$$

各种燃料燃烧放出的 NO、NO_2 会循环上述反应。生成的 O_3 是一种强氧化剂，O_3 与
CH、NO_x 等一次污染物发生复杂的氧化反应，生成二次污染物。如：O_3 与碳氢化合物反
应生成醛、酮等物质，O_3 与 NO_2 生成具有强烈刺激气味的硝酸过氧化乙酰（PAN，
$CH_3\overset{O}{\overset{\|}{C}}OONO_2$）另外，污染物中还有一些不易挥发的小分子凝聚成气溶胶，降低能见度。
光化学烟雾是一种强烈刺激性的烟雾，对人和动物的眼睛、呼吸系统有影响。轻的引起眼红
流泪，喉部肿痛；严重者会引起视力减退，呼吸困难，手足抽搐，生理机能衰退，甚至死
亡。光化学烟雾对农作物的危害也很严重，1940 年在美国洛杉矶发生光化学烟雾期间，洛
杉矶郊区的玉米、烟草、葡萄等农作物和树木都遭到不同程度的毁坏。光化学烟雾集中了大
量的氧化性物质 O_3 和 PAN，会造成橡胶制品老化龟裂，染料褪色，金属腐蚀，对涂料、
组织物、塑料制品等也有不同程度的损坏。

1952 年英国伦敦烟雾事件：燃料燃烧产生的烟雾聚集在空气中长时间不扩散，烟雾中
的 Fe_2O_3 颗粒使 SO_2 发生催化氧化，生成 H_2SO_4 雾，大量的 H_2SO_4 弥漫在空中，造成严
重的大气污染事件。

(2) 酸雨

降雨是正常的自然气象。漂浮在大气中的酸性化学物质随雨水到达地面，对地面的物质

平衡产生一定影响，对环境造成破坏，这就是通常所说的酸雨现象。

雨水的酸度值通常用pH值表示。正常的雨水呈微酸性，pH值为6～7，这是由于大气中大量的CO_2溶于雨水部分解离形成的结果，雨水形成微酸性的过程为：

$$CO_2 + H_2O \Longrightarrow H_2CO_3$$
$$H_2CO_3 \Longrightarrow H^+ + HCO_3^-$$

这种微酸性的雨水，使土壤中的养分溶解，供植物吸收，生长。如果雨水的pH值小于5.6，通常称为酸雨。目前酸雨已是世界公众注意的一种大气污染问题。酸雨的形成是非常复杂的物理、化学过程。主要认为是工业生产和汽车排放的污染物SO_x和NO_x，在大气中发生如下化学反应：

$$2SO_2 + O_2 \Longrightarrow 2SO_3$$
$$SO_3 + H_2O \Longrightarrow H_2SO_4$$
$$SO_2 + H_2O \Longrightarrow H_2SO_3$$
$$2H_2SO_3 + O_2 \Longrightarrow 2H_2SO_4$$
$$2NO + O_2 \Longrightarrow 2NO_2$$
$$2NO_2 + H_2O \Longrightarrow HNO_3 + HNO_2$$

大气中的烟尘、臭氧等作为催化剂。生成的H_2SO_4和HNO_3随雨水落下，形成酸雨，对环境造成危害。酸雨会使湖泊变成酸性，使水下生物、鱼、虾等大量死亡，甚至使稀有珍奇鱼类绝迹。大量的酸雨会使土壤中的营养成分流失，土地贫瘠，农作物减产、森林毁坏。会使饮水中的重金属含量增加，长期饮用引起中毒。酸雨还加速了桥梁、水坝、建筑结构、工业装备、通信设备的损坏。酸雨在我国已十分严重，在被监测的25个省市自治区中，88%的地区出现酸雨。1982年，重庆市夏季连降酸雨，均为pH＝3的低值酸雨，雨后大批农作物枯死，造成很大的经济损失。此外，酸雨还会随风飘移，降至几千公里以外的地区，造成大范围的公害，甚至引起国际纠纷。

（3）"温室效应"加剧

太阳光照射地球时，平流层中臭氧能吸收太阳光中的紫外线（紫外线能量很高），太阳光中的红外线可被大气层中的水蒸气和二氧化碳吸收，能照射到地球表面的只有可见光。大部分可见光能被地球表面吸收，使地球表面温度升高。地球吸收的能量又以红外长波辐射的形式返回空间，向外散发时被大气层中的二氧化碳吸收，可见大气层中的二氧化碳起着"温室玻璃"的作用。这样地球吸收的热量多，散失的热量少，保持在一个温室环境中，这就是"温室效应"。几千年来，人类和生物就是靠这种温室环境保持着生态平衡。其中，生物呼吸、燃料燃烧产生二氧化碳，二氧化碳可溶解在江河湖泊里，又可被植物光合作用吸收，产生和消耗的二氧化碳之间达到平衡，使地球的温度维持在一定范围内。近几十年，现代工业迅速发展，煤、石油的大量开采，人口剧增，人类消耗的矿物燃料迅速增加，燃烧后产生的CO_2在大气层中大量聚积。据资料显示，19世纪60年代每年排放到大气中的CO_2只有0.9亿吨左右；而1995年，全球的CO_2总排放量达到220亿吨；到2014年，根据国际能源署（IEA）的初步统计，全球CO_2总排放量达到了323亿吨。同时，大面积森林被毁坏，使自然环境对二氧化碳的自净化能力下降，温室效应不断增加。除了二氧化碳，大气中的甲烷、水蒸气、氟氯烃等物质也会使温室效应加剧。

"温室效应"加剧，导致全球气候变暖。给人类生活及工业生产带来影响。随着温室效应的增强，气温升高，海水将由于升温而膨胀，促使海平面升高，使广大沿海地区受到威胁。海水倒灌，洪水排泄不畅，土地盐渍化加重，航运、水产养殖业也会受影响。内陆地区，全球气候变暖使农业生产不稳定，一方面升温可提高作物光合作用，使农业增产，但另一方面，温度升高使地表水蒸发量增大，使土地干旱化、砂化及草原退化加重（如我国华北和西北地区）。另外，高温天气也会使病虫害变得更加严重。气候变暖有利于病菌、霉菌和有毒物质的生长，导致食物受污染或变质，还将引起全球疾病的流行，严重威胁人类健康。控制 CO_2 的排放正在引起国际社会的重视，世界各国都在研究 CO_2 的减少排放措施。

（4）臭氧层空洞

臭氧层空洞是目前人们普遍关注的又一个全球性的大气环境问题。

臭氧存在于离地面 $25\sim30km$ 高空的平流层中，在平流层中有一个臭氧浓度较大的区域，叫臭氧层。臭氧层可以吸收太阳光中的紫外线（对人和生物有害，波长为：$200\sim400nm$），是地球生物赖以生存的天然屏障。

臭氧层中臭氧的形成，主要是氧分子吸收能量分解成氧原子，氧原子又与其他氧分子结合而成；而臭氧的消耗是光分解所致，具体反应如下：

$$O_2 \xrightarrow{h\nu} O+O \qquad (\lambda<243nm)$$

$$O+O_2 \longrightarrow O_3$$

$$O_3 \xrightarrow{h\nu} O_2+O \qquad (\lambda<300nm)$$

正常情况下，氧原子通过光化学反应产生的 O_3 和光分解反应减少的 O_3 处于动态平衡。

过去人类的活动未涉及平流层，对平流层中臭氧层的认识及保护没有足够的重视。近年来科学家的测试结果证明，臭氧层遭到破坏开始变薄，甚至出现臭氧层空洞。1989 年日本、美国、欧洲一些国家的科学家联合监测了北极区上空的臭氧层，发现臭氧层中臭氧量每年平均减少 15%，最高达 30%。北极上空已经形成臭氧层空洞，而且在不断扩大。一旦形成臭氧层空洞，会有更多的紫外线辐射到达地面。紫外线对人的眼睛和皮肤有伤害，会引起免疫系统的变化，导致癌症。强紫外线会影响鱼虾及其他水生动物的生存，甚至造成某些生物灭绝。过度紫外线照射，会导致植物枯萎死亡。

臭氧层破坏，主要是由于大量释放的氟氯烃（氟里昂）和氮氧化物与 O_3 反应的结果。氟里昂是化学性质稳定的物质，被用作制冷剂、发泡剂、气喷雾剂等。喷气式飞机，尤其是超声速飞机所涉及的高度达到平流层，这些飞行器排出的氟里昂及氮氧化物直接进入平流层。这些气体与臭氧的光化学反应为：

$$CFCl_3(氟里昂-11) \xrightarrow{h\nu} CFCl_2\cdot +Cl\cdot$$

$$CF_2Cl_2(氟里昂-12) \xrightarrow{h\nu} CF_2Cl\cdot +Cl\cdot$$

$$Cl\cdot + O_3 \xrightarrow{h\nu} ClO\cdot + O_2$$

$$ClO\cdot + O_3 \xrightarrow{h\nu} Cl\cdot +2O_2$$

$$NO+O_3 \longrightarrow NO_2+O_2$$

$$NO_2+O_3 \longrightarrow NO+2O_2$$

由上式可以看出，一旦产生 Cl 原子和 NO，它们会循环反应，使 O_3 不断分解，引起臭氧层破坏。臭氧层空洞现象已引起世界各国的普遍关注，为了保护臭氧层，1987 年在加拿大蒙特利尔召开了保护臭氧层国际大会，签署了《蒙特利尔保护臭氧层议定书》，规定禁止使用氟里昂及其他卤代烃。

5.1.4 大气污染的防治

由上述各讨论中可以看出，大气污染现象都与一次污染物 CO_2、SO_x、NO_x、颗粒物等有关，这些污染物主要来自燃料燃烧的排放物。燃烧污染物的控制和治理是大气保护的主要任务，气体污染物要严格按照国家规定的标准达标排放。

5.1.4.1 颗粒物

采用除尘设备，对生产过程中产生的粉尘进行处理，降低粉尘的排放量，净化空气。除尘方法一般有干法除尘和湿法除尘。应用最多的是干法除尘，主要用旋风除尘器和袋式除尘器来除尘。湿法除尘则是在烟气进入烟囱的降温烟管时，在此管道中喷水雾，使烟气冷却并充分加湿，然后再进入除尘设备中，进行处理。

5.1.4.2 硫氧化物

处理方法可以采用燃烧前处理法，预先对煤或石油进行燃烧前的脱硫处理；或采用燃烧后处理法，即在燃料燃烧后，产生的废气排入大气之前，用化学方法脱硫。

对含有 SO_2 的废气的治理方法，可以有吸收法和吸附法。

(1) 吸收法

吸收法是利用酸碱反应，用各种碱性物质对酸性 SO_2 进行吸收、处理。

碱吸收：
$$Na_2CO_3 + SO_2 === Na_2SO_3 + CO_2 \uparrow$$

氨吸收：
$$2NH_3 + SO_2 + H_2O ===(NH_4)_2SO_3$$
$$NH_3 + SO_2 + H_2O === NH_4HSO_3$$

再进行酸化处理：
$$(NH_4)_2SO_3 + H_2SO_4 ===(NH_4)_2SO_4 + SO_2 \uparrow + H_2O$$
$$2NH_4HSO_3 + H_2SO_4 ===(NH_4)_2SO_4 + 2SO_2 \uparrow + 2H_2O$$

得到纯度较高的 SO_2 用于生产 H_2SO_4。

国内许多中小型硫酸厂对尾气 SO_2 的处理，采用氨吸收。这样不仅使尾气达到国家排放标准，同时生产出合格的液体 SO_2 和硫酸铵，具有较好的经济效益和社会效益。

石灰乳吸收：
$$Ca(OH)_2 + SO_2 === CaSO_3 + H_2O$$
$$2CaSO_3 + O_2 === 2CaSO_4$$

副产物 $CaSO_3$ 在空气中氧化可得到 $CaSO_4$，$CaSO_4$ 可制造建筑板材或水泥，也可作为路基填充物。

(2) 吸附法

主要利用多孔活性吸附物质对 SO_2 的吸收，常用的吸附剂有活性炭、分子筛等。

5.1.4.3 氮氧化物

改进燃烧炉的燃烧结构，提高燃烧效率，可有效降低 NO_x 的排放量。氮氧化物具有氧化性，可以在催化剂的作用下，与还原剂反应生成 N_2，除去氮氧化物。反应式如下：
$$6NO + 4NH_3 === 5N_2 + 6H_2O$$
$$6NO_2 + 8NH_3 === 7N_2 + 12H_2O$$

汽车尾气中 NO_x 的处理，可以在燃料中加入某些添加剂，改变燃料组分，降低污染物含量。例如目前许多城市采取在汽油中加入 10% 左右乙醇的措施，目的是降低汽车尾气中 NO_x 等有毒气体的排放量。另外 NO_x 的处理，还可以采用改进尾气排放装置的方法，如在汽车排气装置内安装催化净化器，当 NO_x 进入净化器后，在催化剂作用下，发生一系列复杂反应，无污染气体排出，达到净化空气的作用。如：

$$2CO + 2NO \xrightarrow{Pt\text{-}Pd} 2CO_2 + N_2$$

$$C_nH_m + (n + \frac{m}{4})O_2 \xrightarrow{Pt\text{-}Pd} nCO_2 + \frac{m}{2}H_2O$$

$$CH_4 + 4NO \xrightarrow{Pt\text{-}Pd} CO_2 + 2N_2 + 2H_2O$$

5.1.4.4 碳氧化物

对 CO_2 的处理可以采用吸收法。例如：美国 DOW 化学公司在 20 世纪 80 年代初期开发的适用从电厂烟道气中回收 CO_2 的 MEA 法（用乙酸胺为吸收剂），分离效果非常好。也可采用低温蒸馏法处理 CO_2，即利用 CO_2 与其他气体组分沸点的差异，先进行低温液化，然后蒸馏，来实现 CO_2 与其他气体分离的目的。

5.2 水体污染及保护

5.2.1 水中的污染物

水是自然环境中最宝贵的资源，是人类生活、动植物生长、工农业生产不可缺少的物质。没有水就没有生命。据报道，地球上约有 $136 \times 10^8 \text{km}^3$ 的水，其分布如表 5-2 所列。

表 5-2　地球上水资源的分布

水　体	海　水	冰川和冰帽	地面水	地下水	大气中水蒸气
含量	97.3%	2.14%	0.02%	0.61%	<0.01%

目前被人类利用的水只是浅层地下水和湖泊河川的淡水，仅占地球水量总和的 0.63%。随着社会生产力的发展，工农业生产对水的需求量迅速增加。而工业的废水、排污等又使水源污染，可利用的水量急剧下降，地区性的缺水现象愈来愈严重。

水体污染有两类：一类是自然污染，另一类是人为污染，而后者是主要的。自然污染主要是自然原因造成的，如特殊地质条件使某些地区有某种化学元素大量富集，天然植物在腐烂过程中产生某种毒物，以及降雨淋洗大气和地面后挟带各种物质流入水体，等等。人为污染是人类生活和生产活动中产生的废、污水排入水体，它们包括生活污水、工业废水、农田排水和矿山排水等。排入水体的污染物一般分为无机污染物、重金属污染物和有机污染物。

5.2.1.1 无机污染物

水体中无机污染物又可分为无机无害物、无机有害物、无机有毒物 3 类。

① 无机无害物　天然水中溶解许多物质，但其化学组成中有 8 种离子占全部溶解物的 95%～99%。它们是 Na^+、K^+、Ca^{2+}、Mg^{2+}、Cl^-、HCO_3^-、CO_3^{2-}、SO_4^{2-}。它们在一定浓度范围内是无害的，但它们同许多有毒污染物在水体中的行为往往是有联系的。

② 无机有害物　从其本身的性质看虽然是无毒的，但它会给人类或生态平衡带来某些不良影响。固体悬浮物属于无机有害物，天然来源的固体悬浮物本身可能是无毒的，它漂浮在水体中能够散射光线，减少水生植物的光合作用。固体悬浮物也会吸附一些有毒物质，随着水流迁移到其他地区，使污染范围扩大。无机酸、碱、盐类也属于有害物，冶金、化工、造纸等工业废水是水体酸的污染源；而制碱、制革、炼油等工业废水是水体碱的污

染源。

③ 无机有毒物 包括金属氰化物、砷、硒、氟等非金属化合物及放射性物质。氰化物主要来自各种氰化物的工业废水，如电镀废水、炼焦炼油废水、有色金属冶炼厂废水等。氰化物毒性很强，它对细胞中的氧化酶有损伤作用。中毒后呼吸困难，细胞缺氧，直至窒息死亡。氰化物在水体中可与二氧化碳发生反应，生成 HCN：

$$CN^- + CO_2 + H_2O \rightleftharpoons HCN + HCO_3^-$$

氰化物还能被溶解氧所氧化：

$$2CN^- + O_2 \rightleftharpoons 2CNO^-$$

$$CNO^- + 2H_2O \rightleftharpoons NH_4^+ + CO_3^{2-}$$

总反应： $$2CN^- + O_2 + 4H_2O \rightleftharpoons 2NH_4^+ + 2CO_3^{2-}$$

此外，氰化物还会发生生化氧化。一般来说，微生物分解氧化速度较慢，只有在光照、较高水温及较快水流时，分解速度才加快。

5.2.1.2 重金属污染物

水体中有毒重金属污染物有汞、镉、铅、铬、砷等。重金属污染物有如下几个特征。

① 形态多 重金属属于过渡元素，它们有多种化合价，有较强的化学活性。化学反应随条件不同常产生不同形态的化合物。不同形态化合物其毒性是不同的。

② 易形成金属有机化合物 重金属形成金属有机化合物后毒性比金属无机化合物大，如甲基氯化汞的毒性大于氯化汞；四乙基铅、四乙基锡的毒性分别大于二氧化铅、二氧化锡。

③ 不同价态毒性不同 如6价铬毒性大于3价铬；2价汞大于1价汞；亚砷酸盐的毒性是砷酸盐的60倍。此外，重金属的价态相同，若化合物不同其毒性也不相同，氧化铅的毒性大于碳酸铅。

④ 可发生多种化学过程 重金属在环境中迁移，转化形式多变，几乎包括水体中全部的物理、化学过程。

⑤ 产生毒性效应的浓度范围较低 一般仅 $1 \sim 10 \text{mg} \cdot \text{L}^{-1}$，毒性较强的重金属汞、镉等浓度范围仅 $0.001 \sim 0.01 \text{mg} \cdot \text{L}^{-1}$（汞、镉、铅、铬、砷俗称重金属五毒）。对水生生物而言，不同生物对金属耐毒能力是不一样的，金属毒性顺序是 $Hg > Ag > Cu > Cd > Zn > Pb > Ni > Co$。

⑥ 对人体、生物的毒害具有积累性 有人推算，重金属对人体的毒性往往经过几年或几十年时间的长期潜伏。

重金属在环境中不能被降解。目前对重金属污染的控制只能是制定排放标准，使用立法手段对重金属污染源进行控制，使其必须达标排放。我国规定工业废水中重金属的最大允许排放浓度为：汞（以 Hg 计）$0.05 \text{mg} \cdot \text{L}^{-1}$，镉（以 Cd 计）$0.1 \text{mg} \cdot \text{L}^{-1}$，铅（以 Pb 计）$1.0 \text{mg} \cdot \text{L}^{-1}$，铬（以 +6 价 Cr 计）$0.5 \text{mg} \cdot \text{L}^{-1}$ 等。

5.2.1.3 有机污染物

(1) 耗氧有机物

这些物质直接排入水体，将被水中的微生物分解而消耗水中的 O_2，故常称这些有机物质为耗氧有机物。其污染程度一般可以用溶解氧（DO）、生化需氧量（BOD_5）、化学耗氧量（COD）等多种指标来表示。

溶解氧（dissolved oxygen）反映水体中存在的 O_2 的数量，可以用来反映水体中有机污染物的多少和水受污染的程度。若水体中的 DO 低于 $5mg \cdot L^{-1}$，各类浮游生物便不能生存；若低于 $4mg \cdot L^{-1}$，鱼类就不能生存，若低于 $2mg \cdot L^{-1}$，水体就要发臭。溶解氧浓度越低，水体污染越严重。

有机污染物质对水体的污染过程，通常是以微生物分解有机物时消耗的氧量来表示，即生物化学需氧量（biochemical oxygen demand，简称 BOD）。一般都用水温 20℃时 5 天的生化需氧量作为统一指标（BOD_5），BOD_5 是评价水质的重要指标之一。水体 BOD 量越高，溶解氧消耗越多，水质越差。生化需氧量测定过程长，所以通常又用化学需氧量（chemical oxygen demand，简称 COD）表示。化学需氧量是将强氧化剂（重铬酸钾或高锰酸钾等）在一定条件下，氧化水中有机污染物和一些还原物质所消耗的该氧化剂的量折算为相当的 O_2 的量，以 $mg \cdot L^{-1}$ 表示。同样，COD 指标越高，水质越差。但 COD 不完全反映水中有机物质污染的情况，它也包括了其他还原性物质污染情况，故实际测定结果是水中还原性物质污染的总量。一般工业废水的 COD 不应大于 $100mg \cdot L^{-1}$，BOD_5 不应大于 $60mg \cdot L^{-1}$。

酚类是可分解的重要有机污染物。在各种酚中，挥发性酚（苯酚和甲基苯酚）毒性最大，并能与氯气作用生成氯酚，因此，被挥发性酚所污染的水源，当用氯消毒时生成具有恶臭的氯酚，不宜饮用。我国规定工业废水中酚的最大允许排放浓度为 $0.5mg \cdot L^{-1}$。

在污水中还有一类含氮的有机物，如蛋白质、尿素等。含氮有机物称为有机氮，在最初进入水中时，具有很复杂的组成，但由于水中存在某些微生物的作用，能逐渐被分解，变为组成简单的化合物。例如，蛋白质分解成氨基酸及氨等，如果在没有 O_2 的情况下，氨就是有机氮分解后的最后产物，但是如果水中有 O_2 存在，则在硝化细菌的作用下，NH_3 先氧化成亚硝酸盐，进而氧化成为硝酸盐。其过程如下：

$$2NH_3 + 3O_2 \longrightarrow 2HNO_2 + 2H_2O$$

$$2HNO_2 + O_2 \longrightarrow 2HNO_3$$

这样，复杂的有机氮化合物就变成无机化合物的硝酸盐，硝酸盐在此过程中是氮的有机物分解后的最终产物。

水中氨、亚硝酸盐、硝酸盐对水质影响极大，其中亚硝酸盐是强致癌性物质，又以亚硝酸铵最为严重。硝酸盐含量过高，造成水体富营养化，也会造成严重危害。

（2）水体的"富营养化"

流入水体的城市生活污水和食品工业废水中常含有 P、N 等水生植物生长、繁殖所必需的元素。在湖泊、水库、内海、河口等地区的水中，水流缓慢，停留时间长，适于植物营养元素的积存，会导致水生植物迅速繁殖。这种由于水体中植物营养成分的污染而使藻类及浮游植物大量生长的现象，称为水体的"富营养化"。水体富营养化后，水体中会因严重缺少 O_2 而导致水生动植物大量死亡。动植物残骸在水下腐烂，在厌氧菌的作用下，产生 H_2S 等气体，使水质严重恶化。

（3）难降解有机物

合成的洗涤剂、有机氯农药（DDT）、多氯联苯（PCB）等，这些化合物在水中很难被微生物降解，并且可通过食物吸收逐步被浓缩造成危害，这些化合物在制造和使用过程中或使用后，可通过各种途径流入水体造成污染，必须引起注意。

（4）石油

石油比水轻又不溶于水，覆盖在水面上形成薄膜层，阻止大气中的氧在水中的溶解，造成水中溶解氧减少，形成恶臭，恶化水质。同时，油膜堵塞鱼的鳃部，使鱼类呼吸困难甚至引起鱼类死亡。若以含油污水灌溉农田，亦可因油膜黏附在农作物上而使其枯死。

5.2.2 水体污染的控制与治理

要防止水体污染，改善环境质量，维护生态平衡，关键是要控制污染源，使其达标排放，即对送回环境中的工业废水和生活污水进行处理，使污染物总水平与水体的自净能力达到平衡。

工业废水和生活污水的处理方法很多，各种方法都有其特点和适用范围，往往需要配合使用。下面简单介绍各类方法的原理及特点。

5.2.2.1 物理法

水中的悬浮物质主要利用物理的机械法处理，这种方法主要根据废水中所含悬浮物质相对密度的不同，利用物理作用使之分离。最常用的有重力分离法、过滤法、热处理法、曝气法等，可依据工业废水的不同性质采用不同的方法。

5.2.2.2 化学法

(1) 中和法

酸性废水可直接放入碱性废水进行中和。也可采用石灰、石灰石、电石渣等中和剂。碱性废水的中和法是向废水中吹入二氧化碳气或用烟道废气中的 SO_2 来中和。

(2) 沉淀法

沉淀法是去除水中重金属离子的有效方法，通常使用石灰乳调节污水的 pH 值，形成重金属氢氧化物沉淀而除去。例如电气工业中的含铜废水的处理反应如下：

$$Cu^{2+} + Ca(OH)_2 \Longrightarrow Cu(OH)_2 + Ca^{2+}$$

FeS 沉淀转化法是除去水中的重金属离子，操作简便，处理成本低，反应如下：

$$Hg^{2+} + FeS(s) \Longrightarrow HgS(s) + Fe^{2+}$$

$$Cu^{2+} + FeS(s) \Longrightarrow CuS(s) + Fe^{2+}$$

$$Pb^{2+} + FeS(s) \Longrightarrow PbS(s) + Fe^{2+}$$

$$Cd^{2+} + FeS(s) \Longrightarrow CdS(s) + Fe^{2+}$$

由于 HgS、PbS、CuS、CdS 等硫化物的溶度积远远小于 FeS 的溶度积，使这些反应进行得十分完全（如何定量说明？）。目前，对以黄铁矿煅烧（制硫酸）的废渣来治理重金属离子污水的研究，获得了良好的效果。

(3) 氧化还原法

常用的氧化还原法主要有三种。

① 空气氧化法　利用空气中的氧作氧化剂进行处理。例如，石油化工厂的含硫废水，硫化物被转化成无毒的硫代硫酸盐或硫酸盐。

$$2HS^- + 2O_2 \Longrightarrow S_2O_3^{2-} + H_2O$$

$$2S^{2-} + 2O_2 + H_2O \Longrightarrow S_2O_3^{2-} + 2OH^-$$

$$S_2O_3^{2-} + 2O_2 + 2OH^- \Longrightarrow 2SO_4^{2-} + H_2O$$

② 漂白粉法　漂白粉 $[Ca(OCl)_2]$ 是一种强氧化剂，溶于水则生成次氯酸（HClO），次氯酸能将废水中的污染物氧化。

目前比较成熟的是用漂白粉处理含氰废水，使有毒的 CN^- 变成无毒的 CO_2、N_2，其反应式为：

$$Ca(OCl)_2 + 2H_2O = CaCl_2 + Ca(OH)_2 + 2HClO$$

$$2NaCN + Ca(OH)_2 + 2HClO = 2NaCNO + CaCl_2 + 2H_2O$$

$$2NaCN + 2HClO = 2CO_2\uparrow + N_2\uparrow + H_2\uparrow + 2NaCl$$

③ 其他　机械工厂的酸洗废水与电镀（铬）废水的相互处理是氧化还原法处理污水的良好例证。酸洗废水中含有大量强还原剂 $FeSO_4$，镀铬废水中的主要污染成分 CrO_3 是一种强氧化剂，它们相互反应如下：

$$3Fe^{2+} + CrO_3 + 6H^+ = 3Fe^{3+} + Cr^{3+} + 3H_2O$$

既除去了 CrO_3，也消耗了 H^+，反应产物再以石灰中和，反应如下：

$$Fe^{3+} + Cr^{3+} + 3Ca(OH)_2 = Fe(OH)_3\downarrow + Cr(OH)_3\downarrow + 3Ca^{2+}$$

沉渣过滤，即可达到排放标准。

（4）化学凝聚法——混凝法

水中若有很细小的淤泥及其他污染物微粒存在，往往形成不易沉降的胶态物质悬浮于水中，此时可加入混凝剂使其沉降。

铝盐和铁盐是最常用的混凝剂。以铝盐为例，铝盐与水的反应通常可表达如下：

$$Al^{3+} + H_2O = Al(OH)^{2+} + H^+$$

$$Al(OH)^{2+} + H_2O = Al(OH)_2^+ + H^+$$

$$Al(OH)_2^+ + H_2O = Al(OH)_3 + H^+$$

它们可从三个方面发挥混凝作用：①中和胶体杂质的电荷；②在胶体杂质微粒之间起"黏结"作用；③自身形成氢氧化物絮状体，在沉淀时对水中胶体杂质起吸附卷带作用。

影响混凝过程的因素有 pH 值、温度、搅拌强度等。采用铝盐作为混凝剂时，pH 值应控制在 6.0～8.5 的范围内。采用铁盐时，pH 值控制在 8.1～9.6 时效果最佳。

5.2.2.3　生物法

生物法就是利用微生物的作用来处理废水的方法。依照微生物对氧气的要求不同，生物法处理废水也相应区分为耗氧处理法与厌氧处理法。目前大多采用的是耗氧处理法。这种方法是将空气（需要的是氧气）不断通入污水池中，使污水中的微生物大量繁殖。因微生物分泌的胶质而相互黏合在一起，形成絮状的菌胶团，即所谓的"活性污泥"；另外，在污水中装填多孔滤料或转盘，让微生物在其表面栖息，大量繁殖，形成"生物膜"。活性污泥和生物膜能在较短时间里把有机污染物几乎全部作为食料"吃掉"。

用生物处理法处理含酚、含氰废水，脱酚率可达 99% 以上，脱氰率可达 94%～99%。可见治理效果是极好的。

5.3　土壤污染与保护

5.3.1　土壤污染

"民以食为天，食以土为本"。土壤是地球陆地表面的疏松层，是人类和生物繁衍生息的场所，是不可替代的农业资源和重要的生态因素之一。它一方面能为作物源源不断地提供其生长必需的水分和养料，经作物叶片的光合作用合成各种有机物质，为人类及其他动物提供充足的食物和饲料；另一方面它又能承受、容纳和转化人类从事各种活动所产生的废弃物（包括污染物），在消除自然界污染危害的方面起着重要作用。

土壤具有一定的自净作用，当污染物进入土壤后会使污染物在数量和形态上发生变化，降低它们的危害性。但如果进入土壤中的污染物超过土壤的净化能力，即会引起土壤的严重污染。污染物进入土壤的途径是多样的，废气中含有的污染物质，特别是颗粒物，在重力作用下沉降到地面进入土壤，废水中携带大量污染物进入土壤，固体废物中的污染物直接进入土壤或其渗出液进入土壤。其中最主要的是污水灌溉带来的土壤污染。农药、化肥的大量使用，造成土壤有机质含量下降，土壤板结，也是土壤污染的来源之一。

判断土壤是否受到污染有以下三个标准：一是土壤中有害物质的含量超过了土壤背景值的含量；二是土壤中有害物质的累计量达到了抑制作物正常发育或使作物发生变异的量；三是土壤中有害物质的累计量使得作物体或果实中存在残留，达到了危害人类健康的程度。

目前我国土壤污染总体形势相当严峻，每年造成的直接经济损失超过 200 亿元人民币，截至 2007 年受污染的耕地约有 1.5 亿亩，约占全国耕地面积的 1/10。

土壤污染物分为无机和有机两大类：无机污染物有重金属汞、镉、铅、铬等和非金属砷、氟、氮、磷和硫等；有机污染物有酚、氰及各种合成农药等。这些污染物质的载体大多是受污染的水和受污染的空气，也有一部分是由某些农业措施（如施用农药和化肥）而带进土壤的。

土壤污染的危害主要是对植物生长产生影响。例如，过多的 Mn、Cu 和磷酸等将会阻碍植物对 Fe 的吸收，而引起酶作用的减退，并且阻碍体内的氮素代谢，从而造成植物患上缺绿病。

污染物进入土壤以后，可能被土壤吸附，也可能在光、水或微生物作用下进行降解，或者通过挥发作用而进入大气造成大气污染；受水的淋溶作用或地表径流作用，污染物进入地下水和地表水影响水生生物；污染物被作物吸收入茎、叶、籽实部分后，最终通过人体呼吸作用、饮水和食物链进入人体内，给人体健康带来不良的影响。

目前"白色污染"日益引起人们的关注。白色污染就是塑料饭盒、农用薄膜、方便袋、包装袋等难降解的有机物被抛弃在环境中造成的污染。它们在地下存在 100 年之久也不能消失，引起土壤污染，影响农业产量。所以，现在全世界都在要求使用可降解的有机物。

5.3.2　土壤污染的防治

为了控制和消除土壤的污染，首先要控制和消除土壤污染源，加强对工业"三废"的治理，合理施用化肥和农药，同时还要采取防治措施。由于引起土壤污染的原因不同，土壤污染的防治措施需要根据污染源与污染物的种类、土壤性质、自然条件和作物种类的不同而决定。

(1) 土壤重金属污染的防治

灌溉用水是造成土壤重金属污染的重要来源。因此，经常监控灌溉用水的水质，是杜绝产生土壤污染源的重要措施。

土壤一旦污染，必须采取措施改良土壤才能继续耕种。通常方法有：排除被污染的土壤，即挖去污染土层，换上无污染的土；耕翻土层，即采用深耕，将上、下土层翻动混合，使表层土壤污染物含量降低；施用重金属的吸收抑制剂（改良剂），如加入石灰、磷酸盐、硅酸钙等，使它们与重金属污染物作用生成难溶化合物，从而降低重金属在土壤和植物体内的迁移能力。这种方法可起到临时的抑制作用，时间长了会引起污染物的积累，并在条件变化时，这些不溶的重金属化合物也可能转变成可溶性重金属化合物。

在严重污染地区，选择适宜的作物，改种非食用性作物或能吸收重金属的植物，以达排除重金属的目的。

（2）土壤农药污染的防治

禁止或限制使用剧毒、高残留的农药；开发和使用高效、低毒、低残留农药，例如使用除虫菊酯、烟碱等植物体天然成分的农药；开展生物防治，如应用昆虫、细菌、霉、病毒等微生物来消除病虫灾害。

合理施用农药，制订施用农药的安全间隔时间。

目前，化学农药在农业生产上仍是必不可少的，加强新型农药的研究，采取必要的防治措施，土壤受农药的污染完全可以控制。

5.4 绿色化学

化学在保证和提高人类生活质量、保护自然环境以及增强化学工业的竞争力方面均起着关键作用。化学科学的研究成果和化学知识的应用，创造了无数的新产品，使我们在衣、食、住、行各个方面受益匪浅，化学药物对人们防病祛疾、延年益寿和高质量地享受生活起到了不可估量的作用。但是，随着化学品的大量生产和广泛应用，给人类原本和谐的生态环境带来的大量污水、烟尘、难以处置的废物和各种各样的毒物，又威胁着人们的健康。化学工业成了有害物质释放最多的工业。

这种情况引起了人们越来越多的关注。1990 年，美国国会通过了《污染预防法案》，明确提出了"污染预防"这一概念，要求杜绝产生污染源，指出最好的防止有毒化学物质危害的办法就是从一开始就不生产有毒物质和形成废弃物。这个法案推动了化学界为预防污染、保护环境作进一步的努力。此后，人们赋予这一新生事物不同的名称：环境无害化学（environmental benign chemistry）、清洁化学（clean chemistry）、原子经济学（atomic economy）和绿色化学（green chemistry）等。美国环保局率先在官方文件中正式采用"绿色化学"这个名称，以突出化学对环境的友好；1995 年 3 月 16 日，时任美国总统克林顿宣布设立"绿色化学挑战奖计划"，以推动社会各界进行化学污染预防和工业生态学研究，鼓励支持重大的创造性的科学技术突破，从根本上减少乃至杜绝产生化学污染源；随后美国科学基金会和美国国家环保局提供专门基金资助绿色化学的研究，并于同年 10 月 30 日设立了"总统绿色化学挑战奖"这项在化学化工领域内唯一的总统奖，以表彰在该领域中有重大突破和成就的个人与单位。此后，英国、德国、荷兰、日本等国家也先后设立了相应的奖项或实施了有关绿色化学研究计划。由于上述原因，使得"绿色化学"这个名称广为传播。目前全世界比较发达的国家的许多行业都以浓厚的兴趣大力研究绿色化学课题。

一般认为，绿色化学，是利用化学的原理、方法来防止在化学产品设计、合成、加工、应用等全过程中使用和产生有毒有害物质，使所设计的化学产品或生产过程更加环境友好的一门科学，其目标是寻求能够充分利用原材料和能源，且在各个环节都洁净和无污染的反应途径和工艺。显然，绿色化学不同于环境化学。

从广义上说，绿色化学已成为一种理念，是人们应该倾力追求的目标。

5.4.1 绿色化学防止污染的基本原则

绿色化学作为一门新的学科，尚有许多不成熟的地方。但经过 10 多年的研究与探索，该领域的先驱研究者已总结出了绿色化学的 12 条原则，这些原则主要体现了要充分关注环境的友好和安全、能源的节约、生产的安全性等问题，并已为国际化学界所公认。这 12 条原则是：

① 从源头上制止污染，而不是在末端治理污染；

② 合成方法应具有"原子经济"性，即尽最大可能使参加反应过程的原子进入最终产物；

③ 在合成方法中尽量不使用和不产生对人类健康和环境有毒有害的物质；

④ 设计具有高使用效益、低环境毒性的化学产品；

⑤ 应尽可能避免使用溶剂、分离试剂等助剂，如不可避免，也要选用无毒无害的助剂；

⑥ 合成方法必须考虑过程中能耗对成本与环境的影响，应设法降低能耗，生产过程应尽可能在常温常压下进行；

⑦ 尽量采用可再生的原料，特别是用生物质代替石油和煤等矿物原料；

⑧ 尽量减少副产品；

⑨ 使用高选择性的催化剂；

⑩ 化学产品在使用完后，应能降解成无害的物质并能进入自然生态循环；

⑪ 发展适时分析技术以便监控有害物质的形成；

⑫ 选择参加化学过程的物质，尽量减少发生意外事故的风险。

5.4.2 原子经济反应

原子经济最早是由美国斯坦福大学特罗斯特（Trost）教授在 1991 年提出来的，即原料分子中究竟有百分之几的原子转化成了产物。绿色化学的主要特点是"原子经济性"，即在获取新物质的转化过程中，既要将原料中的每一原子都转换成产品，充分利用资源，又不产生任何废物和副产品，实现废物的"零排放"。试比较下列两类反应：

$$A+B \longrightarrow C+D$$
$$A+B \longrightarrow C$$

A 和 B 是反应中的原料（反应物），C 是目标产物，D 是副产物，显然后一反应达到了最好的原子经济性，原料分子中的原子百分之百地转化成了产物，不产生副产物或废物。

在工业生产中用丙烯氢甲酰化制丁醛、甲醇羰化制醋酸、齐格勒-纳塔聚合乙烯或丙烯、丁二烯和氢氰酸合成己二腈都是原子经济反应的典型例子。

5.4.3 绿色化学的研究内容

一般来说，一个化学反应主要受四个方面的影响：①原料或起始物的性质；②试剂或合成路线的特点；③反应条件；④产物或目标分子的性质。由于这四个因素相互紧密联系，而且在一定条件下息息相关。因此，这四个方面的绿色化也就是绿色化学所研究的主要内容，如图 5-2 所示。

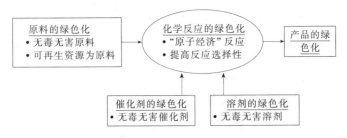

图 5-2　绿色化学的研究内容

目前绿色化学的研究重点是：①设计或重新设计对人类健康和环境更安全的化合物，这是绿色化学的关键部分；②探求新的、更安全的、对环境更友好的化学合成路线和生产工艺，这可从研究、变换基本原料和起始化合物以及引入新试剂入手；③改善化学反应条件以降低对人类健康和环境的危害，减少废弃物的生产和排放。绿色化学着重于"更安全"这个概念，不仅针对人类的健康，还包括整个生命周期中对生态环境、动物、水生生物和植物的影响；而且除了直接影响之外，还要考虑间接影响，如转化产物或代谢物的毒性等。

5.4.4　绿色化学研究实例

(1) 新化学反应过程的实现

美国孟山都公司不用剧毒的氢氰酸、氨和甲醛为原料，从无毒无害的二乙醇胺出发，开发了催化脱氢生产氨基二乙酸钠的工艺，从而获得了 1996 年的美国总统绿色化学挑战奖中的变更合成路线奖；美国道化学公司用二氧化碳代替对生态环境有害的氟氯烃作苯乙烯塑料的发泡剂，因此获得美国总统绿色化学挑战奖中的改变溶剂/反应条件奖。在有机化学品的生产中，有许多化学流程正在改造研究和开发中，如以新型钛硅分子筛为催化剂，开发烃类的氧化反应；用过氧化氢氧化丙烯制环氧丙烷；用过氧化氢和氨氧化环己酮合成环己酮肟；用催化剂的晶格氧氧化邻二甲苯制苯酐等。但是多数化学合成过程，特别是精细化学品的合成过程，都具有较差的原子经济性，造成了资源与能源的浪费。

(2) 传统化学过程的改变

在烯烃烷基化反应生产乙苯和异丙苯的过程中需要酸催化，过去用液体酸 HF 作催化剂，而现在可以用固体酸-分子筛催化剂，并配合固定床烷基化工艺，解决了环境污染问题；在异氰酸酯的生产过程中，过去一直用剧毒的光气为原料，而现在可以用二氧化碳和氨催化合成异氰酸酯，成为环境友好的化学工艺。

(3) 再生性资源和能源的利用

目前，绝大多数有机化学品的初始原料是煤和石油，其中以石油为主。石油属于非再生性资源，储量有限，同时在石油炼制过程中要消耗大量的能量，炼制和加工过程也会不可避免地产生污染。生物质是一种可以再生的天然资源，而地球上自然界中存在着大量的由植物提供的取之不尽、用之不竭的可再生的物质和能源。实现以生物质替代石油作化工原料，将会产生无可比拟的环境效益和资源优势。

目前，地球上的植物大约有 2 亿亿吨，每年的再生量约 1640 亿吨，主要是淀粉和植物纤维。玉米、小麦和土豆等粮食作物是淀粉类的代表，农业废物（例如玉米秆和麦草秆等）、森林废物和草类是纤维素类的典型代表。淀粉和纤维素都是由葡萄糖等分子通过化学键连接而成的。淀粉在某些领域已经作为化工原料，但是由于其主要用作粮食产品，因而应用受到了限制。世界上的绝大多数植物由纤维素组成，而纤维素是不能被人类直接消化吸收的。目前，除了造纸和当作燃料外，还远远没有对它加以开发利用。如何把纤维素转化成便宜的化学原料，是生物质代替煤和石油的关键。纤维素至今尚未能广泛用作化工原料与其特殊的化学结构有关。第一，纤维素多数以难以水解的结晶态存在；第二，纤维素紧密地与半纤维素和木质素连接在一起；第三，纤维素中葡萄糖单体之间是以 β-1,4 化学键连接的，它们比淀粉中的 α-1,4 键更难水解。

为了分解纤维素，目前已经探索出几种"爆破"技术来破坏它的结构。例如把含木质纤维素的材料放在高压蒸汽中，然后迅速降压；用稀酸、有机溶胶技术和超临界萃取技术处理木质纤维素。当得到葡萄糖等小分子物质之后，就可以把它们转化成需要的有机化学制品，从而实现生物质替代石油作化工原料。

图 5-3 给出了石油化学炼制与生物质炼制的流程图。美国得克萨斯 A&M 大学的向查波（M. Holtzapple）教授发展了一套用石灰和微生物等处理废生物质，将其转化成动物饲料、工业化学品和燃料的简单技术。它所用的废弃生物质包括城市固体废物、水污泥、粪肥及农作物残渣。这一转化不仅得到了有用的物质，而且减少了环境污染，节约了废物处理的费用，他本人也因此荣获了 1996 年的首届美国总统绿色化学挑战奖的学术奖。美国 Bioflne 公司发展了将废弃纤维素转化成乙酰丙酸的新技术，产率高达 70%～90%，原料可以是造纸废料、城市固体垃圾、废木材及农业残留物等。此项成果获得了 1999 年美国总统绿色化学挑战奖的小企业奖。

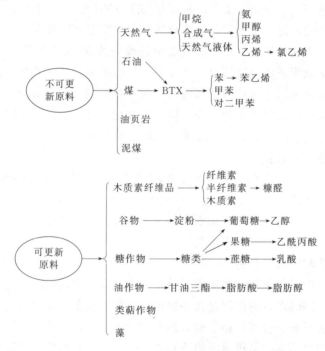

图 5-3　石油化学炼制与生物质炼制流程示意图

附：20 世纪世界十大公害事件

第二次世界大战前后，一些国家致力于经济起飞，忽视了环境保护，结果发生一系列"公害"事件。不仅直接影响了经济的持续发展，而且对人类本身的健康也产生严重的危害，甚至威胁着人类的生存。其中震惊世界的十大"公害"事件，更使人触目惊心。

1. 马斯河谷大气污染事件

马斯河谷是比利时的工业区。事件发生的起因是 1930 年 12 月 1～5 日，该地区发生逆温现象，工厂排出的有害气体在大气层底部积累，大气中 SO_2 浓度高达 $25～100mg \cdot m^{-3}$，超过了排放标准的 100～400 倍，并有氟化物污染，几种有害气体和粉尘对人体的综合作用，造成一周内死亡达 60 人。

2. 洛杉矶光化学烟雾事件

1940 年初发生在美国洛杉矶市。当时，这个城市拥有 250 万辆汽车，每天消耗大量汽油，向大气排放大量碳氢化合物、氮氧化物和一氧化碳。该市处于 50km 狭长的盆地中，一年约有 300 天出现逆温现象，汽车排出的废气积累，在日光作用下产生十分严重的光化学烟雾，时间长达好几天，大多数居民出现眼肿、流泪、喉痛、胸痛等症状，65 岁以上的老人死亡 400 余人。

3. 多诺拉大气污染事件

1948 年 10 月 26～31 日，发生在美国宾夕法尼亚州多诺拉镇。该镇处于河谷中，10 月最后一周出现逆温现象，同时大雾持续了 5 天，使大气污染在近地层积累（主要污染物为 SO_2）。事件发生后有 5911 人发病，占全镇总人口的 43%，其中 17 人死亡。

4. 伦敦烟雾事件

1952 年 12 月 5～8 日，发生在伦敦市。12 月 5～8 日英国几乎全境被浓雾覆盖，在 40～50m 低空发生逆温层，致使燃料产生的烟雾不断积累，达到平时的 6 倍以上，烟雾中的 Fe_2O_3 粉尘使 SO_2 发生催化氧化继而生成 H_2SO_4 雾沫，4 天内死亡 4000 余人，以后两个月陆续死亡 8000 余人。

5. 水俣病事件

1953～1959 年，发生在日本熊本县水俣湾。因含甲基汞的工业废气污染水体，使水俣湾地区居民出现神经性中毒病症，中毒者 283 人，死亡 60 人。1953 年发病后，一直不明真相，直至 1959 年，历时 7 年的研究才查明污染的原因。这种中毒病症现在被称为水俣病。

6. 骨痛病事件

1955～1972 年发生在日本富士山县神通川流域。当地的铅、锌冶炼厂排放的含 Cd 废水污染了神通川水体，两岸农民历来以河水灌溉农田，使稻米中 Cd 含量上升，当地人民食用含 Cd 量高的大米、蔬菜、水等，发生 Cd 中毒形成的骨痛病，患者 130 余人，其中死亡 81 人。此事件持续了十多年，至 1972 年才查明病因。

7. 四日市哮喘事件

1961～1970 年，发生在日本四日市。1955 年以后该市石油炼制及工业燃油产生的废气日益严重，污染城市大气，全市粉尘及 SO_2 排放量每年高达 $1.3 \times 10^5 t$，大气中 SO_2 浓度超标 5～6 倍以上，造成哮喘病发作，1964 年烟雾连续不断，气喘病患者大量死亡，1967 年甚至出现患者因不堪忍受痛苦而自杀的现象，此事件持续时间长达 10 年，至 1970 年才查明原因。

8. 米糠油事件

1963 年 3 月发生在日本九州爱知县一带。生产米糠油时使用多氯联苯，由于生产管理不善污染了水和食物，使几千人中毒，16 人死亡。

9. 印度博帕尔农药厂事件

1984 年 12 月 23 日凌晨，印度博帕尔市美国联合碳化物公司所属一家农药厂地下储气罐压力过大而渗漏出 45t 液体毒气。造成 2500 人死亡、20 万人受伤，其中 10 万人终身残废、5 万人双目失明。当时博帕尔地区大批食物、水源被污染，牲畜和其他动物亦大量死亡，生态环境遭到严重破坏。

10. 切尔诺贝利核事故

1986 年 4 月 26 日，事故发生在前苏联的乌克兰切尔诺贝利核电站，导致 31 人死亡，大批人员被迫撤出污染区，核事故中在地洞中幸免于难的动物，在短短的 3 年多时间里发生了严重的畸形变种，当时估计在未来的 40 年内，将会引起 15000 人患癌症。

上述重大污染事件，给人们带来了深刻而惨痛的教训。它告诫我们，在工业高度发展的今天，在进行建设及发展生产的同时必须加强环境保护工作，才能真正造福于人类，否则后果不堪设想。

 思考题

1. 为什么要进行环境保护？
2. 大气污染的主要污染物是什么？主要来源是什么？
3. 畅想解决汽车尾气污染空气的有效途径。
4. 什么是光化学烟雾？是由哪些因素造成的？
5. 酸雨是如何形成的？有哪些危害？
6. 什么是"温室效应"？什么是"温室效应"加剧？
7. 平流层中臭氧层是如何被破坏的？"臭氧空洞"有什么危害？
8. 水体的主要污染物有哪些？
9. 水中重金属污染有哪些危害？哪些重金属元素的危害较大？
10. 水中有机物污染主要包括哪些内容？
11. 什么是水体"富营养"化？它有哪些危害？
12. 为什么流水不腐？COD 含量高的水是否适宜养鱼？
13. 试述土壤污染的概况。
14. 大气、水体、土壤等污染治理主要有哪些方法？

 习题

一、填空

1. 根据大气的物理性质和化学性质及其垂直分布的特点，将大气圈分成____、____、____、____和____五个层次。其中，____层与人类活动关系最为密切。

2. 从各类工厂、汽车等污染源中直接排放出来的大气污染物叫____。这类污染物排放量大，影响范围广，危害也较大，它们主要是____、____、____、____及____等。这类污染物中的反应性污染物在大气中可以发生各种反应，又产生许多新的大气污染物，称为____。

3. 当今世界四大环境问题是____、____、____、____。

4. 一般雨水呈微酸性，pH 值约为____，这是由于大气中大量的____溶于雨水部分解离形成的结果。这种微酸性的雨水，有利于农作物的生长。如果雨水的 pH 值小于 5.6，通常称为____。造成这种现象主要是由于工业生产和汽车排放的污染物____和____。

5. 与人类生产和生活有关的大气污染主要有_____、_____、_____等，它们排放的主要污染物是_____、_____、_____等。

二、含汞废水可以加入固体 FeS，利用沉淀转化反应

$$Hg^{2+} + FeS(s) \Longrightarrow HgS(s) + Fe^{2+}$$

降低废水中 Hg^{2+} 的含量，达到排放标准，试讨论上述反应的可能性。

三、某厂排放的废水中含有 $96mg \cdot L^{-1}$ 的 Zn^{2+}，用化学沉淀法应控制 pH 值为多少时才能达到排放标准（$5mg \cdot L^{-1}$）？在 $1m^3$ 这样的废水中应投入多少烧碱？

第6章 化学与材料

6.1 概述

21世纪后期以来，人们把材料、信息和能源作为现代社会进步的三大支柱，材料又是发展能源和信息技术的物质基础。化学是材料与能源发展的基础，随着化学的发展，在材料与能源方面取得了巨大的进展。

从近代科技史来看，新材料的使用对社会经济和科技的发展起着巨大的推动作用。例如，钢铁材料的出现，孕育了产业革命；高纯半导体材料的制造，促进了现代信息技术的建立和发展；先进复合材料和新型超合金材料的开发，为空间技术的发展奠定了物质基础；新型超导材料的研制，大大推动了无损耗发电、磁流发电及受控热核反应堆等现代能源的发展；纳米材料的发展和利用，促进了多学科的发展，并将人类带入了一个奇迹层出不穷的时代。材料的品种繁多，迄今注册的已达几十万种，每年还以5％左右的速度继续增长。

化学和物理学是材料科学的基础。材料物理学是把凝聚态物质的基本概念试图应用于复杂的多相介质，包括材料中的问题。材料化学是一门以现代材料为主要研究对象，研究材料的化学组成、结构（电子结构、晶体结构和显微结构）与材料性能之间的关系及其合成制备方法、检测表征、材料与环境协调等问题的科学。

科学工作者根据材料的组成和结构特点，将材料分为金属材料、无机非金属材料、有机高分子材料和复合材料四大类。也可根据材料的性能特征，将其分为结构材料和功能材料。还可根据材料的用途将其分为建筑材料、能源材料、航空材料和电子材料等。本章将按照第一种分类方法对四类材料分别加以介绍，此外，对于新兴的纳米材料进行了初步探讨，并讨论其中的化学问题。

6.2 金属材料

金属材料是以金属元素为基础的材料。纯金属的直接应用很少，因此金属材料绝大多数是以合金的形式出现，合金是由一种金属与另一种或几种其他金属、非金属熔合在一起生成的具有金属特性的物质。金属材料一般具有优良的力学性能、可加工性及优异的物理特性。金属材料的性质主要取决于它的成分、显微组织和制造工艺，人们可以通过调整和控制成分、组织结构和工艺，制造出具有不同性能的工艺材料。在近代的物质文明中，金属材料如钢铁、铝、铜等起了关键作用，至今这类材料仍具有强大的生命力。

6.2.1　金属单质

迄今为止，人类已经发现的元素和人工合成的元素加在一起，共有 117 种，其中金属元素 94 种，占元素总数的 4/5。它们位于元素周期表中硼-硅-砷-碲-砹和铝-锗-锑-钋构成的对角线的左下方。对角线附近的锗、砷、锑、碲等为准金属，即性质介于金属和非金属之间的单质，准金属大多可作半导体。

地球上金属资源极其丰富，除了金、铂等极少数金属以单质形态存在于自然界以外，绝大多数金属在自然界中以化合物的形式存在于各种矿石中，此外，海水中含有大量的钾、钙、钠、镁的氯化物、碳酸盐等。

6.2.2　合金

虽然纯金属具有良好的塑性、导电导热性，但纯金属的性能往往不能满足生产需要，实际应用最多的是各种合金。

6.2.2.1　合金的结构和类型

按其结构，合金可分为以下三种类型。

(1) 固溶体

以一种金属为溶剂，另一种金属或非金属为溶质，共熔后形成的固态金属，称做固溶体。固溶体保持了溶剂金属的晶格类型，溶质原子可以不同方式分布于溶剂金属的晶格中，根据溶质原子在溶剂晶格中位置的不同，可分为取代固溶体和间隙固溶体两种，如图 6-1 所示。

(2) 金属化合物

当两种组分的原子半径和电负性相差较大时，可形成金属化合物。金属化合物的晶格不同于原来金属的晶格，但往往比纯金属有更高的熔点和硬度。例如铁碳合金中形成的 Fe_3C，称作渗碳体。

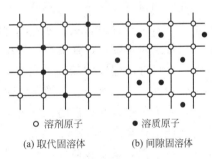

○ 溶剂原子　　● 溶质原子
(a) 取代固溶体　　(b) 间隙固溶体
图 6-1　固溶体结构示意图

(3) 机械混合物

两种金属在熔融状态时完全互熔，但凝固后各组分又分别结晶，组成两种金属晶体的混合物，整个金属不完全均匀。例如钢中，渗碳体和铁素体相间存在，形成机械混合物。机械混合物的主要性质是各组分金属的平均性质。

6.2.2.2　合金材料

(1) 钢铁

钢铁是铁碳合金的总称。根据含碳量的不同，铁碳合金分为钢与铸铁两大类，钢是含碳量小于 1.8% 的铁碳合金。碳钢是最常用的普通钢，冶炼方便、加工容易，在多数情况下可满足使用要求。按照含碳量的不同，碳钢又分为低碳钢、中碳钢和高碳钢。随含碳量的升高，碳钢的硬度增加、韧性下降。在碳钢的基础上加入一些合金元素，如 Si、W、Mn、Cr、Ni、Mo、V、Ti 等，可使钢的组织结构和性能发生变化，从而具有一些特殊性能。如加入一定量的 Cr 和 Ni 等可炼成不锈钢，加入 Mn 可炼成特别硬的锰钢。

炼钢实际上是调整铁中碳的含量，同时除去一些有害的杂质，如硫、磷等。碳在钢中的存在方式是填充在铁晶格的孔隙中，形成间隙合金。碳以四种方式存在于铁晶格中，形成奥氏体、马氏体、渗碳体和铁素体四种物相。奥氏体是碳原子间充在 γ-Fe 晶格间隙位置上的间隙固溶体［见图 6-2(a)］；马氏体是碳原子在 α-Fe 中形成的过饱和的间隙固溶体［见图 6-2(b)］；渗碳体是铁和碳形成的间隙化合物（Fe_3C）；铁素体是碳在 α-Fe 中形成的间隙固溶体。

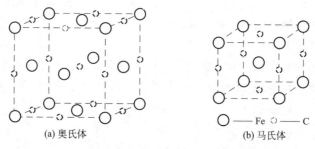

(a) 奥氏体   (b) 马氏体

图 6-2　奥氏体和马氏体的结构

（2）铝合金

铝在地壳中的含量仅次于氧和硅，是金属中含量最高的。纯铝的密度较低，为 $2.7g/cm^3$，是钢密度的 1/3。纯铝有着良好的导电、导热性（仅次于 Au、Ag、Cu）、延展性。铝还具有良好的耐腐蚀性。铝与氧的亲和力很大，在大气中常温下即能与氧化合，形成一层致密的 Al_2O_3 薄膜，保护内层金属不再氧化。

纯铝的机械性能不高，不适宜作承受较大载荷的结构件。为了提高铝的机械性能，可在纯铝中加入某些合金元素，如 Cu、Mg、Zn、Si、Mn 和稀土元素等，制成铝合金。铝合金的突出特点是密度小、强度高。铝中加入 Mn、Mg 形成的 Al-Mn、Al-Mg 合金有很好的耐腐蚀性、良好的塑性和较高的强度，称为防锈铝合金，用于制造油箱、容器、管道和铆钉等。铝中加入 Cu、Mg、Zn 等形成的 Al-Cu-Mg 和 Al-Cu-Mg-Zn 系合金的强度较防锈铝合金高，称为硬铝合金，但防蚀性能下降。新近开发的高强度硬铝，强度进一步提高，而密度比普通硬铝合金减小 15%，且能挤压成型，可用作摩托车骨架和轮圈等构件。Al-Li 合金可制作飞机零件和承受载荷的高级运动器材。目前，高强铝合金广泛用于飞机、舰艇和载重汽车等的制造，可增加载重量，提高运行速度，并具有抗海水腐蚀、避磁性等优点。

（3）钛合金

钛是地壳中储藏量最丰富的元素之一，含量占地壳质量的 0.61%，在诸元素的分布序列中居第九位。金属钛为银白色，外观似钢，熔点达 1672℃，比铁和镍的熔点都高，属难熔金属，是一种很好的热强合金材料。钛的优良性能是密度小、强度高。钛的韧性强于铁，而密度只有铁的一半多一点，而且不会生锈，尤其耐海水腐蚀。钛的密度比铝大不到 2 倍，强度却比铝高 3 倍，而且耐热性优于铝。

液态钛几乎能溶解所有的金属，形成固溶体或金属化合物等多种合金。钛合金在冶金、电力、化工、石油、航空航天及军事工业中有着广泛应用。例如 Ti-6Al-4V 合金具有较强的机械性能和高温变形能力，稳定性好，可在较宽的温度范围内使用，从而用于制造波音 747 飞机主起落架的承力结构件；Ti-6Al-2Sn-4Zn-2Mo、Ti-7.7Al-11Zr-0.6Mn-1Nb 合金可在 500℃ 以上长期工作而用于制造汽车排气阀；Ti-5Al-2.5Sn（低氧）和 Ti-6Al-4V（低氧）又是重要的低温材料，它们的使用温度分别可达到 -253℃ 和 -196℃，可用作宇宙飞船中的液氢容器和低温高压容器。此外，钛及其合金的耐腐蚀性也尤为突出，如 Ti-0.2Pd 和 Ti-0.8Ni-0.3Mo 在浓度为 20% 的盐酸中年腐蚀速率只有 0.255mm，是纯钛年腐蚀速率的

1/100。由于钛及其合金具有许多优异的性能，因而钛享有"第三金属"和"未来的金属"的美称。

（4）储氢材料

某些过渡金属和合金，由于其特殊的晶格结构等原因，氢原子比较容易透入金属晶格的四面体或八面体间隙位中，形成金属氢化物，这类材料可以储存比其体积大 1000～1300 倍的氢，储存氢的密度比液氢还高。由于氢与金属的结合力较弱，加热时氢就能从金属中放出。这实际上是金属吸氢和放氢的可逆过程，叫做可逆储氢。稀土尤其是镧和镍的金属间化合物，例如 $LaNi_5$，具有较好的储氢性能，其吸氢和释放氢的过程可以用下式表示：

$$LaNi_5 + 3H_2 \rightleftharpoons LaNi_5H_6 \qquad \Delta H < 0$$

目前，正在研究和接近实用的储氢材料有：Mg_2Cu、$TiFe$、$TiMn$、$TiCr_2$、$LaNi_5$、$ZrMn_2$ 和含稀土金属（La、Ce）的 Ni、Zr、Al 或 Cr-Mn 组成的多元合金。

储氢材料具有的吸氢与放氢功能，以及吸氢放氢过程中伴随产生的热效应，使其在许多领域有着良好的应用前景。

① 氢气的储运和提纯。储氢材料不但能储氢，而且由于 $LaNi_5$ 只与氢形成不稳定的氢化物，因此 $LaNi_5$ 放氢后有很好的提纯效果，仅需一次吸-放氢循环，就可以把氢气提纯到99.99999%。稀土储氢（纯化）器作为方便的氢源，已用于氢原子钟、气相色谱仪及冷却发动机等方面，还用于氨厂从吸洗气中回收并净化高纯氢气。

② 高性能充电电池。镍-金属氢化物（Ni-MH）电池作为新型的二次电池，已得到大力发展，其电池反应如下

$$NiOOH + MH \underset{充电}{\overset{放电}{\rightleftharpoons}} Ni(OH)_2 + M$$

在这种密闭电池中放置 $LaNi_5$ 储氢材料，在电池充电时，电池反应放出氢气，且压力迅速增加，超过 $LaNi_5$ 平衡压力时，则氢气被吸收；在电池放电时，氢气由 $LaNi_5H_m$ 解析出来，同 $NiOOH$ 作用，生成 $Ni(OH)_2$ 并放出电子。这种电池性能优异，在宇航、袖珍计算器、移动电话、电动汽车等方面有着广泛应用。

（5）记忆合金

记忆合金是近 20 年发展起来的一种新型金属材料。这种材料在一定外力作用下使其形状和体积发生改变，然后加热到某一温度，它能够完全恢复到变形前的几何形态，这种现象称为形状记忆效应，具有形状记忆效应的合金称为形状记忆合金，简称记忆合金。目前已知的记忆合金有 Cu-Zn-X（X = Si、Sn、Al、Ga）、Cu-Al-Ni、Cu-Au-Zn、Cu-Sn、Ag-Cd、Ni-Ti(Al)、Ni-Ti-X、Fe-Pt(Pd) 等。

记忆合金具有形状记忆效应的原因是，这类合金存在着一对可逆转变的晶体结构。例如含 Ti、Ni 各 50% 的记忆合金，有菱形和立方体两种晶体结构，两种晶体结构之间有一个转化温度。高于这一温度时，会由菱形结构转变为立方结构，低于这一温度时，则向相反方向转变，晶体类型的转变导致了材料形状的改变。

用记忆合金可制成随温度变化而胀缩的弹簧，用于暖房、玻璃房顶窗户的启闭。气温高时，弹簧伸长，顶窗打开；气温低时，弹簧收缩，气窗关闭。

6.3 无机非金属材料

无机非金属材料，简称无机材料，包括的范围极广。传统的无机材料主要是指以硅酸盐

化合物为主要成分制成的材料，包括日用陶瓷、普通玻璃、水泥、耐火材料等。随着科技的发展，无机材料也不断更新。近年来涌现出大量的先进无机材料，如先进陶瓷、特种玻璃、人工晶体、无机涂层和薄膜材料等。

6.3.1 传统的无机材料

6.3.1.1 陶瓷材料

陶瓷是人类最早使用的合成材料，我国是最早发明陶瓷的国家。陶瓷的主要成分是硅酸盐。黏土（层状结构硅酸盐）是传统陶瓷的主要原料。黏土与适量水充分调制后，掺入适量 SiO_2 粉以减少坯体在干燥、烧结时的收缩，加入一定量的长石等助熔剂，制成一定形状的坯体，再经低温干燥、高温烧结、保温处理、冷却等阶段，最终生成以 $3Al_2O_3 \cdot 2SiO_2$ 为主要成分的坚硬固体，即为陶瓷材料。

（1）氧化铝陶瓷

氧化铝陶瓷是以氧化铝为主要成分的一类陶瓷，其主晶相为六方晶系的 $\alpha\text{-}Al_2O_3$。经烧结、致密的氧化铝陶瓷硬度大、耐高温（使用温度可高达 1980℃）、抗氧化、耐急冷急热、机械强度高、化学稳定性好且高度绝缘，是最早使用的结构陶瓷，广泛用作机械部件、刀具等各种工具。在高纯 Al_2O_3 中，加入少量的 MgO、Y_2O_3，经特殊烧结工艺可制成微晶氧化铝，透光性强，用作高压钠灯灯管等高温透明部件。少量 Cr_2O_3 和 Al_2O_3 形成的固溶体称为红宝石，是性能优良的固体激光材料。

（2）氧化锆陶瓷

氧化锆陶瓷是以 ZrO_2 为主要成分的陶瓷材料，它不但具有一般陶瓷材料的耐高温、耐腐蚀、耐磨损、高强度等优点，而且其韧性是陶瓷材料中最高的，与铁及硬质合金相当，被誉为"陶瓷钢"。如在 ZrO_2 中加入 CaO、Y_2O_3、MgO 或 CeO_2 等氧化物，可制得耐火材料。

（3）碳化硅陶瓷

碳化硅（SiC），又名金刚砂，是碳化硅陶瓷的主要成分。SiC 是典型共价键结合的化合物，所以熔点高（2450℃）、硬度大，是重要的工业磨料。SiC 具有优良的化学稳定性，直至 1500℃ 仍具有抗氧化性。

碳化硅陶瓷不仅具有优良的常温力学性能，如高的抗弯强度、抗氧化性、抗磨损性、耐腐蚀性，以及较低的摩擦系数，而且高温力学性能（强度、抗蠕变等）是已知陶瓷材料中最好的。因而在石油、化工、微电子、汽车、航空航天、原子能、激光及造纸等工业领域有着广泛应用。SiC 陶瓷的缺点是韧性较低，脆性较大。为此，近几年来以 SiC 陶瓷为基础的复相陶瓷，如纤维补强增韧、异相颗粒弥散强化和梯度功能材料相继出现，从而改善了 SiC 单体材料的韧性和强度。

（4）氮化硅陶瓷

氮化硅 Si_3N_4 是一种共价化合物，原子间的结合键较强，因此有较高的弹性模量和分解温度。大多数工业上使用的氮化硅粉末是用硅粉直接氮化获得的，反应式为：

$$3Si + 2N_2 \rlap{\,=\!=\!=}{} Si_3N_4$$

氮化硅陶瓷的导热性好而且膨胀系数小，可经低温、高温、急冷、急热多次反复不开裂。因此，可用作高温轴承、炼钢用铁水流量计、输送铝液的电磁泵管道。用它制作的燃气轮机，效率可提高 30%，并可减轻自重，已用于发电站、无人驾驶飞机等。

6.3.1.2 水泥、玻璃

(1) 水泥

水泥是一种水硬性胶凝材料，加水后成为塑性胶体，可将各种集料（砂、石）黏结硬化成为整体，并具有高的机械强度。它不仅能在空气中凝结硬化，而且能在水中继续硬化并提高强度。水泥的品种极多，其中使用量最大的是硅酸盐水泥。硅酸盐水泥是用黏土和石灰石（有时加入少量氧化铁粉）作为原料，经煅烧成为熟料，将熟料磨细，再加一定量石膏而制成的。其主要成分为：CaO（占总质量的 $62\% \sim 67\%$）、SiO_2（$20\% \sim 24\%$）、Al_2O_3（$4\% \sim 7\%$）、Fe_2O_3（$2\% \sim 5\%$）。这些氧化物组成了硅酸盐水泥的四种基本矿物成分。

根据我国标准，将水泥按规定方法制成试样，在一定温度、湿度下，经 28 天后所达到的抗压强度（Pa）数值，表示为水泥的标号数。

除硅酸盐水泥外，还有耐热性好的矾土水泥（以铝矾土 $Al_2O_3 \cdot nH_2O$ 和石灰石为原料）、快凝快硬的"双快水泥"、防裂防渗的低温水泥、能耐 1250℃ 高温的耐火水泥及用于化工生产的耐酸水泥等。

(2) 玻璃

玻璃是由熔融物急冷硬化制得的非晶态固体，其结构为短程有序、长程无序，具有各向同性及亚稳性，向晶态转变时放出能量。广义来讲，玻璃包括单质玻璃、无机玻璃和有机玻璃。通常所说的玻璃是指无机玻璃。玻璃材料具有良好的光学性能和较好的化学稳定性，是现代建筑、交通、化工、医药、光通信技术、激光技术、光集成电路、新型太阳能电池等领域不可缺少的材料。工业上大规模生产的是以（SiO_4）四面体为网络骨架的硅酸盐玻璃。将沙子（SiO_2）与碳酸钠、石灰石混合加热反应，后两者分解放出 CO_2 而形成极黏稠的液体，冷却固化就得到玻璃。

新型玻璃是指采用精致、高纯或新型的原料，或采用新工艺在特殊条件下，或严格控制形成过程制成的、具有特殊性能和功能的玻璃或无机非晶态材料。如光学玻璃、红外玻璃、激光玻璃、光导纤维、电子玻璃等。

① 光导纤维　光导纤维是一种能够导光、传像，具有特殊光学性能的玻璃纤维，又称光纤。光在光导纤维中传播的基本原理是：使光在高、低折射率界面上，通过全内反射而独立、高效地传导。为了使实际应用中所传的光有足够的亮度，必须把许多纤维集合起来，制成包皮型纤维，加上光学绝缘层，以避免纤维间互相接触而漏光。其结构如图 6-3 所示。

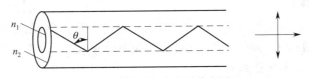

图 6-3　圆柱形包皮光纤传光原理

光导纤维具有传光效率高、集光能力强、信息处理传递量大、速度快、分辨率高、抗干扰、耐腐蚀、可弯曲、保密性好、资源丰富、成本低等一系列优良性能，发展十分迅速，因而被广泛应用于通信、计算机、交通、电力、广播电视、微光夜视及光电子技术等许多领域。

② 新型建筑玻璃　随着人民生活水平的日益提高，建筑玻璃的功能不再是仅仅满足采光要求，还开发了能调制光线、保温隔热、节能、安全、防盗、防弹、防火、防辐射、防静电和电磁波干扰及艺术装饰等特性。在玻璃的成型和加工工艺等方面也有了新的发展，使玻

璃成为继水泥、钢材之后的第三大建筑材料。

a. 吸热玻璃　吸热玻璃是一种能透过可见光，吸收红外线辐射并阻止一定量热辐射透过的玻璃。通常采用向玻璃原料中添加 Fe、Co、Ni、Cu 及 Se 等元素的氧化物，控制熔炼气氛等方法，可制得呈现蓝、灰或茶色等色调的玻璃，这种玻璃除具有吸热功能外，还有改善采光色调、节约能源和装饰的效果。

b. 防静电和抗电磁波干扰玻璃　这种玻璃的表面涂覆具有不同导电性能或屏蔽电磁波功能的金属或金属氧化物薄膜。如果在微波和无线电通信、电子计算机操作、战争指挥部、中央控制室等场所配备这种玻璃，可以有效地防止静电或外部信息的干扰，也可以有效防止内部信息的泄露。

c. 中空玻璃　中空玻璃是一种由两块或两块以上的平板玻璃周边密封，层间保持一定距离，腔体内充以干燥空气或惰性气体，并防止吸潮的空腹玻璃制品。这种玻璃的最大特点是节能，特别是在寒冷的北方或炎热的南方，节能效果达 20%～25%。若原片玻璃采用吸热或热反射玻璃，其节能效果更佳。

6.3.2　先进的无机材料

6.3.2.1　超导材料

超导电性是卡末林·昂内斯(H. Kameligh Onnes) 于 1911 年发现的。他在研究水银低温下的电阻时，发现当温度降低至 4.2K 以下时，水银的电阻突然消失，后来又相继发现十多种金属（如 Nb、Tc、Pb、La、V、Ta）都具有这种现象。这种在超低温度下失去电阻的性质，称为超导电性，具有超导电性的物质，称为超导体。电阻突然变为零的温度，称为临界温度，用 T_c 表示。T_c 是物理常数，同一种材料在相同条件下，T_c 为定值。T_c 的高低是超导材料能否实际应用的关键。

超导体的种类很多，已发现几十种金属以及大量的金属合金和化合物都具有超导性。超导磁体和超导电材料从 20 世纪 60 年代以来，获得高速发展，已成功应用于各个领域。例如，超导核磁共振成像装置是当今世界上最受重视的临床诊断手段；利用材料的超导电性，可使其载流能力高达 $10^4 A \cdot cm^{-2}$，使超导电机的质量大为减轻，而输出功率大为增加。一个中型磁体，用常规电磁材料质量达 20t，而超导磁体只有几千克。在列车和轨道上安装适当的磁体，利用同性磁场相斥，可使列车悬浮起来，称为超导磁体的磁悬浮列车。

6.3.2.2　半导体材料

半导体材料是指室温电阻率在 $10^{-4} \sim 10^{10} \Omega \cdot m$，处于导体(电阻率约为 $10^{-4} \Omega \cdot m$)和绝缘体(大于等于 $10^{10} \Omega \cdot m$)之间的材料，已成为无线电电子技术、计算机技术和新能源技术等高新技术领域不可缺少的重要材料。

根据能带理论，半导体禁带宽度较小，升温时或在光、电和磁效应下，价电子被激发，从满带进入空带，而在满带形成空穴，在外加电场中，负的电子和正的空穴的逆向流动形成电流，从而导电。电子和空穴都称为"载流子"。以电子导电为主的半导体，称为 n 型半导体，以空穴导电为主的半导体，称为 p 型半导体。

高纯半导体材料的导电性能很差，常用"掺杂"改善其导电性能，掺入的杂质有两种类型。

(1)施主杂质

是进入半导体中给出自由电子的杂质，故称"施主"。如在硅中掺入 P 或 As，P 和 As 有 5 个价电子，当它和周围的 Si 原子以共价键结合时，余出 1 个电子。这个电子在硅半导体内是自由的, 可以导电, 因此, 这类半导体属于 n 型半导体, 如图 6-4(a) 所示。

（2）受主杂质

是能俘获半导体中自由电子的杂质, 因其接受电子而称为"受主"。如在硅中掺入 B, 由于 B 原子只有 3 个价电子, 比 Si 原子少一个价电子, 因此在与周围的 Si 原子形成共价键时, 其中一个键将缺少一个电子, 价带中的电子容易跃迁进入而出现空穴。这类半导体为 p 型半导体, 如图 6-4(b) 所示。

利用半导体电阻率随温度而变化的性质, 做成各种热敏电阻, 可用于制作测温元件。利用光照射使半导体材料电导率增大的现象, 做成光敏电阻, 用于光电自动控制及光电材料, 可用于图像静电复印。利用温差能使不同半导体材料间产生温差电动势, 可以制作热电偶。半导体材料是制作太阳能电池所必需的材料。若在 p 型半导体表面沉积一层极薄的 n 型杂质层, 组成 pn 结, 在太阳光的照射下, 光线能完全透过这一薄层, 满带中的电子吸收光子能量后跃迁到导带, 并在半导体中同时产生电子和空穴, 电子移到 n 区, 空穴移到 p 区, 使 n 区带负电荷, p 区带正电荷, 形成光生电势差, 俗称光电效应, 如图 6-5 所示。利用光电效应, 将太阳能转变为电能。

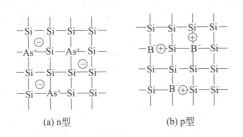

(a) n型 (b) p型

图 6-4 n 型和 p 型半导体示意图

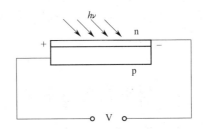

图 6-5 光电效应

6.3.2.3 人造宝石

人造宝石是一类人工合成的, 以 Al_2O_3、SiO_2、MgO、TiO_2 等为主要成分的, 坚硬、美观、透明、均质的人工晶体。人造宝石分为刚玉系合成宝石、尖晶石系宝石和金红石系宝石, 见表 6-1。刚玉合成宝石的主要成分是 Al_2O_3, 掺入不同杂质而呈现不同颜色。尖晶石系宝石以尖晶石为主要成分, 尖晶石是一种复杂的配位型氧化物, 成分为(Mg、Fe)Al_2O_3, 由于 Co、Mn 等杂质含量的不同而呈不同颜色。金红石系宝石由于金红石（TiO_2）本身具有颜色或掺入微量的铬而具有不同的颜色。

表 6-1 人造宝石的种类

宝石类型		颜色	着色剂
刚玉系合成宝石	浅红宝石	浅粉红色	Cr_2O_3 $0.01\%\sim0.05\%$
	粉红宝石	粉红色	Cr_2O_3 $0.1\%\sim0.2\%$
	红宝石	红色	Cr_2O_3 $2\%\sim3\%$
	金黄宝石	橙黄色	Cr_2O_3 $0.2\%\sim0.5\%$, NiO 0.5%
	紫宝石	紫色	TiO_2 0.5%, Fe_2O_3 1.5%, Cr_2O_3 0.1%
	蓝宝石	蓝色	TiO_2 0.5%, Fe_2O_3 1.5%
	变色宝石	蓝紫色（日光下） 红紫色（灯光下）	V_2O_3 $3\%\sim4\%$
	黄青玉	金黄色	NiO 0.5%, Cr_2O_3 $0.01\%\sim0.05\%$
	黄宝石	黄色	NiO $0.5\%\sim1.0\%$
	白宝石	无色	无

宝石类型		颜色	着色剂
尖晶石系宝石	浅海蓝宝石	天蓝色	CoO 0.01%~0.05%
	海蓝宝石	海水色	CoO 0.5%~1.0%
	绿宝石	浅绿色	CoO 0.05%~0.1%,MnO 0.5%~1%
	尖晶石	蓝紫色	CoO 0.5%~1.5%
金红石系宝石	金红石	浅黄色	无
	金红石	深蓝色	无
	金红石	橘红色	Cr_2O_3 0.5%

通常所说的红宝石，是掺铬的氧化铝晶体。由于 Cr^{3+} 部分取代了氧化铝中的 Al^{3+}，而使晶体带红色，随着 Cr^{3+} 浓度的增加，颜色由浅变深。蓝宝石则是在氧化铝晶体中掺入了铁和钛的氧化物。刚玉星光宝石是一种名贵的宝石珍品，它是在刚玉宝石中加入微量的星化剂（如 Ti、Al 等），在一定温度下进行星化处理，使宝石中的掺入物由于溶解度降低而从晶体中脱溶，析出的针状晶体沉积在宝石晶胞的六个柱面上，沿垂直于宝石的 c 轴切割并琢磨抛光后，在弧面上就能呈现出 6 条美丽的星线，似从宝石的中心射出。

人造宝石最初是作为装饰品来使用的，但现在 90% 以上是用于工业和科学技术方面，主要用于精密机械工业、电器仪表、铁道信号机、船舶罗盘仪、电表、精密仪器等用的轴承或通孔钻。

6.4 有机高分子材料

人们对有机高分子化合物已不陌生，棉、麻、丝、毛、角、胶、塑料、橡胶、纤维，无论是天然的还是合成的，这类材料在人们日常生活和工程技术中都占有越来越重要的地位。早就有人断言，21 世纪将成为高分子的世纪。这一方面说明高分子材料种类、数量之多，另一方面也说明高分子材料在社会生活的各个领域中的作用之大。同时，也意味着高分子材料将有更迅速的发展。

6.4.1 高分子化合物基本概念

高分子化合物（macromolecules）是指相对分子质量很高（通常为 $10^4 \sim 10^6$）的一类化合物，又称高聚物（polymer）或聚合物。高分子化合物与低分子化合物的根本区别在于相对分子质量的大小不同。低分子化合物（如酸、碱、盐、氧化物及有机化合物等）的相对分子质量大多数是比较小的，一般不超过 1000；高分子化合物的相对分子质量很大，因此它们的分子体积也是很大的。由于高聚物的相对分子质量很大，所以在性质上与低分子化合物有很大的差异，这也是量变引起质变的客观规律的一个很好的证明。

6.4.1.1 聚合度和相对分子质量

高聚物是由成千上万个有机小分子通过聚合反应连接而成的这些有机小分子称为单体。例如：最常见的高分子化合物聚乙烯 $-\!\!\left[H_2C\!-\!CH_2\right]_{\overline{n}}$ 是由乙烯为单体，经聚合反应制得的。其中 $-CH_2-CH_2-$ 称为高聚物的链节（chain），链节重复的次数称为聚合度 n(degree of polymerization)。

因为聚合度可以是几、几十、几百甚至几千、几万，所以相对分子质量很大。高聚物的相对分子质量应该等于其链节的化学式量与聚合度的乘积。但是，生产中得到的同一高聚物，不同的分子个体 n 并不完全相同，因而每个分子的相对分子质量也就不完全相同。由此可知，高聚物的相对分子质量与低分子化合物不同，它没有一个确定的数值，而只有一个平均值，即"数均摩尔质量"，这是由于同一种高聚物聚合度可以各不相同。也就是说，高分子化合物在本质上是由许多链节相同而聚合度不同的化合物所组成的混合物。

由聚合度 n 的不同而引起高聚物相对分子质量的不同，这种现象通常称为高聚物相对分子质量的多分散性（polydispersity）。反映高聚物相对分子质量多分散性的特点，除具有"数均摩尔质量"外，还有一个"相对分子质量的分布"。由于这一特点，高聚物的一些性质表现出某种特殊性。例如熔点，对于低分子化合物来说，一般有一个固定的熔点；但对于高聚物来说，一般无明显的熔点，而只有范围较宽的软化温度。

6.4.1.2 高分子化合物的结构

高聚物的分子相对而言是很大的，而且一般呈链状结构，故常称其为高分子链（或大分子链）。高分子链的形状有线型结构（linear structure）和体型结构（net-work structure）两类。前者可以含有支链，后者又称网状结构，如图 6-6 所示。这两类高分子的合成与控制以及线型向体型的转变是高分子化学研究的主要内容。线型及支链型大分子彼此间以分子间力聚集在一起，加热时可以熔融，并在适当溶剂中可以溶解。而体型大分子则因分子链间以化学键相连而在加热时不能熔融，也不能溶于溶剂之中。

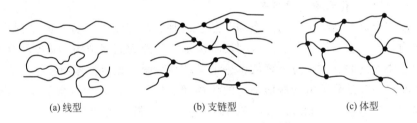

(a) 线型　　　　　　(b) 支链型　　　　　　(c) 体型

图 6-6　高聚物几何链的几何形状

线型结构的高聚物，例如聚乙烯：

$$\sim\!\!\sim\!\!-CH_2-CH_2-CH_2-CH_2-CH_2-CH_2\!\!-\!\!\sim\!\!\sim$$

体型（网状）结构的高聚物，如酚醛树脂：

线型结构的高分子链又细又长，其直径 d 与长度 l 之比可达 $1:1000$ 以上，如聚异丁烯的 $d:l$ 在 $1:50000$ 以上。这种分子存在的状态类似直径为 1mm、长度为 50m 的线，在无外力作用时，会任意卷曲，如同"无规线团"。体型结构的高聚物则不然，由于大分子之间有化学键，大分子链不易产生相对运动。相比之下，体型结构的高聚物具有更好的力学强度。长链大分子之所以在自然条件下采取卷曲的状态，是因为大分子链具有一定的柔顺性。以碳链高分子为例：由于 C—C 单键是 σ 键，电子的分布是沿键轴方向呈圆柱状对称的，因

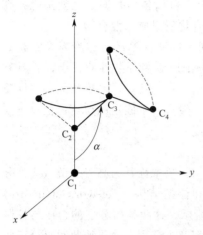

此碳原子可以绕 C—C 键自由旋转，如图 6-7 所示。如果原子 C_1 和 C_2 联结起来，则 C_2—C_3 键可以绕 C_1—C_2 键旋转，即 C_3 处于沿 C_1—C_2 轴旋转而形成的圆锥底圆的边上，而且 C_1—C_2 与 C_2—C_3 所构成的键角等于 109° 28′。C_3 原子在圆锥底边的任意位置上的键角都保持着这个值。同样，C_3—C_4 键可以绕 C_2—C_3 键旋转，即 C_4 处于沿 C_2—C_3 轴旋转形成的圆锥的底圆边上，C_3—C_4 与 C_2—C_3 所构成的键角也等于 109°28′。一个高分子链可以有几百、几千个 C—C 键，因而分子的形状具有无数种可能性。同理，分子的末端距（高分子链两端的距离）也是不定的，每一瞬间都不相同。由于高聚物分子的内旋转可产生无数构象（conformation），所以高分子链是非常柔软的。高分子链的这种特性称为高分子链的柔顺性（flexibility）。

图 6-7　单键内旋转示意图

柔顺性是高分子链的重要物理特性，也是它们与低分子物质性质不同的原因之一。

6.4.1.3　高分子化合物的聚集态

高聚物按其聚集态结构可分为晶态和非晶态两种。晶态结构中分子的排列是有规则的，即为有序结构；非晶态结构中分子的排列没有规则性，即为无序结构。熔融的高聚物，其分子链是非常卷曲紊乱的。如果温度降低，分子运动会减缓，最后被慢慢冻结凝固。有时可能出现两种情况：一种是分子链就按熔融时的无序状态固定下来，如有机玻璃、聚苯乙烯等，属无序结构的非晶态（amorphous state）；另一种是分子链在其相互作用力影响下，有规则地排列成有序结构，形成"结晶"，称晶态（crystalline state），如尼龙、聚乙烯等。

通过进一步的研究发现，即使像聚乙烯这类很容易结晶的高聚物，其聚集态内部也并非是百分之百结晶，不过是"结晶度"很高而已。因此，提出了"两相结构"模型。这个模型认为，晶态高聚物中存在着链段排列整齐的"晶区"和链段卷曲而又互相缠绕的"非晶区"两部分。一条高分子链在高聚物中可以穿越几个晶区和非晶区（见图 6-8）。

高聚物的聚集态除晶态和非晶态外，还有取向态结构。高聚物在其熔点以下，玻璃化温度（见后文）以上的温度加以拉伸，此过程称为取向（orientation）。由于高分子链是长链，而且具有一定的柔顺性，所以分子链

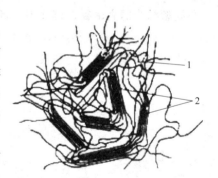

图 6-8　高聚物两相结构示意图
1—晶区；2—非晶区

可以沿拉伸方向发生有序的排列。例如，聚甲基丙烯酸甲酯和聚丙乙烯等被拉伸后，可用光学的方法测得它们的分子链是取向态的。

取向和结晶虽然都使高分子链排列有序，但它们的有序程度不同，取向态是一维或二维有序，而结晶态是三维有序。

6.4.1.4　高分子化合物的制备

由低分子化合物合成高分子化合物的反应称聚合反应（polymerization reaction），其起

始原料称单体（monomer）。按单体和聚合物在组成和结构上发生的变化将聚合反应分为加聚反应和缩聚反应。

（1）加聚反应

加聚反应（addition polymerization）是一种或多种有机小分子单体，通过加成反应结合成高聚物的过程。例如，由乙烯生成聚乙烯的反应就是加聚反应的一个例子，即

$$n\,CH_2 =\!=CH_2 \longrightarrow \text{---[}CH_2 -CH_2\text{]---}_n$$

又如环氧乙烷聚合生成聚氧化乙烯的反应，即

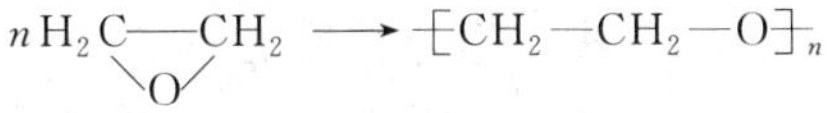

$$n\,H_2C\!\!-\!\!CH_2 \longrightarrow \text{---[}CH_2 -CH_2 -O\text{]---}_n$$

其中，由一种单体合成的高聚物称为均聚物，由两种或两种以上单体合成的高聚物称为共聚物。例如，工程塑料 ABS 就是由丙烯、丁二烯、苯乙烯共聚而成的共聚物。

（2）缩聚反应

缩聚反应（condensation polymerization）是由相同的或不同的低分子化合物相互作用形成高聚物，同时有小分子析出的反应。析出的小分子常有 H_2O、NH_3、HCl 等。例如，二元酸与二元醇酯化而得到聚酯的反应就是缩聚反应的一个例子，即

$$n\,HO\!-\!R\!-\!OH + n\,HOOC\!-\!R'\!-\!COOH \longrightarrow H\text{---[}OR\!-\!OCO\!-\!R'\!-\!CO\text{]---}_n OH + (2n-1)H_2O$$

很明显，参加缩聚反应的低分子化合物应该至少有两个能参加反应的官能团，才可能形成高聚物。当用包含三个能反应的官能团的低分子化合物时，得到的是体型结构的高聚物。例如聚邻苯二甲酸甘油酯的合成反应：

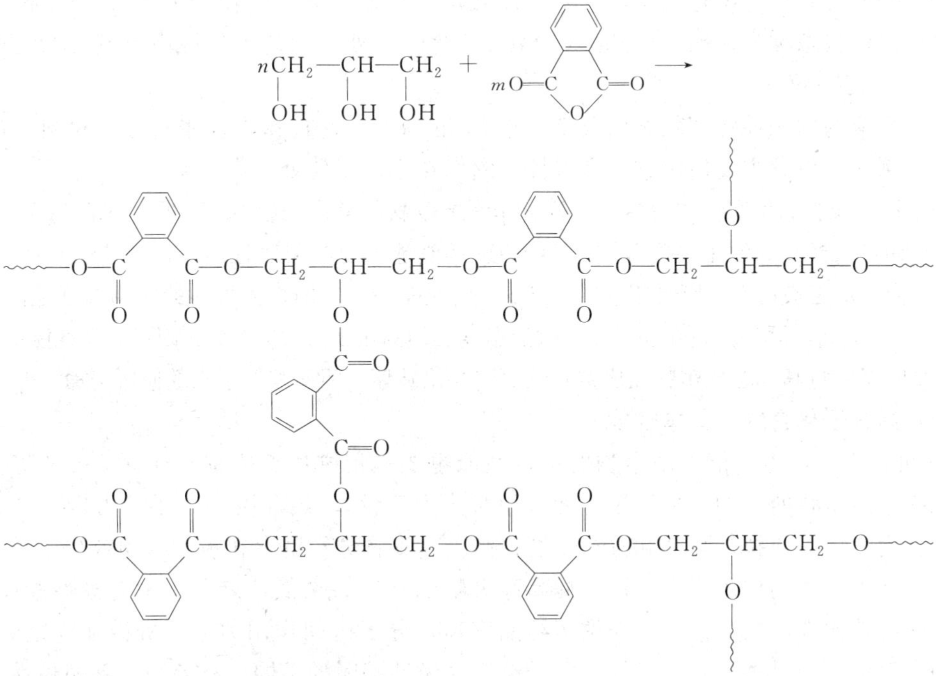

6.4.1.5　高分子化合物的性能

（1）高分子化合物的物理状态

线型非晶态高聚物在恒定外力作用下，形变和温度的关系（又称热-机械曲线）如图 6-9 所示。

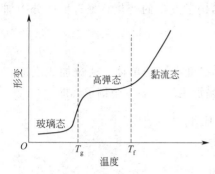

图 6-9　高分子化合物形变与温度的关系

由图 6-9 可知，线型非晶态高聚物在恒定外力作用下，以温度为标尺，可划分为三个性质不同的物理状态：玻璃态、高弹态和黏流态。

① 黏流态　当温度较高时（即高于黏流化温度 T_f），由于分子动能较大，不能满足高分子链的"局部"（称为链段）独立活动所需的能量，而且能克服高分子链整体移动时部分分子间力的束缚。因此，此时链段和整个大分子链均可运动，成为具有流动性的黏液，称为黏流态（viscous state）。处于黏流态的高聚物，在很小的外力作用下，分子间便可以相互滑动而变形；当外力消除后，不会回复原状。这是一种不可逆变形，称为塑性形变（plastic deformation），具有可塑性，可以用于塑制成型。所以，黏流态是高分子化合物作为材料在进行加工成型时所处的工艺状态。

② 高弹态　温度逐渐下降至不太高时（在玻璃化温度 T_g 与黏流化温度 T_f 之间），因分子动能减小，大分子链整体的运动已不能发生，但链段的运动仍能自由进行。高聚物的这种状态称为高弹态（high elastic state）。此时，当受外力作用时，可通过链段的运动使大分子链卷曲（或伸展）；当外力去除后，又能恢复到原来的卷曲（或伸展）状态。宏观表现为柔软而富有弹性，这种可逆形变称为高弹形变（high elastic deformation）。

③ 玻璃态　当温度继续下降至玻璃化温度 T_g 以下时，分子的动能更小，以至于不但整个大分子链不能运动，就是链段也不能自由运动。此时分子只能在一定的位置上做微弱的振动。分子的形态和相对位置被固定下来，彼此距离缩短，分子间作用力较大，结合很紧密。高聚物的这种状态称为玻璃态（glassy state）。此时受外力而产生的微小形变称为普弹形变（general elastic deformation）。

研究高聚物的三种物理状态以及 T_g 与 T_f 的高低，对选择和使用高分子材料具有重要的意义。例如，橡胶主要使用它的高弹性，它们在室温下应处于高弹态。

为了提高橡胶的耐寒性和耐热性，要求作为橡胶材料的高聚物的 T_g 低一些，而 T_f 则要高一些，从而扩大橡胶的使用温度范围。$T_f - T_g$ 差值越大橡胶耐寒性越好，性能越优越。又如，塑料在室温下应是玻璃态，则希望它们的 T_g 适当地高一些，即扩大塑料的使用温度范围。但塑料的 T_f 不要太高，因为塑料在加工成型时的温度必须高于 T_f。T_f 太高，则不但消耗能源，而且加工成型时温度过高，会使塑料在成型时就受到老化破坏，因而缩短了它的使用寿命。

（2）高分子化合物的基本性能

① 机械性能与电性能　高聚物的机械性能主要是指抗压、抗拉、抗弯、抗冲等。这些性能取决于高聚物的结构、平均聚合度（相对分子质量）、结晶度和分子间力等。高聚物的平均聚合度大，可使拉伸强度和抗冲强度提高。高聚物分子链存在极性基团或分子链间能形成氢键，分子链间的作用增大，可以提高高聚物的强度。聚氯乙烯分子中有极性基团－Cl，其拉伸强度就比聚乙烯高。如果高聚物结晶度高，分子链间作用力大，机械强度也会很高。高聚物一般都是绝缘体。其绝缘性因分子链所含极性基团的不同而有差别，基团极性越大绝缘性越差，基团极性越小绝缘性越好。

② 化学性能　高聚物一般为固态，其分子链缠绕在一起，高聚物分子链上的许多基团被包在内部，当有化学试剂加入时，只有少量露在外面的基团与化学试剂反应，所以高聚物

的化学性质稳定，可耐酸、耐腐蚀。因此，高分子化合物常被用作防护层，如电线外层保护层。高分子材料可以长期使用，如日用塑料制品、汽车轮胎、居民楼排水管道等。

6.4.2 塑料

塑料（plastic）是指具有塑性的高分子化合物。即在加热、加压条件下，可塑制成型，在通常条件下保持其形状。一般来说，塑料是以高聚物为基料（40%～100%），加入各种添加剂（如增塑剂、防老剂、发泡剂、填料等）制成的。添加剂的使用可赋予塑料良好的性能，拓宽其使用范围。塑料很轻，密度一般为 $0.9 \sim 2.0 \mathrm{g \cdot cm^{-3}}$，是轻金属铝的一半，常用在需要减轻自重的装备上（轮船、飞行器等）。塑料有一定的机械强度，而且化学性能稳定，常用作包装材料。塑料具有优良的机械性能、耐热性、尺寸稳定性和耐磨性，可以代替某些金属或玻璃、木材等，用于各种机器零件、仪表外壳、家具、建材等。例如具有良好耐磨性的聚酰胺，甚至被用来做轴承。

（1）按加工时的工艺性能分类

塑料按加工时的工艺性能可分为热塑性塑料和热固性塑料两类。

热塑性塑料（thermoplastic plastic）的高分子链属线型结构（包括含有支链的），这类塑料可溶、可熔。但由于种类不同，其溶解性及黏流化温度各不相同。这类塑料加热后会软化，冷却后变硬，并且可以多次反复进行。例如，聚乙烯、聚甲醛、氟塑料、ABS、尼龙（聚酰胺）、聚酯等。

热固性塑料（thermosetting plastic）的高分子链在固化成型前还是线型结构的，在固化成型过程中，由于固化剂的作用而使成型后转化为网状结构的高分子链，成为不溶、不熔的材料，冷却后就不会再软化，所以只能受热一次加工成型。例如，酚醛树脂、环氧树脂等。

（2）按使用状况分类

塑料按使用状况又可分为通用塑料和工程塑料两大类。

通用塑料（general-purpose plastic）指的是性能较好、价格低、产量大、用途广的塑料，广泛用于日常生活和一般制品。目前，应用最广的是聚乙烯（polyethylene，PE）、聚丙烯（polypropylene，PP）、聚氯乙烯（polyvinyl chloride，PVC）、聚苯乙烯（polystyrene，PS）（通常称为"四烯"）和酚醛树脂、氨基树脂六大通用塑料。通用塑料的主要性能及应用见表 6-2。

表 6-2　通用塑料的主要性能及应用

名称	化学结构	特点	应用
聚乙烯 PE	$-[H_2C-CH_2]_n-$	无毒,耐酸碱及盐类水溶液腐蚀;长期浸水不腐烂,柔性好但不耐老化	用于电气、化工、建筑、食品包装、医疗用品、农用膜
聚丙烯 PP	$-[H_2C-CH]_n-$ ‖ CH_3	无毒,有较强的刚性和曲折性,耐温性好、化学稳定性好,耐腐蚀性好,透明度高、质量轻、不耐油、易老化、脆性大	家用电器外壳、汽车零部件、医用注射器、包装品、玩具及家庭日用品
聚氯乙烯 PVC	$-[H_2C-CH]_n-$ ‖ Cl	耐酸、碱、盐的腐蚀;不易燃烧、耐磨、耐油性好、价格低、不易碎	工业型材及防腐材料、零件外壳、人造革、家具及日用品

续表

名称	化学结构	特点	应用
聚苯乙烯 PS	$\left[HC-CH_2 \right]_n$ (苯环)	无毒,透明性好,色泽鲜艳,材质刚硬,脆性大,耐油性差	各种生活日用品、各种仪器外壳、光学零件、化工储罐、电信零件及其他工业用品
酚醛树脂	OH (苯环)$-CH_2-]_n$	耐热,耐寒性能好,表面硬度高,绝缘性能好,可长期在110℃左右使用	汽车、电子、航空航天及国防工业等
氨基树脂	$\left[NH-\overset{O}{\overset{\|}{C}}-NH-CH_2 \right]_n$	无毒,无味,对霉菌作用稳定,耐溶剂,成本低,外观好	日用品、家具、车厢、轮船、电器外壳、装饰板等

工程塑料（engineering plastic）主要指机械性能较好,可以代替金属,可以作为结构材料使用的一类塑料。例如,聚酰胺（尼龙）、聚碳酸酯（polycarbonate, PC）、ABS、聚甲醛（polyoxymethylene, POM）、聚四氟乙烯（polytetrafluoroethylene）、聚醚醚酮（polyetheretherketone）等。几种常见的工程塑料见表6-3。

表 6-3　几种常见的工程塑料

名称	化学结构	特点	应用
聚酰胺（例:尼龙6）	$\left[HN-(CH_2)_5-\overset{O}{\overset{\|}{C}} \right]_n$	良好的韧性、耐磨性、自润滑性,无毒,抗霉	可代替不锈钢、铝、铜等金属,用于制造机械、仪器仪表、汽车的零件、轴承及泵叶
聚碳酸酯 PC	$\left[\overset{O}{\overset{\|}{C}}-O-\text{(苯环)}-\overset{CH_3}{\underset{CH_3}{C}}-\text{(苯环)}-O \right]_n$	使用温度范围宽（-100～130℃）,高透明性,优良的抗冲性和韧性	可代替某些金属、合金玻璃、木材等,广泛用于制造齿轮、仪表外壳、照明灯罩、防弹玻璃等
ABS(丙烯腈、丁二烯、苯乙烯的共聚物)	$\left[H_2C-\underset{CN}{CH} \right]_x$ $\left[H_2CHC=CHCH_2 \right]_y$ $\left[H_2C-\underset{\text{(苯环)}}{CH} \right]_x$	良好的电绝缘性、弹性和机械强度,耐热、耐腐蚀、表面硬度高	可用于制造电信器材、汽车、飞机零件
聚甲醛 POM	$\left[CH_2O \right]_n$	在-40～100℃范围内使用,具有良好的耐磨性和自润滑性,良好的耐油性、耐农药性及耐过氧化物性能	可代替各种有色金属和合金制造齿轮、阀门、凸轮、管道、汽车轴承、变换继电器
聚四氟乙烯 PTFE	$\left[F_2C-CF_2 \right]_n$	可耐强酸、强碱、强氧化剂;在-250～260℃的温度范围内都可应用;绝缘性能好,具有优异的阻燃性和自润滑性	在医学上作代替血管的材料,高压电气设备上的薄膜,食品工业中的传送带与模子,化学工业上制作耐腐蚀性要求极高的管道与衬里等
聚醚醚酮 PEEK	$\left[\text{(苯环)}-\overset{O}{\overset{\|}{C}}-\text{(苯环)}-O-\text{(苯环)}-O \right]_n$	无毒、耐高温、耐化学药品腐蚀	应用于航空航天、汽车工业、电子电气和医疗器械等领域;例如,制作飞机零部件,需高温蒸气消毒的各种医疗器械;代替金属制造人体骨骼

6.4.3 合成橡胶

橡胶（rubber）是一类在室温下具有显著高弹性能的高聚物。橡胶具有较低的玻璃化温度 T_g（低于室温）和较高的黏流化温度 T_f。在常温下，橡胶处于高弹态。通常的橡胶在 $-50 \sim 100℃$ 内仍具有弹性，某些特殊橡胶可在 $-100 \sim 200℃$ 内保持高弹性。在外力作用下，橡胶发生形变，除去外力后，又会恢复到原来的状态。

橡胶包括天然橡胶和合成橡胶。天然橡胶的主要成分是聚异戊二烯。天然橡胶以三叶橡胶树的汁液为原料，经炼制而成，具有良好的弹性和加工性能。天然橡胶的综合性能比一般合成橡胶好，但其产量受地理、气候等条件的限制，远远不能满足经济发展的需要。合成橡胶的原料来源不受限制，产量高，因而发展很快。合成橡胶按性能和用途不同可分为通用橡胶和特种橡胶。通用合成橡胶与天然橡胶相似，其物理机械性能和加工性能较好，广泛用于制造业。例如：可以制造各种轮胎、运输带、密封圈、电线电缆、医疗用品及日常生活用品等。特种合成橡胶是具有特殊性能（如具有耐寒、耐热、耐油、耐腐蚀、耐辐射等）在特定条件下使用的橡胶。例如：输油胶管、设备防腐衬里、油箱的密封垫等。下面介绍几种重要的合成橡胶。

（1）顺丁橡胶

顺丁橡胶（polybutadiene rubber）是由单体丁二烯均聚反应制得的顺式结构的高聚物。它具有良好的弹性、耐寒性、耐磨性、耐老化性与电绝缘性，有些性能还超过天然橡胶。例如，耐磨性比一般天然橡胶高 30％ 左右，可耐 $-90℃$ 的低温（天然橡胶为 $-70℃$，丁苯橡胶为 $-52℃$）。但它的抗湿滑性、抗撕裂性和加工性较差。顺丁橡胶作为通用橡胶用于制造普通的橡胶轮胎、胶管、衬垫、运输带等，也可用作防震橡胶、塑料的改性剂等。

顺丁橡胶的结构式为：

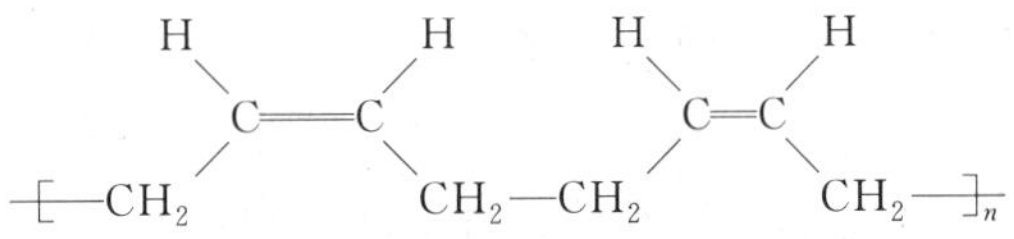

（2）丁苯橡胶

丁苯橡胶（styrene-butadiene rubber）是由丁二烯和苯乙烯进行共聚反应制得的高聚物，其结构式为：

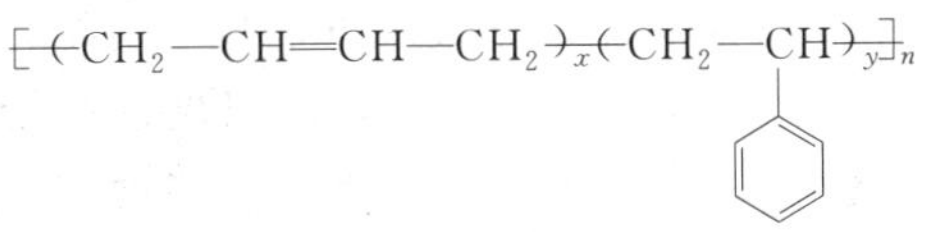

数均摩尔质量为 $150 \sim 1500 kg·mol^{-1}$。

在实际生产中，所用原料的质量分数可以不同，如有的用丁二烯 90％、苯乙烯 10％，有的用丁二烯 46％、苯乙烯 54％ 等。原料配比不同，虽然所得产物统称为丁苯橡胶，但它们的可塑性、热稳定性以及其他物理机械性能等都有差异。由于丁苯橡胶的性能较好，原料又便宜易得，因此它的产量很高，占全部合成橡胶的 50％ 以上。它作为通用橡胶，主要用来代替天然橡胶。制造各种轮胎、传送带、胶鞋和硬质橡胶制品等。

（3）硅橡胶

硅和碳在周期系中是同族，化学性质相似。硅原子也能相互结合成链，但纯硅链不能连得很长，同时硅原子之间也不能形成双键或三键。如果硅氧交替组成主链，由于硅氧键键能较高（Si—O 键能为 378.6kJ·mol^{-1}，C—C 键能为 277.3kJ·mol^{-1}），这种有机硅聚合物就很稳定。

硅橡胶（silicon rubber）的结构式如下：

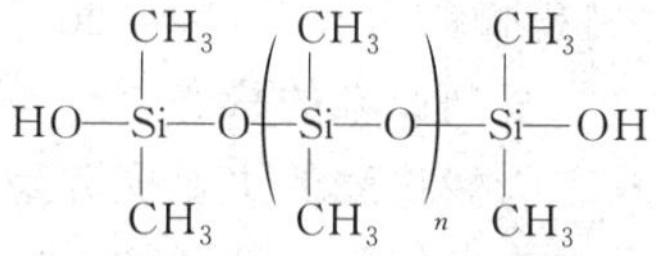

$$HO-\underset{\underset{CH_3}{|}}{\overset{\overset{CH_3}{|}}{Si}}-O\left(\underset{\underset{CH_3}{|}}{\overset{\overset{CH_3}{|}}{Si}}-O\right)_n\underset{\underset{CH_3}{|}}{\overset{\overset{CH_3}{|}}{Si}}-OH$$

硅橡胶的特点是既耐低温又耐高温，能在 −65～250℃下保持弹性，耐油、防水、不易老化，绝缘性能也很好。缺点是机械性能较差，耐酸碱性不如其他橡胶。硅橡胶可用作高温高压设备的衬垫、油管衬里、火箭导弹的零件和绝缘材料等。由于硅橡胶制品柔软、光滑、对人体无毒以及有良好的加工性能，所以用它制造多种医用制品，可经煮沸或高压蒸气消毒，如多种口径的导管、静脉插管、脑积水引流装置。由于硅橡胶可以消除人体的排斥反应，所以可用来制造人造关节、人造心脏、人造血管等。

6.4.4　合成纤维

在日常生活中，人们把细而柔韧的物质称为纤维（fiber）。它可以分成天然纤维、人造纤维和合成纤维。天然纤维是棉、麻、毛、丝等直接取自天然动植物的纤维。人造纤维是以棉短绒、木材、芦苇等天然纤维素为原料，经化学处理制得的，如黏胶纤维、醋酸纤维等，可以做服装、轮胎帘子线等。合成纤维是以煤、石油、天然气为原料，用化学方法合成的。合成纤维的品种很多，主要品种有涤纶、尼龙、维纶、丙纶和氯纶等。其中前 3 种最为常见，其产量占合成纤维总产量的 90% 以上。按高聚物的主链结构不同，合成纤维可分成碳链纤维和杂链纤维两大类。碳链纤维即高聚物的分子主链上全部是碳原子，是由不饱和烯烃类化合物通过加聚反应制得的。如：聚丙烯腈纤维（腈纶）、聚氯乙烯纤维（氯纶）、聚乙烯醇缩甲醛纤维（维纶）等。杂链纤维则是高聚物的分子主链除了含有碳原子外，还有 O、N、S 等其他原子。杂链纤维通常是由双官能团的单体发生缩聚反应而制得的。如聚酯纤维（涤纶）、聚酰胺纤维（尼龙）等。

合成纤维都是线型高分子化合物，分子链比较直、支链少，链的排列也比较整齐。合成纤维的这种结构有利于分子定向排列，构成分子内部的局部结晶。合成纤维分子主链上存在极性基团，这也有利于分子的部分结晶，形成晶区，同时增加纤维强度。合成纤维里分子排列不整齐的区域，形成局部无定形区。在无定形区内，分子链可自由运动，使合成纤维柔软而富有弹性。在合成纤维分子内，晶区和无定形区的有机结合，使合成纤维既有柔性又具有一定的强度。总的来说，合成纤维具有强度高、弹性大、耐磨、耐化学腐蚀、耐光、耐热等性能，除了用作衣料等生活用品外，在工业、农业、交通、国防等部门也被用作重要材料。下面介绍几种常用的人工合成纤维。

（1）涤纶（polyester）——聚酯纤维（的确良）

这里所说的涤纶是指由对苯二甲酸与乙二醇缩聚而得的聚对苯二甲酸乙二醇酯的纤维。由于含有酯基（—COO—）而称为聚酯纤维。它是极性分子，分子间力较大。由于分子主链中含有苯环，所以柔顺性较差。涤纶的结构式为：

$$\left[O-CH_2-CH_2-O-CO-\bigcirc-CO \right]_n$$

涤纶的最大优点是抗皱性好，"挺拔不皱"，保型性特别好，外形美观。强度比棉花高 1 倍，而且湿态时强度不变。由于纤维的截面是圆形的，所以光滑易洗、不吸水、不缩水。它的另一优点是耐热性好，可在 0～170℃ 使用，是常用纤维中最好的一种。它的耐磨性仅次于尼龙，居第二位。由于含有酯基，耐浓碱性较差。

涤纶除作衣料外，还可制作渔网、救生圈、救生筏以及作为绝缘材料（如涤纶薄膜）等。

（2）锦纶（polyamide，PA）**——聚酰胺纤维**（尼龙）

锦纶，也称尼龙，目前是世界上产量最大、应用范围最广、性能比较优异的一种合成纤维。常用的有尼龙 6、尼龙 66、尼龙 1010 等。其中尼龙 66 是下述缩聚反应的产物：

$$n HOOC\text{-}(CH_2)_4COOH + n H_2N\text{-}(CH_2)_6NH_2 \longrightarrow HO\left[\underset{O}{\underset{\|}{C}}\text{-}(CH_2)_4\underset{O}{\underset{\|}{C}}\text{-}NH\text{-}(CH_2)_6NH \right]_n H + (2n-1)H_2O$$

聚酰胺分子链是极性的，而且链间有氢键，所以分子间力很大；链中有 C—N 键，容易内旋转，因此柔顺性好。由于这些结构的特点，尼龙表现出"强而韧"的特性，是合成纤维中的"耐磨冠军"，弹性也很好。它的强度比棉花大两三倍，耐磨性比棉花高 10 倍，因此广泛用于制造袜子、绳索、轮胎帘子线、运输带等需要高强度和耐摩擦的物品。此外，由于锦纶不仅质轻强度高，而且不怕海水腐蚀、不发霉、不受蛀，因此可用来制造降落伞、宇宙飞船服、渔网等。它最大的弱点是耐热性差。

如果在聚酰胺的分子链中引入苯环，则分子链的刚性提高，其纤维的强度也大大增加。这种聚酰胺称为芳纶（国外牌号为凯夫拉）。芳纶中最具实用价值的品种有两个：一个是间位芳纶（聚间苯二甲酰间苯二胺）；另一个是对位芳纶（聚对苯二甲酰对苯二胺），在我国分别称为芳纶 1313 和芳纶 1414。两者化学结构相似，但性能差异很大，应用领域各有不同，它们的结构式如下。

芳纶 1313　　　　　　　芳纶 1414

芳纶 1313 以其出色的耐高温绝缘性，成为高品质功能性纤维的一种；芳纶 1414 外观呈金黄色，貌似闪亮的金属丝线，实际上是由刚性长分子构成的液晶态聚合物。由于芳纶 1414 的分子链沿长度方向高度取向，并且具有极强的链间结合力，从而赋予纤维空前的高强度、高模量和耐高温特性，具有极好的力学性能，这使它在高性能纤维中占据着重要的核心地位。芳纶 1414 的连续使用温度范围极宽，在 −196～204℃ 范围内可长期正常使用，在150℃ 下的收缩率为 0，在 560℃ 的高温下不分解、不熔化，耐热性更胜芳纶 1313 一筹，且具有良好的绝缘性和抗腐蚀性，生命周期很长，因而赢得了"合成钢丝"的美誉。

芳纶 1414 首先被应用于国防军工等尖端领域。许多国家军警的防弹衣、防弹头盔、防刺防割服、排爆服、高强度降落伞，以及防弹车体、装甲板等均大量采用了芳纶 1414。在防弹衣中，由于芳纶纤维强度高，韧性和编织性好，能将子弹冲击的能量吸收并分散转移到编织物的其他纤维中去，避免造成"钝伤"，因而防护效果显著。芳纶防弹衣、头盔的轻量化，有效地提高了军队的快速反应能力和防护能力。除了军事领域外，芳纶 1414 已作为一种高技术含量的纤维材料，被广泛应用于航天航空、机电、建筑、汽车、体育用品等国民经济各个领域。

（3）腈纶（polyacrylic）**——聚丙烯腈纤维**

腈纶是聚丙烯腈纤维的商品名，是仅次于聚酯和聚氨酯的合成纤维产品。腈纶的结构式为：

$$-\!\!\left[CH_2\!-\!CH\right]_n$$
$$|$$
$$CN$$

腈纶质轻，强度大，保暖性好，有"人造羊毛"之称。它还具有耐热、耐光、不怕虫蛀的优点，但耐磨性较差。腈纶大量用于代替羊毛，制作毛线、毛毯等，也可制作防酸布、滤布、帐篷等。

应该指出，合成纤维吸湿性很差，如腈纶仅为棉花的18%，锦纶仅为棉花的40%。若用它们制作服装，汗液无法排出体外，汗液的分泌物会逐渐积聚，刺激皮肤，产生过敏反应。不少人穿了化纤衣服，皮肤瘙痒难忍，所以化纤不宜用作内衣材料。

6.4.5 功能高分子

功能高分子材料是具有某些特殊性质的高聚物。与一般高分子材料相比具有明显不同的性质，如导电性、光敏性、催化性、生物活性或离子选择性等。这些特性与功能高分子的结构和组成有关。一般在功能高分子材料中，分子主链或侧链上带有反应性的功能基团，这些功能基团直接对材料的功能起作用。

功能高分子材料按实际用途分为离子交换树脂、导电高分子、光敏高分子、医用高分子、吸水性高分子，高分子催化剂、高分子试剂等，下面分别讨论几种功能高分子材料。

（1）离子交换树脂

离子交换树脂是指对某种离子或基团具有交换、分离或吸附功能的高聚物。外形一般为颗粒，不溶于水，也不溶于酸、碱和乙醇、氯仿、丙酮等有机溶剂。离子交换树脂结构非常特殊，由三部分组成。a. 高分子骨架，具有三维空间立体结构，起支撑作用；b. 功能基团，与高分子主链相连，不能移动；c. 可交换离子，在溶液中可以自由移动，并与带相同电荷的离子进行交换反应。可交换离子进行的交换反应是可逆的，与电解质作用后，离子交换树脂可恢复交换功能，重复使用。根据可交换离子基团的性质，将离子交换树脂分为阳离子交换树脂和阴离子交换树脂。

① 阳离子交换树脂　这类离子交换树脂分子中有酸性基团，如磺酸基（—SO_3H）、羧基（—COOH）等。含有磺酸基团的阳离子交换树脂可表示为：

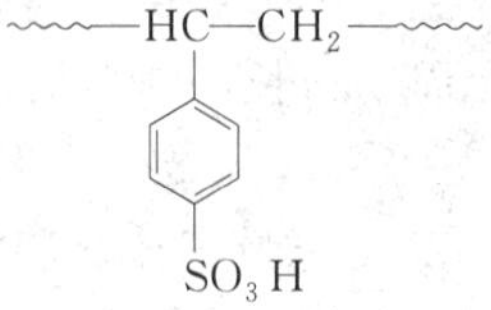

$$-HC\!-\!CH_2-$$

可简写为 RSO_3H，RSO_3H 能和阳离子发生交换反应。例如：

$$RSO_3H + Na^+ \longrightarrow RSO_3Na + H^+$$

② 阴离子交换树脂　这类树脂分子中含有碱性基团，如—$N^+R_3OH^-$（季铵碱型）、—NH_2、—NHR，—NR_2（胺基型）。常用的季铵盐型阴离子交换树脂可表示为：

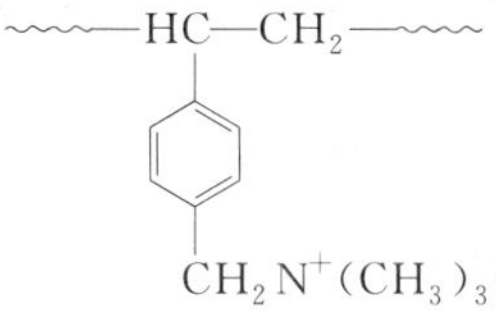

$$\sim\!\!\sim\!\!-HC\!-\!CH_2\!-\!\!\sim\!\!\sim$$
$$CH_2N^+(CH_3)_3OH^-$$

可简写为 $R'N^+(CH_3)_3OH^-$，当含有 Cl^-、SO_4^{2-}，PO_4^{3-} 等负离子的溶液通过阴离子交换树脂时，发生反应为：

$$R'N^+(CH_3)_3OH^- + Cl^- \longrightarrow R'N+(CH_3)_3Cl + OH^-$$

流过这两种树脂的水溶液，因为发生反应 $H^+ + OH^- =\!\!=\!\!= H_2O$，基本上没有正、负离子，称为去离子水。

离子交换树脂经一段时期使用后会失效，需再生。再生时可用稀盐酸、稀硫酸处理阳离子交换树脂，用稀的氢氧化钠溶液处理阴离子交换树脂，其反应就是上述离子交换反应的逆反应。

离子交换树脂的用途很广，如制取净化水，回收稀有金属和贵金属等。目前在食品工业中，酒的酿制或蔗糖的生产过程用离子交换树脂进行脱色处理。医药工业中，利用较多的是中草药有效成分的提取分离。

（2）导电高分子材料

普通高分子材料是绝缘性较好的材料。1977 年人们发现了第 1 个导电性有机高聚物——聚乙炔 $-\!\!+\!HC\!=\!\!=\!CH\!-\!\!]_n$，具有类似金属的导电率。又由于高聚物质量轻、柔软、耐腐蚀性好、加工成型容易、具有较好的机械强度等，近年成为人们的研究热点。导电高分子材料分为结构型导电高分子材料和复合型导电高分子材料。结构型导电高分子材料的导电性是由其本身结构决定的，其导电性可以通过结构和配方的变化来调节。在普通高聚物中混以导电性物质而制得的导电高分子材料，称为复合型导电高分子材料，其导电性可以通过改变配方调节。

① 结构型导电高分子材料　结构型导电高分子材料的导电性是由高聚物的特殊结构决定的。如聚乙炔，整个分子链存在 π 键共轭结构，π 电子可在共轭体系中移动，成为导电高分子材料的载流子，使高分子材料显示出一定的导电性。

对有共轭体系的高聚物，参入微量"杂质"如碘、溴、五氟化砷、六氟化锑、四氯化锡、氯化银等，可大大提高材料的电导率。除了聚乙炔，还有聚苯、聚苯乙炔、聚吡咯、聚噻吩等高聚物均可制成导电高分子材料，结构如图 6-10 所示。结构型导电高分子材料是制造大功率塑料蓄电池、高能量密度电容器、微波吸收器的理想材料。

② 复合型导电高分子材料　复合型导电高分子材料具有良好的导电性能。其原料易得，制备工艺简单，成型加工方便。理论上，任何高聚物都可以与导电性物质复合制成导电高分子材料，考虑实际的原料来源、价格等技术经济因素，常用的高聚物主要有聚乙烯、聚丙烯、聚氯乙烯、聚苯乙烯、丁苯橡胶、丁腈橡胶、环氧树脂、酚醛树脂、聚酯、聚氨酯、有机硅树脂等。常用的导电性物质有炭黑、石墨、碳化钨、金粉、银粉、铜粉、钼粉、铝粉、镍粉及镀银的玻璃微珠等。导电性物质提供载流电子，高聚物将导电填料黏结固定在一起，并赋予导电高分子材料以机械强度。复合型导电高分子材料应用非常广泛，用于开关、导电

压敏元件、导电连接器、抗静电材料、电磁屏蔽材料、太阳能电池等。将聚酯与炭黑相混后纺丝得到的导电纤维、织物可制作防静电滤布、抗静电服装或防电磁波服装。将环氧树脂与银粉混合制成导电黏合剂，用于电子元件、集成电路的粘接。

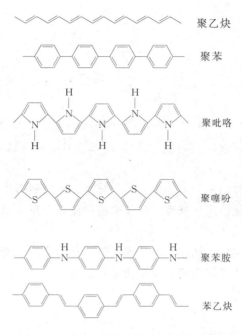

聚乙炔

聚苯

聚吡咯

聚噻吩

聚苯胺

苯乙炔

图 6-10 导电高分子材料的分子结构

（3）光敏性高分子材料

光敏高分子材料是指这样一类功能高分子材料，它在吸收了光能后，在分子内或分子间产生化学物理变化。按其功能，光敏高分子材料可分为光导电材料、光能储存材料、光记录材料、光致变色材料、光致抗蚀材料和光致诱蚀材料等。已形成产品的有光刻胶、光固化黏合剂、感光油墨、感光涂料等。自 1954 年由明斯克（Minsk）等人首先研究的聚乙烯醇肉桂酸酯成功用于印刷技术以来，光敏高分子材料在理论研究和推广应用方面都取得了巨大进展。目前已广泛应用于电子、印刷、精细化工、塑料、纤维、医疗、生化和农业等方面，前景十分广阔。

① 光致抗蚀材料　光致抗蚀材料是指高分子材料经光照辐射后，由线型可溶性分子转变为交联网状不可溶的分子，从而产生了对溶剂的抗蚀能力。光致诱蚀材料正相反，当高分子材料受光照辐射后，感光部分发生光分解反应，从而变为可溶性。目前广泛使用的预涂感光版，即 PS 版（presensitized plate），就是将感光树脂预先涂在亲水性的基材上制成的。晒印后，树脂发生光交联反应，溶剂显像时未曝光的树脂被溶解，感光部分的树脂被保留下来。这种 PS 版称为负片型。晒印时若发生光分解反应，显像时溶剂将感光分解部分的树脂溶解而成像，这种 PS 版称为正片型。光致抗蚀材料和光致诱蚀材料广泛用在制造印刷电路、集成电路以及精密机械加工等方面。

② 光致变色高分子材料　光致变色高分子材料是在光作用下能可逆地发生颜色变化的高聚物。在光的照射下，高分子材料的化学结构发生某种可逆转变，从而导致高分子材料的颜色变化。例如偶氮苯型光致变色高分子材料的变色反应为：

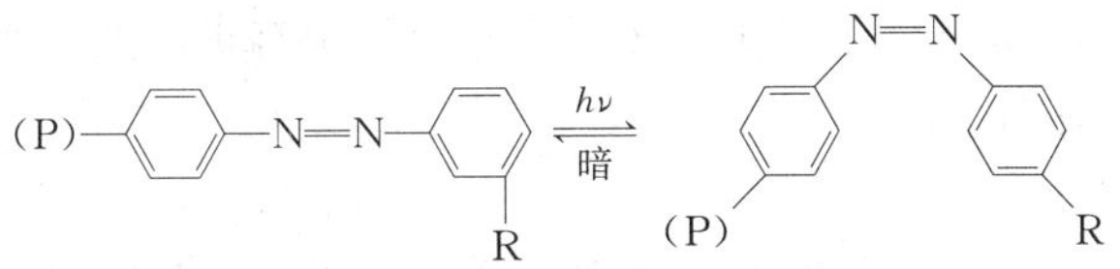

偶氮苯结构在光照射下发生异构变化。两种异构体的颜色不同，光照射下得到不稳定的异构体，颜色发生变化。在黑暗环境中又恢复到稳定的异构体，重新变回原来的颜色。光致变色高分子材料在电子工业中常作为光显示材料、光记录材料。

（4）高分子液晶

自然界的物质都存在三相，即气相、液相、固相。在外界条件（温度和压力）发生变化时，物质可以在三相态之间进行转换，发生相变。绝大多数物质发生相变时直接从一种相态变化到另一种相态，没有中间过渡态。也有少数物质的晶体受热熔融或在溶剂中溶解时，外观呈液态流动性（失去固态性质），内部却有部分分子排列有序（具有部分晶体性质），具有这种相变过渡态的物质称为液晶。能够形成液晶的高分子材料，分子中都具有刚性部分，通常呈棒状或片状，而这些刚性链又被分子中的柔性链以各种方式连接在一起，刚性链保证了高分子液晶在液态下的某种有序排列。在高分子液晶中，如果这些刚性链连在高分子主链上，称为主链型高分子液晶；如果刚性部分是通过柔性链与主链相连，构成梳状，则称为侧链型高分子液晶。

高分子液晶具有特殊机械性能，可制成高性能材料。特别是主链型高分子液晶，可以制成具有高强度、高模量的高性能纤维，用作直升机的绞盘索，其织物可制作防弹衣及恶劣条件下的劳动保护用品。高分子液晶具有在电场作用下从无序透明态到有序非透明态的转变能力，用来做电子视屏、广告牌、数码显示器等显示器件。高分子液晶具有外观颜色随温度变化而变化的特征，用于测定化学物质痕量蒸气的指示剂，进行环境监测。用高分子液晶制成的信息储存材料，具有可靠性高、保存期长的特点。另外，高分子液晶广泛用于毛细管气相色谱、高效液相色谱中的固定相材料。

（5）高吸水性树脂

高吸水性树脂是一种含有强亲水基团，并有一定交联度的高分子材料。不溶于水和有机溶剂，可吸收相当于自身重量 500～2000 倍的水，较好的吸水树脂吸收能力可达 5000 倍。

高吸水性树脂根据原料来源分为以下几类。

① 淀粉型吸水树脂　是对淀粉分子改性后得到的吸水树脂，它来源丰富、价格低廉；但长期保水率差，易发霉。

② 纤维素型吸水树脂　是对纤维素改性后得到的树脂，吸水率较低，同时易受细菌的分解而失去吸水性；但具有吸水速率快的优点。

③ 合成高聚物型吸水树脂　具有吸水量大、不易被生物降解等优点。主要有：聚丙烯酸盐、聚丙烯腈、醋酸乙烯共聚物、改性聚乙烯醇等。高吸水性树脂与传统的吸水材料如棉、麻等织物的吸水原理不同，棉、麻吸水是靠毛细管作用吸自由水；高吸水性树脂是靠分子中的极性基团，通过氢键或静电力及网络内外电解质的渗透压不同，将水以结合水的形式吸到树脂网络中。例如：聚丙烯酸钠分子中的羧基—$COO^- Na^+$，在未吸水前，以离子键结合；接触水后，在电离平衡的作用下，水向着稀释离子浓度的方向移动，水被吸入网络中。

高吸水性树脂具有特殊的吸水功能，自 20 世纪 60 年代末开发成功以来，就替代纸用于卫生餐巾、生理卫生巾、纸尿布等。目前，在农业上用于土壤吸水保墒，所吸水分的 95％

可以供农作物生长，还可作为育苗床基材料。工业上用于有机溶剂脱水剂，污泥固化剂，蓄热、蓄冷剂及高性能电瓶等。

（6）医用高分子材料

1949 年美国首先发表了医用高分子的展望性论文，介绍了利用聚甲基丙烯酸甲酯作为人的头骨盖和关节，聚酰胺纤维作为手术缝合线的临床应用情况。20 世纪 50 年代以来，高分子材料不断向医疗和生命科学渗透，逐步发展成一大类功能高分子材料——医用高分子材料。根据实际应用将医用高分子材料分为两类：一类是用于制造医疗器械或医疗用品的材料，如注射器、手术钳、血浆袋等，本身不具备代替人体器官的功能；另一类是直接用于治疗人体的病变组织，替代人体某一脏器或修补人体的某一缺陷的材料。如用作人工血管、食管、人工心脏、肾脏、人造皮肤的高分子材料。它在使用过程中，与生物肌体、血液、体液等直接接触，有的还须长期植入体内，因此要求这类高分子材料不仅具有优良的性能（如有合适的机械性、稳定性、耐老化性、耐温性、耐射线性、加工成型性等），还要满足医用功能、生物相容性和血相容性的严格要求。目前，许多医用高分子材料已广泛用于临床，造福于人类。

6.4.6　复合材料

单一的材料往往很难满足生产和科技部门的需求，因此发展了复合材料。复合材料（composite material）是由两种或两种以上物理和化学性质不同的物质组合而成的一种多相固体材料。其中有一相为连续相，称为基体，另一相为分散相，称为增强材料。将两相通过缠绕、压制、混合、沉淀等方法组合在一起，"取长补短"、"协同作用"，极大地弥补了单一材料的缺点，得到单一材料所不具备的新材料。基体的作用是将高强度的增强材料连接在一起，保持一定的方向和间隙，成为整体材料。基体材料通常有金属、塑料、橡胶、陶瓷和水泥等。增强材料具有较高的强度，常用各种物质的颗粒、纤维、晶须和板状薄片等。常见的复合材料有金属基复合材料、陶瓷基复合材料、水泥基复合材料、高聚物基复合材料等。

6.4.6.1　金属基复合材料

金属基复合材料是以金属为基体，并以高强度的增强体复合制得的材料。常用铝、镍、钛等金属或合金作基体材料，以高性能 C、SiC、Al_2O_3 纤维或晶须等增强体来增强基体性能。金属基复合材料具有优异的机械性能，良好的导电性、耐高温性和优良的尺寸稳定性，首先在航天航空上得到应用。

与传统的金属材料相比，它具有较高的比强度和刚度；与树脂基复合材料相比，它具有优良的导电性和耐热性；与陶瓷材料相比，它又具有高韧性和高冲击性。随着廉价的增强物的使用，它们在汽车、电子和机械等工业的应用也越来越广泛。

6.4.6.2　陶瓷基复合材料

陶瓷基复合材料是以陶瓷为基体，以各种物质的纤维、金属丝为增强体的复合材料。陶瓷具有优良的耐高温、耐腐蚀、耐磨、硬度高等特点，但易碎。用碳纤维、硼纤维及 SiC、Al_2O_3 纤维为增强材料制成的陶瓷复合材料，在强度模量及耐高温、耐磨、耐腐性能方面是无可比拟的。航天飞机外壳上的绝热瓦就是这种复合材料。玻璃陶瓷复合材料、氧化物陶瓷复合材料的耐高温性非常优良，可以在高温下工作，最高温度可达 1900℃。法国已将纤维增强碳化硅复合材料应用于制作超高速列车的制动件，取得了传统制动件无法比拟的耐摩擦磨损特性。另外，陶瓷基复合材料制成的导弹的头锥、火箭喷管、航天飞机上的结构件等，使用效果非常好。

6.4.6.3 水泥基复合材料

水泥基复合材料是指以水泥为基体与其他材料组合而得到的具有新性能的材料。水泥浆有很好的可塑性、匹配性，可与无机、有机等物质混合，制成各种水泥基复合材料，硬化后强度高，广泛用于民用建筑，交通、海港建设，农林、水利工程。水泥防辐射能力强，又可用于核电站等特殊工程。掺入砂、石子等构成混凝土，改变各组分的比例，能适当调节水泥的强度。混凝土和钢筋有良好的黏结力，与钢筋相混，组成钢筋混凝土，应用于各种工程。将水泥中掺入各种纤维材料，可得纤维增强水泥。纤维的掺入，可明显提高水泥的抗弯强度和韧性，改善水泥的抗裂性和抗冲击能力。如果在水泥混凝土中掺入一定量的高聚物，制成高聚物改性水泥混凝土，可改善混凝土的韧性、抗侵蚀性、耐磨性等。这种高聚物改性混凝土有良好的黏合性，特别适合破损水泥混凝土的修补工程。

6.4.6.4 高聚物基复合材料

高聚物基复合材料是以有机高聚物为基体，以连续纤维为增强剂的复合材料。高聚物具有黏性，可以与高强度的纤维牢固地固定在一起，成为有机整体。常常以玻璃纤维作增强剂，制得的玻璃纤维增强塑料称为玻璃钢。根据聚合物基体的不同，玻璃钢可分为玻璃纤维增强热固性塑料和玻璃纤维增强热塑性塑料。玻璃纤维增强塑料质量轻而比强度高（比强度可以和金属材料相比），用于航天工业。高聚物基复合材料还具有较好的抗疲劳性、减振性、耐磨性、耐腐蚀性、易加工、成本低及设计性强等性能，因而广泛用于汽车、轮船、飞机、石油化工、体育用品和生活用品。

（1）玻璃纤维增强热固性塑料

玻璃纤维增强热固性塑料（代号：GPRP）的突出优点是质轻、比强度高。相对密度为 $1.6\sim2.0$，比最轻的金属铝还轻，但其比强度比高级合金钢还高。GPRP 具有良好的耐腐蚀性、绝缘性、耐磁性，还有保温、隔热、隔声、减振等特性。广泛用于制造各种仪表外壳、船体外壳、车身、耐蚀耐压容器及管道。常用的 GPRP 有玻璃纤维增强环氧树脂、玻璃纤维增强酚醛树脂、玻璃纤维增强聚酯树脂。它们除了上述共同性能特点外，各自有其特殊性能，其中玻璃纤维增强环氧树脂是 GPRP 中综合性能最好的一种。由于环氧树脂的黏结能力最强，与玻璃纤维结合时，界面剪切强度高，机械强度高于其他的 GPRP。另外它的尺寸稳定性最好，尺寸收缩率只有 $1\%\sim2\%$。玻璃纤维增强酚醛树脂是各种 GPRP 中耐热性最好的，可以在 200℃ 条件下长期使用，甚至可短期在 1000℃ 以上使用，因此可以做宇宙飞船的外壳；它的耐电弧性较好，还可用作耐电弧的绝缘材料。玻璃纤维增强聚酯树脂的特点是加工性好、透光性好，其透光率可达 $60\%\sim80\%$，常用作采光瓦。但它的耐酸耐碱性较差，不宜制作耐酸碱的设备及管件。

（2）玻璃纤维增强热塑性塑料（代号：FR-TP）

玻璃纤维增强热塑性塑料是指以玻璃纤维作为增强材料，以热塑性塑料为基体的纤维增强塑料。这类复合材料除了具有纤维增强塑料的一般性质外，它的突出优点是相对密度更小，为 $1.1\sim1.6$，比强度高。常用的高聚物有聚丙烯、低压聚乙烯、聚酰胺、ABS、聚苯醚、聚碳酸酯等。基体的性质不同，复合材料也有不同的用途。例如：玻璃纤维增强聚丙烯（FR-PP）的机械强度比纯聚丙烯有大大提高，当用短玻璃纤维增加到 $30\%\sim40\%$ 时，强度最好，抗拉强度达到 100MPa；还能使聚丙烯的低温脆性得到明显改善。玻璃纤维聚酰胺（FR-PA）强度高，耐磨性好，同时又克服了聚酰胺的吸水率太大、尺寸性不好的缺点。FR-PA 常用来代替金属制作轴承、轴承保持架、齿轮等。

（3）其他增强塑料纤维

除了玻璃纤维，还有碳纤维、碳化硅纤维作塑料增强体。碳纤维增强塑料具有强度高、抗冲击性好、耐疲劳强度大、摩擦因数小等特点，耐热性也特别好，可在 12000℃ 的高温下保持 10min，即使陶瓷在这种温度下也无法存在。碳纤维增强塑料的价格昂贵，目前只应用于宇航工业，其他领域应用较少。碳化硅纤维的耐高温性和耐腐性比碳纤维好，它的抗弯强度和抗冲击强度为碳纤维的 2 倍。

6.4.7　高分子材料的老化与防老化

高分子材料在加工、储存和使用过程中，由于受到环境因素的影响，其物理、化学性质及力学性能发生不可逆的变坏现象称为老化（aging）。

6.4.7.1　老化的实质

高分子材料的老化是一个复杂的物理、化学变化过程，其实质是发生了大分子的降解和交联反应。

降解（degradation）是指聚合物在化学因素（如氧或其他化学试剂）或物理因素（如光、热、机械力、辐射等）的作用下发生聚合度降低的过程。降解的结果可能是大分子链的无规断裂，变成相对分子质量较小的物质；也可能是解聚（聚合的逆过程），连接从末端逐步脱除。无论是哪种情况，都必然导致材料性能下降，如变软、发黏、失去原有的力学强度等。

交联（cross linking）是指若干个线型高分子链通过链间化学键的建立而形成网状结构（体型结构）大分子的过程。线型聚合物经适度交联后，在耐热性、耐溶剂性、化学稳定性以及机械强度方面都有所提高。但是，如果制品在加工及使用过程中有不希望的交联出现，将使材料失去我们所要求的弹性而变硬、变脆甚至是龟裂，而失去使用价值。

降解和交联在老化过程中往往是同时出现的，只不过是哪一类反应为主而已。例如，老化了的乳胶管，经常是外表面变脆，里面却发黏。

6.4.7.2　防老化的方法

聚合物虽有老化现象发生，但其过程是十分缓慢的，在一定温度范围内仍可作耐热、耐腐蚀材料。为了延长聚合物材料的使用寿命，需抑制各种促进老化的因素发挥作用。聚合物在光与氧共同作用下的光氧老化、热与氧共同作用下的热氧老化是十分常见的。这里主要介绍防止这两种老化所采取的措施。

（1）添加防老剂

防老剂是一种能够防护、抑制或延缓光、热、氧、臭氧等对高分子材料产生破坏作用的物质。添加防老剂是当前防老化的主要途径之一，可以在聚合反应时或聚合反应的后处理中加入，也可以在制半成品或成品时加入。防老剂可分为抗氧剂、光稳定剂、热稳定剂等。选择时除必须考虑针对性外，还应考虑相混性、不污染制品、对人体无毒或低毒、廉价等因素。常用的有抗氧剂 2,6-二叔丁基-4-甲基苯酚、光屏蔽剂炭黑、热稳定剂硬脂酸钙等。

（2）物理防护

物理防护是指在高分子材料表面附上一层防护层，阻缓甚至隔绝外界因素（这里指的主要是氧）对高聚物产生作用，从而延缓高聚物的老化。物理防护方法有涂漆、镀金属、浸涂防老剂溶液等。涂漆可以提高聚氯乙烯、聚甲醛、ABS 等塑料制品的耐老化性。用电镀方法在聚丙烯、ABS 等表面镀上金属，不但提高了它们的耐老化性能，而且能制成导电体，增加了表面的金属光泽，具有装饰性。如将高聚物制品浸入含有防老剂的溶液中，待晾干后，表面形成了防老剂集中的保护膜，可以显著提高防护效果。

（3）改性

用各种方法改变高聚物的化学组成或结构，可以改善其使用性能，提高耐老化性。改性（modification）的方法有共混、共聚、交联、增强等。例如，以丙烯酸酯代替丁二烯使 ABS 改变为 AAS，其耐候性比 ABS 提高了 8～10 倍。又如将聚氯乙烯进行氯化处理，使分子结构对称，可大大提高其耐热、耐老化性能。

 思考题

1. 什么是材料？举出几例并指出其成分和结构特征？
2. 水泥分为哪几类？其主要成分是什么？
3. 钢铁是如何分类的？
4. 什么是合金？钢铁是不是合金？特种合金指哪些？
5. 玻璃材料的结构特征是什么？
6. 写出普通硅酸盐水泥的主要技术要求。
7. 写出 5 种主要无机非金属功能材料，并指出其主要用途。
8. 高分子化合物有哪些主要特点？高分子化合物的制备方法有哪些？
9. 什么是高分子材料的老化？高分子材料老化的原因是什么？主要防护措施有哪些？
10. 何谓功能高分子材料？在性能上与典型高分子材料有什么不同？
11. 简述阴离子交换树脂、阳离子交换树脂的结构和作用。
12. 什么是复合材料？复合材料有哪些类型？为什么它是一种发展极快的材料？

　　地球上的生命包括人类，是物质世界在一个相当漫长的历史长河中，从无生命到有生命，从低级向高级发展进化过程的产物。在这一进化过程中，经历了无数的化学变化，才综合形成了各种超级组织形式——生物体。也就是说，生命离不开化学，离开化学也就无从研究生命。从某种意义上来说，人体就是最高级的、管理最严密的综合"化工厂"。生命化学是应用化学理论和方法研究生物体的一门科学。它从分子水平上研究生命现象，了解生物体组织的化学组成及结构（如蛋白质、核酸、脂肪、糖等）和变化规律，以阐明生命现象（如代谢、运动、生长、发育和遗传等）的本质，使人类有可能从根本上控制生命活动。生物体的生命停止后，残体仍留在地球上，经化学变化、微生物的降解又变成了无机物质。从而又开始从无机物到有机物的循环变化过程。

　　人们的衣食住行离不开各种各样的化学物质，可以说化学在人类的生活、工作中无处不在，其内容之浩繁难以尽述，本章仅就一些与人们日常生活密切相关的化学问题做一些简单介绍。

7.1　生物体中的化合物

　　生物体主要是细胞的集合体，构成细胞的主要物质有蛋白质、核酸、糖类、脂肪等。

7.1.1　糖类

　　糖主要是由绿色植物光合作用形成的，是生物体的基本营养物质，它提供人体所需能量的 70% 以上。如葡萄糖在人体内的氧化反应：

$$C_6H_{12}O_6 + 6O_2 \longrightarrow 6H_2O + 6CO_2 \qquad \Delta_{H_m^\ominus} = -2872\text{kJ·mol}^{-1}。$$

根据糖能否水解和水解后的产物不同可分为以下几种。

（1）单糖

单糖是多羟基醛或多羟基酮，不能水解。葡萄糖和果糖是单糖，其链式结构如下

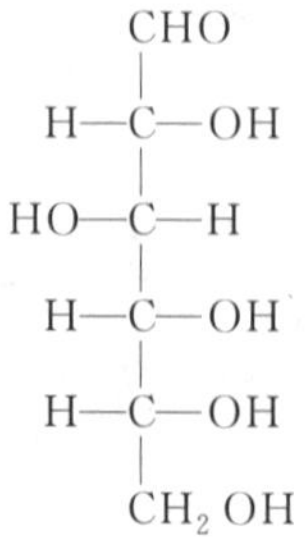

D-葡萄糖（己醛糖） 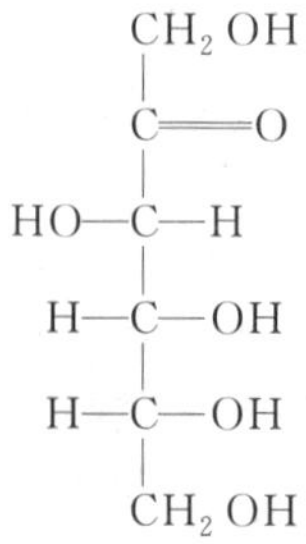　　　　　D-果糖（己酮糖）

醛或酮的羰基可以和第 5 碳原子上的羟基反应生成环状的物质。结构式如下：

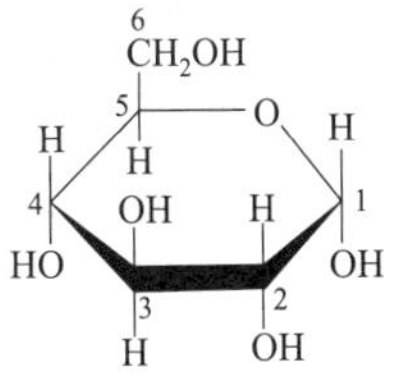

葡萄糖的链式和两种环式构型在水溶液中可以互变并达到动态平衡，而链式结构只在溶液里存在，且含量极少（约 0.1%），不能以游离态析出。而 α 型和 β 型葡萄糖则能以结晶态从溶液中析出。

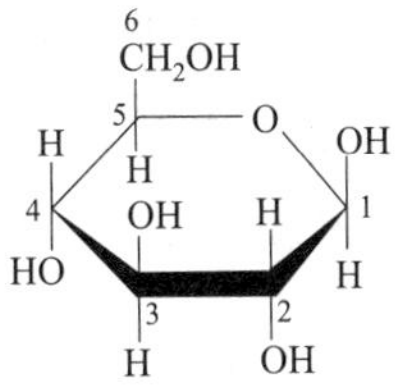

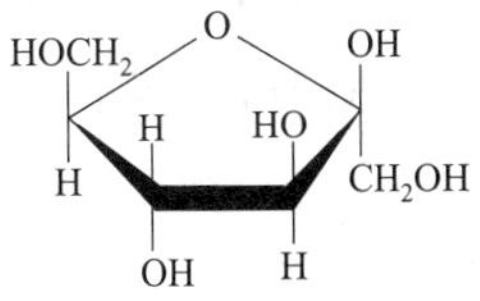

（2）低聚糖

水解成两三个或几个分子单糖的糖为低聚糖。如蔗糖在稀酸或蔗糖酶的作用下水解成一分子 D-葡萄糖和一分子 D-果糖；甜度较差但可用来作营养基和培养基的麦芽糖在麦芽糖酶作用下，能水解产生两分子 D-葡萄糖；甜度适中可用于食品工业和医药工业的乳糖可水解产生一分子 D-半乳糖和一分子 D-葡萄糖。

（3）多糖

能水解为很多个单糖分子的糖为多糖。多糖在性质上与单糖、低聚糖有很大区别，它没有甜味，一般不溶于水。与生物体关系最密切的多糖是淀粉、糖原和纤维素。

淀粉是葡萄糖的高聚体，水解到双糖阶段为麦芽糖，完全水解后得到葡萄糖。各类植物中的淀粉含量都较高，大米中含淀粉 $62\%\sim86\%$，小麦中含淀粉 $57\%\sim75\%$，玉米中含淀粉 $65\%\sim72\%$，马铃薯中含淀粉 $12\%\sim14\%$，淀粉是人类食物的重要组成部分。食物中的淀粉经人唾液中的淀粉酶催化水解成麦芽糖，再经肠液中存在的胰腺分泌出的淀粉酶催化，最终水解成葡萄糖被小肠壁吸收，成为人体组织的营养物。

糖原又称动物淀粉，是动物的能量储存库。糖原呈无定形白色粉末，较易溶于热水，形成胶体溶液。糖原在动物的肝脏和肌肉中含量最大，当动物血液中葡萄糖含量较高时，就会结合成糖原储存于肝脏中，当葡萄糖含量降低时，糖原就分解成葡萄糖而供给机体能量，维持其生理活动。

纤维素是自然界中最丰富的多糖，也是葡萄糖的高聚体。由于分子间氢键的作用，使这些分子链平行排列、紧密结合，形成了纤维束，每一束有 $100\sim200$ 条纤维系分子链。这些纤维束拧在一起形成绳状结构，绳状结构再排列起来就形成了纤维素。

淀粉与纤维素仅仅是结构单体在构型上的不同，却使它们有不同的性质。人体中由于缺乏具有分解纤维素结构所必需的纤维素酶，因此纤维素不能被人体所利用，就不能作为人类的主要食品。但纤维素能促进肠的蠕动而有助于消化，适当食用是有益的。牛、马等动物的胃里含有纤维素酶，因此可食用含大量纤维素的饲料。

7.1.2 蛋白质和氨基酸

蛋白质是由氨基酸组成的，它是生命的基本物质，从高等植物到低等微生物，从人类到最简单的生物病毒，都含有蛋白质。人体中含有成千上万种不同的蛋白质，其具有各种功能，以保证生命的正常进行。

（1）氨基酸

氨基酸是既含有氨基又含有羧基的一类化合物。组成蛋白质的氨基酸有 20 种，且都是 α-氨基酸，其结构通式如下：

$$\alpha\text{-氨基酸} \qquad\qquad 甘氨酸$$

氨基酸中的 R 基侧链是各种氨基酸的特征基团，最简单的氨基酸是甘氨酸，其中 R 是一个 H 原子。表 7-1 列出了组成蛋白质的 20 种氨基酸的名称、结构式和符号。

表 7-1　组成蛋白质的 20 种氨基酸

名称	化学结构式	符号	等电点
甘氨酸	H_2NCH_2COOH	Gly	5.97
丙氨酸	$CH_3CHCOOH$ NH_2	Ala	6.00
*缬氨酸	$CH_3CHCHCOOH$ H_3C NH_2	Val	5.96
*亮氨酸	$CH_3CHCH_2CHCOOH$ CH_3 NH_2	Leu	6.02
*异亮氨酸	$CH_3CH_2CHCHCOOH$ H_3C NH_2	Ile	5.98
丝氨酸	$HO{-}CH_2CH{-}COOH$ NH_2	Ser	5.68
*苏氨酸	$HO{-}CHCHCOOH$ H_3C NH_2	Thr	6.53
天门冬氨酸	$HOOCCH_2CHCOOH$ NH_2	Asp	2.77
谷氨酸	$HOOC\ CH_2CH_2CHCOOH$ NH_2	Glu	3.22
精氨酸	$H_2NCNHCH_2CH_2CH_2CHCOOH$ NH NH_2	Arg	10.76
*赖氨酸	$H_2NCH_2CH_2CH_2CH_2CHCOOH$ NH_2	Lys	9.74
*蛋氨酸（甲硫氨酸）	$CH_3{-}S{-}CH_2CH_2CHCOOH$ NH_2	Met	5.74
半胱氨酸	$HSCH_2CHCOOH$ NH_2	Cys	5.05
天冬酰胺	$H_2N{-}C{-}CH_2CHCOOH$ O NH_2	Asn	5.41
谷氨酰胺	$H_2N{-}CCH_2CH_2CHCOOH$ O NH_2	Gln	5.65
*苯丙氨酸	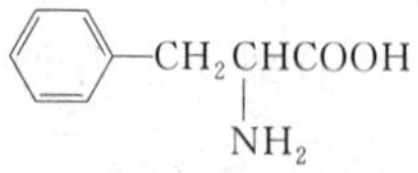 $⬡{-}CH_2CHCOOH$ NH_2	Phe	5.48

续表

名称	化学结构式	符号	等电点
酪氨酸	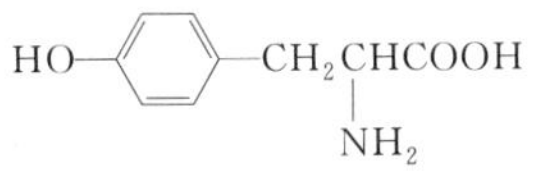 HO—⟨benzene⟩—CH₂CHCOOH, NH₂	Tyr	5.68
* 组氨酸	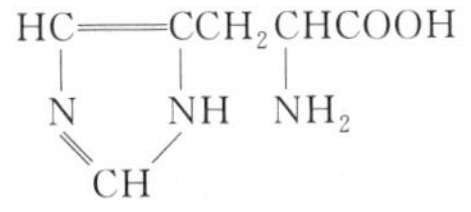 HC═CCH₂CHCOOH (咪唑环), NH₂	His	7.59
* 色氨酸	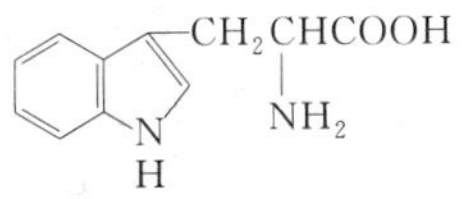 ⟨吲哚环⟩CH₂CHCOOH, NH₂	Trp	5.89
脯氨酸	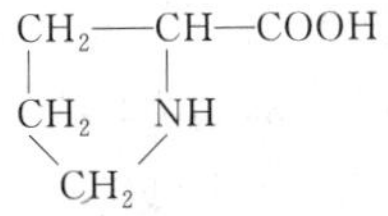 CH₂—CH—COOH (吡咯烷环), NH	Pro	6.30

注："＊"代表人体必需氨基酸，其中组氨酸仅对于婴幼儿是必需的。

氨基酸分子中的氨基是碱性的，而羧基是酸性的，所以其本身就能在分子内部形成内盐。

$$H_2N-CHCOO^- \underset{+OH^-}{\overset{+H^+}{\rightleftharpoons}} H_3\overset{+}{N}-CH-COO^- \underset{+OH^-}{\overset{+H^+}{\rightleftharpoons}} H_3\overset{+}{N}-CH-COOH$$

调节溶液的酸碱度使氨基酸净电荷为零时溶液的 pH 值叫氨基酸的等电点。

(2) 蛋白质

蛋白质是氨基酸的聚合物。氨基酸羧基上的—OH 与另一个氨基酸—NH₂ 上的 H 原子缩合脱水形成的酰胺键叫肽键，所形成的化合物叫肽。

$$H_2NCHC-OH + H-N-CHCOOH \longrightarrow H_2NCH-C-NH-CHCOOH + H_2O$$
氨基酸　　　　　　　　　　　　　　　　　　　　肽

由 2 个氨基酸分子缩合形成的化合物叫二肽，最简单的二肽是由两个相同的氨基酸缩合成的，如

$$H_2NCH_2C-OH + H-NHCH_2COOH \longrightarrow H_2NCH_2C-NHCH_2COOH + H_2O$$
甘氨酸　　　　　　　　　　　　　甘氨酰甘氨酸

若由两种不同的氨基酸进行缩合，则可形成两种不同的肽，如

$$H_2NCH_2CNHCHCOOH$$
甘氨酰丙氨酸

$$H_2NCHCNHCH_2COOH$$
丙氨酰甘氨酸

肽键中的氨基酸由于参与肽键的形成已经不是原来完整的分子，因此称其为氨基酸残基。含多个氨基酸残基的肽称为多肽，通过多肽键可形成一条很长的链状化合物，也叫多肽链。

$$H_2NCHC\!\!-\!\!NHCH\!\!-\!\!C \quad \cdots\cdots \quad -\!\!NHCH\!\!-\!\!C\!\!-\!\!NHCHCOOH$$

这种链状化合物有两个末端，一端为—NH_2，称为氨基末端（或 N 端）；另一端为—COOH，称为羧基末端（或 C 端）。多肽链中每一个氨基酸残基上都有一个侧链 R 基，不同的 R 基就具有不同的功能。例如丝氨酸和苏氨酸残基有—OH；天门冬氨酸和谷氨酸残基上含有—COOH；半胱氨酸残基上含有—SH（巯基）。这些功能基可以参与各种特殊反应。

蛋白质是由一条或几条多肽链组成的生物大分子，每一条多肽链大约有 20 个到几百个氨基酸残基，各种氨基酸残基按一定顺序排列。例如牛胰岛素由 A、B 两条多肽链组成，具有螺旋形结构，A 链中有 21 个残基，B 链中有 30 个残基，A、B 链通过两个半胱氨酸的二硫键相连接，此外，A 链中第 6 和第 11 残基也有一个二硫键，见图 7-1。

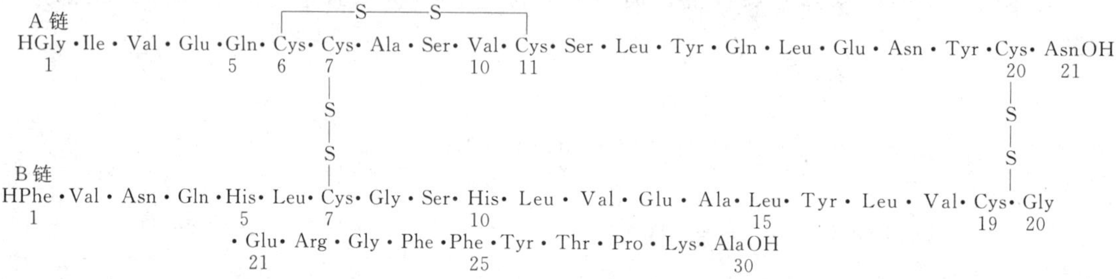

图 7-1　牛胰岛素的结构示意图

每种蛋白质中的氨基酸都有严格规定的排列顺序，此即蛋白质的基本结构，通常称蛋白质的一级结构。一级结构决定了蛋白质的功能，对它的生理活性也很重要，顺序中只要有一个氨基酸发生变化，整个蛋白质分子就会被破坏。

蛋白质的二级结构是指分子中多肽链通过氢键形成的不同折叠方式。例如角蛋白中的多肽链，排列成卷曲形，称为 α-螺旋，见图 7-2(a)。而在丝蛋白中，几种走向不同的肽链互相紧靠，使蛋白质成为“之”字形，也称 β-折叠，见图 7-2(b)。

蛋白质的三级结构是指二级结构折叠卷曲形成的结构。蛋白质的四级结构是指几个蛋白质分子（称为亚基）聚集成的高级结构。

蛋白质广泛而又多变的功能决定了它们在生理上的重要性。蛋白质的生物学功能是多种多样的，有的起运输、调节或防御作用，有的起催化（酶）作用。这些作用都与蛋白质复杂的结构紧密相关。

(3) 酶

酶是一类由生物细胞产生的，以蛋白质为主要成分的、具有催化性的生物催化剂。

酶催化作用有很多特点，最主要的几个特点如下。

① 催化效率极高。同一反应，酶催化反应的速率比一般催化剂催化的反应速率要快 $10^6 \sim 10^{13}$ 倍。例如碳酸酐酶催化以下反应：$CO_2 + H_2O \Longrightarrow H_2CO_3$。

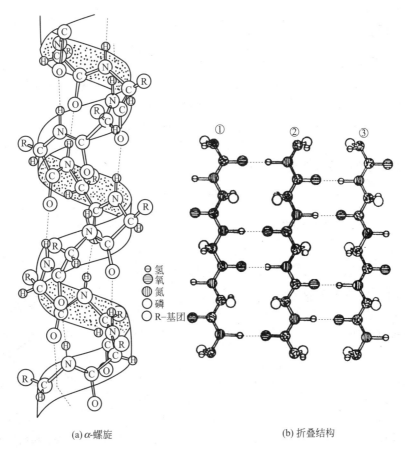

氢
氧
氮
磷
R–基团

(a) α-螺旋　　　　　　　　　(b) 折叠结构

图 7-2　多肽链构型

每个酶分子每秒钟能催化 6×10^5 个 CO_2 分子与水分子结合成 H_2CO_3。其反应速率比非酶催化反应的速率要快 10^7 倍。

② 酶具有高度的专一性。即某一种酶仅对某一物质甚至只对某一种物质的给定反应起催化作用，生成一定的产物。如脲酶只能催化尿素水解生成 NH_3 和 CO_2，而对尿素的衍生物和其他物质都不具有催化水解作用，也不能使尿素发生其他反应。蛋白酶只能催化蛋白质水解，酯酶只能催化酯类水解，等等。酶的这种专一性可用酶分子的几何构型给予解释。如麦芽糖酶是一种只能催化麦芽糖水解为两分子葡萄糖的催化剂，这是由于麦芽糖酶的活性部位能准确地结合一个麦芽糖分子，当两者相遇时，使两个单糖相连接的链结合变弱，其结果是发生水解反应。麦芽糖酶不能使蔗糖水解，使蔗糖水解的是蔗糖酶。

③ 酶催化反应都是在比较温和的条件下（$pH \approx 7$，温度 $\approx 37℃$）进行的。因为酶是由蛋白质组成的，对周围环境的变化比较敏感，当遇到高温、强碱、强酸、重金属离子，配位体或紫外线照射等因素的影响时，易失去它的催化活性。

从酶的组成来看，可分为单纯酶和结合酶两大类。单纯酶的分子组成全为蛋白质。其催化活性仅由蛋白质结构决定。结合酶是由蛋白质-酶蛋白和辅酶（酶的辅助因子）组成的，其催化作用是由酶蛋白和辅助因子共同完成的。

人体对食物的消化、吸收，通过食物获取能量，以及生物体内复杂的代谢过程都包含许多化学反应，必须有各种不同的酶参与作用。这些专一性的酶组成的一系列酶的催化体系，维持生物体内各种代谢过程有规律地进行。

7.1.3 核酸

核酸是一类多聚核苷酸，它的基本结构单位是核苷酸，是生命体的基本物质之一。根据核酸中所含戊糖种类不同，可将核酸分为两种：一种是脱氧核糖核酸（DNA），主要集中在细胞核内，它是细胞中染色体的主要成分，是遗传的物质基础；另一种是核糖核酸（RNA），它主要存在于细胞质中，参与蛋白质的生物合成。

不论哪类核酸水解，首先生成核苷酸，核苷酸进一步水解后生成磷酸和核苷，核苷再进一步水解则生成戊糖和碱基（嘧啶和嘌呤）（见图7-3）。

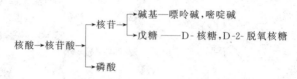

图7-3 核酸水解过程

D-核糖和D-2-脱氧核糖的分子结构式为：

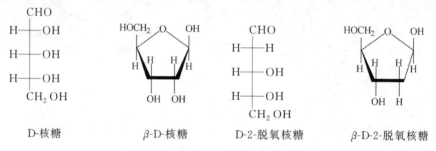

存在于核苷酸中的碱基都是嘌呤和嘧啶有机碱，其结构如下：

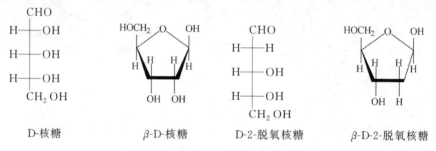

尿嘧啶主要存在于RNA中，胸腺嘧啶存在于DNA中，而胞嘧啶、腺嘌呤和鸟嘌呤在两类核酸中都存在。两类核酸的基本化学组成见表7-2。

表7-2　两类核酸的基本化学组成

名　称	DNA	RNA
嘌呤碱	腺嘌呤 鸟嘌呤	腺嘌呤 鸟嘌呤
嘧啶碱	胞嘧啶 胸腺嘧啶	胞嘧啶 尿嘧啶
戊糖	D-2-脱氧核糖	D-核糖
酸	磷酸	磷酸

在核酸分子中，戊糖以第1位碳原子的半缩醛羟基与嘧啶碱基1位氮原子或嘌呤碱基9位氮原子上的氢原子脱水而形成核苷，核苷中戊糖的3位或5位上的羟基与磷酸形成核苷

酸。多个核苷酸形成核苷酸链。

　　DNA 和 RNA 中多核苷酸链片段分别见图 7-4。

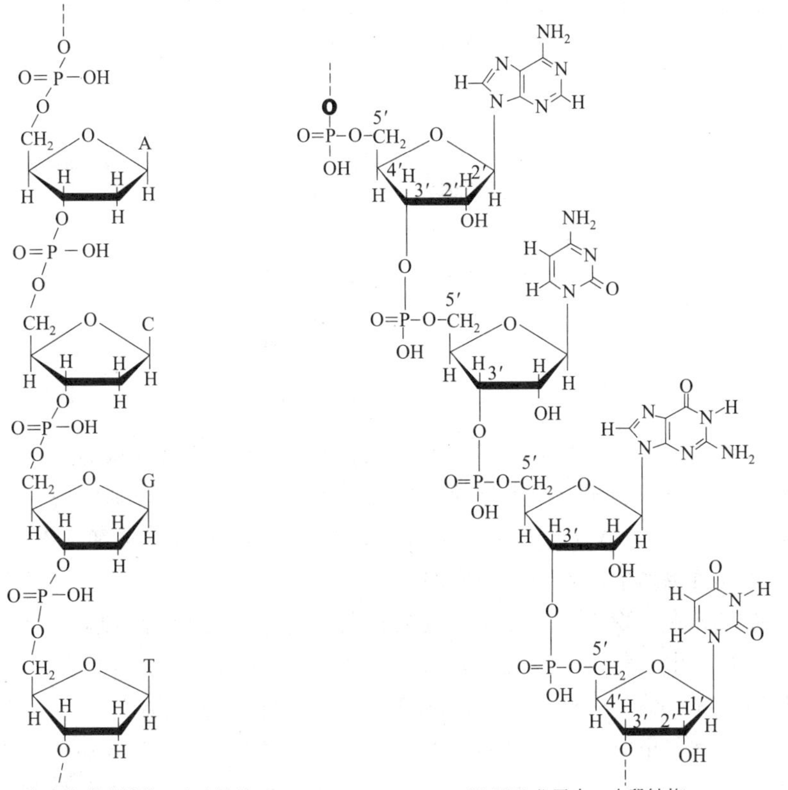

(a) DNA 中多核苷酸链的一个小片段　　　　(b) RNA 分子中一小段结构

图 7-4　多核苷酸链片段

　　1953 年，英国剑桥大学的沃森（James DWatson）和克立克（Francis. C. Crick）提出生物遗传物质 DNA 分子是由两条螺旋状的多聚核苷酸链构成的双螺旋结构。每条链是由脱氧核糖分子和磷酸所形成的酯链相互交替构成的：—糖（S）—磷酸（P）—糖（S）—磷酸（P）—。两条链中所含的碱基分子按一定顺序排列，一条链上的碱基和另一条链上的碱基通过氢键按照一定关系配对（互补原则），即 A—T、C—G，从而使两条链扭成双螺旋结构。

　　核酸是遗传信息的携带者与传递者。核酸有着几乎多得无限的可能结构，而生物体内的遗传特征就反映在 DNA 分子的结构上，即 DNA 的结构携带着遗传的全部信息，就是通常所说的 DNA 携带着遗传密码。生物体的遗传信息以密码的形式编码在 DNA 分子上，表现为特定的核苷酸排列顺序，并通过 DNA 的复制由亲代传递给子代，人体素质优劣的遗传作用由 DNA 决定。DNA 复制时，首先是 DNA 的双股多核苷酸链由某处拆开成单链，然后以每条单链为模板，按照碱基配对的原则（即 A 与 T，C 与 G），把游离的脱氧核糖核酸再聚合在一起形成新的多核苷酸链。随着原来的 DNA 分子的双股链继续延伸拆开，新的两条多核苷酸链便继续延长，直至原来的两股完全拆开，新的两个 DNA 分子便形成，这样形成的两个 DNA 分子彼此完全一样，和原来的 DNA 分子也完全一样。由于在每一个新的 DNA 分子中，都有一条链是来自原来的 DNA 分子，另一条链是新合成的，故将 DNA 的这种复制过程称为半保留复制。在后代的生长发育过程中，遗传信息自 DNA 转录给 RNA，然后翻译成特异的蛋白质,以执行各种生命功能。所谓转录,就是在 DNA 分子上合成出与其核苷酸顺序相对的 RNA 的过程。而翻译则是在 RNA 的控制下,按从 DNA 得来的核苷酸顺序合成出具有特定氨基酸顺序的蛋白质肽链的过程。由于生命活动是通过蛋白质来表现,所以生物的遗传特征实际上是通过 DNA→RNA→蛋白质过程传递的,这就是遗传信息传递的中心法则,如图 7-5 所示。

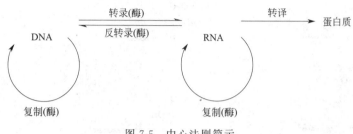

图 7-5　中心法则简示

遗传工程从狭义上理解就是指 DNA 重组技术,改变动植物性状的人工技术往往被称为转基因技术。即提取或合成不同生物的遗传物质 DNA,在体外切割、拼接和重新组合,然后通过载体将重组的 DNA 分子引入受体细胞,使重组 DNA 在受体细胞中得以复制与表达。该技术可以使重组生物增加人们所期望的新性状,培育出新品种。把一些抗病虫害的基因移植到粮食、棉花等农作物中,就可获得抵抗病虫害的优质农作物品种,极大地提高农产品的产量。一切植物的生长都需要氮元素,大气中虽有近 80% 的氮气,但除了豆科植物外,都不能直接利用空气中的分子态 N_2。所以生物固氮的遗传工程研究是一个令人神往的重要领域,其目的就是培养出能自行供氮的作物。豆科植物根部共生的根瘤菌可以固定分子氮。把根瘤菌的固氮基因转移到水稻、小麦、玉米等作物细胞中,就有可能使这些作物直接利用空气中的氮。最近有报道称,已从艾滋病病毒中发现了一种对病毒的生长和繁殖绝对必要的基因 TAT。该基因已通过化学合成取得,是一编码 86 个氨基酸的多肽基因。科学家认为,据此可以设计出杀灭艾滋病病毒的特效方案,从而控制和防治艾滋病。

DNA 重组技术在环境监测和环境净化中也大显身手。使用一个特定的核酸片段(DNA 或 RNA 都行)作为探针〔DNA 探针是单股 DNA 小片段用同位素、酶、荧光分子或化学发光催化等予以标记,之后同被检测的 DNA 中的同源互补序列杂交,从而检出所要查明的 DNA(或基因)〕使之同被检测的病毒相应的碱基结合,从而把病毒检测出来。该方法快速灵敏,精确度高。如用探针的办法在一天时间内可检测出 1000L 水中的 10 个病毒。把不同假单孢杆菌的 4 种不同质粒重组成一个超级质粒:由 OCT(降解辛烷、己烷、癸烷)、XYL(降解二甲苯和甲苯)、CAM(分解樟脑)和 NCH(降解萘)构建成一个质粒并送入细菌,得到"超级菌"。这种"超级菌"能够在浮游过程中除去污染了水面的石油,几小时就可以降解 2/3 的烃类物质,而天然菌则需耗费一年以上的时间。把嗜油酸单孢杆菌的耐汞基因转移入腐臭假单孢杆菌中,该菌株能把剧毒的汞化物吸收到细胞内并还原成金属汞,然后可通过气化的方法从菌体中回收金属汞。把中国仓鼠中的屏蔽基因(即可将重金属离子排去的基因)植入一种十字花科植物——芜菁的体内。这样,植物可将土壤中有害的金属镉留在植物根部,而阻止它到达植物的茎、叶、果实部位,可保护人畜的健康。

通过 DNA 重组技术大量生产克隆酶,所谓克隆(clone)是指生物体通过体细胞进行的无性繁殖以及由无性繁殖形成的基因类型完全相同的后代个体组成的种群，也就是把一个单细胞变成生物体的过程或结果。1997 年英国爱丁堡罗斯林研究所首次用体细胞成功地克隆出绵羊多利，其大概过程如图 7-6 所示。

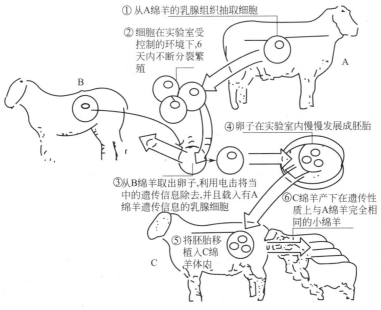

① 从A绵羊的乳腺组织抽取细胞

② 细胞在实验室受控制的环境下,6 天内不断分裂繁殖

B

A

④ 卵子在实验室内慢慢发展成胚胎

③ 从B绵羊取出卵子,利用电击将当中的遗传信息除去,并且载入有A绵羊遗传信息的乳腺细胞

⑥C绵羊产下在遗传性质上与A绵羊完全相同的小绵羊

⑤ 将胚胎移植入C绵羊体内

C

图 7-6　克隆多利羊过程简图

遗传工程研究的开展，将为解决人类面临的食品与营养、健康与环境、资源与能源等一系列重大问题开辟新的途径。需要注意的是转基因食品对人类的安全性有待科学家进一步研究。

7.2　化学元素与人体健康

各种化学元素在人体中各有不同的功能，危害人类健康的疾病都与体内某些元素平衡的失调有关。因此，了解生命元素的功能，并正确理解饮食与健康的关系，树立平衡营养观念，将会有益于预防疾病，增强体质，保持身体健康。

7.2.1　组成生物体的化学元素

在生物体内维持生命活动的必需元素称为生命元素。人体内大约含有 27 种生命元素，按其在体内的含量高低，分为常量元素和微量元素，每种常量元素的标准含量约占人体总质量的万分之一以上，11 种常量元素之和约占人体总质量的 99.9%。C、H、O、N、P、S 6 种元素构成了人体内所有有机物，如蛋白质、核酸、糖类、脂肪等。微量元素虽然在人体内含量甚微，但在生命过程中具有重要作用，它们是激素、酶、维生素等的组成部分，因此也是人体的必需元素。表 7-3 是生命必需元素在周期表中的分布。

从表 7-3 可以看出，生命必需元素大都分布在周期表的前四个周期之中，但其中锂、铍、铝等元素却例外。锂与氢、钠、钾，铍与镁、钙等的原子结构和化学性质相似，为什么氢、钠、钾、镁、钙等是生物必需元素，而锂与铍却不是呢？单纯从化学角度来看这一问题，确实令人费解，但当我们列出这些元素在海水中的丰度时，问题就一目了然了（见

表 7-4）。

表 7-3 生命必需元素

	I_A	II_A	III_A	IV_A	V_A	VI_A	VII_A	VIII	VIII	VIII	I_B	II_B	III_B	IV_B	V_B	VI_B	VII_B	0
1	H*																	He
2	Li	Be											B	C*	N*	O*	F	Ne
3	Na*	Mg*											Al	Si	P*	S*	Cl*	Ar
4	K*	Ca*	Sc	Ti	V	Cr	Mn	Fe	Co	Ni	Cu	Zn	Ga	Ge	As	Se	Br	Kr
5	Rb	Sr	Y	Zr	Nb	Mo	Tc	Ru	Ph	Pd	Ag	Cd	In	Sn	Sb	Te	I	Xe
6	Cs	Ba	La	Hf	Ta	W	Re	Os	Ir	Pt	Au	Hg	Tl	Pb	Bi	Po	At	Rn
7	Fr	Ra	Ac															

注："*"表示常量元素；"——"表示微量元素。

表 7-4 元素在海水中的丰度与其生命必需性

元 素	海水中丰度/$mg \cdot L^{-1}$	对生物必需性
H	108000.0	需 要
Li	0.2	不需要
Na	10500	需 要
K	380.0	需 要
Be	0.0000006	不需要
Mg	1350	需 要
Ca	400.0	需 要

即使一些元素化学性质很相似，但当它们在海水中丰度不同时，它们对生命的意义也不同。因此，要判断一个化学元素对生命体是否必需，单纯地去研究它们的生物化学性质是不够的，生物演化过程中的地壳元素丰度也是一个重要因素。这一地壳丰度控制生命元素必需性的现象称为"丰度效应"。丰度效应有力地证明了生命起源于海洋的学说。图 7-7 为英国地球化学家埃利克·汉密顿（Eric Hamilton）测定 220 例英国人体组织后得出的结果。

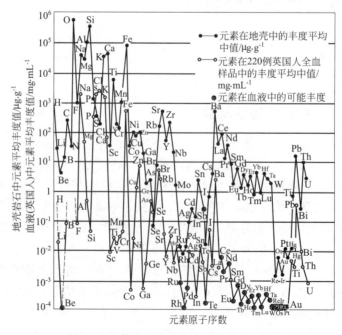

图 7-7 人体血液与地壳中元素丰度比较

7.2.2　几种必需元素的主要功能

必需元素是指下列几类元素：

① 该元素存在于所有健康的组织中；

② 生物体具有主动摄入并调节其体内分布和含量水平的元素；

③ 在体内存在有发挥正常生物功能的含该元素的生物活性化合物；

④ 缺乏该元素时会引起生化生理变化，补充后即能恢复。

下面简单介绍氯、钾、钠、钙及一些微量元素的主要生物功能。

(1) 氯、钾、钠元素

Cl^-、K^+、Na^+ 在体内的作用是错综复杂而又相互关联的。K^+ 和 Na^+ 常以 KCl 和 NaCl 的形式存在。Na^+ 是生物体体液中浓度最大、交换速率最快的阳离子，人体血浆中 Na^+ 的浓度可高达 $0.15 \, mol \cdot L^{-1}$。Cl^-、K^+、Na^+ 的首要作用是控制细胞、组织液和血液内的电解质平衡。这种平衡对保持体液的正常流通和控制体内的酸碱平衡是必要的。Na^+ 和 K^+（与 Ca^{2+} 和 Mg^{2+} 一起）有助于使神经和肌肉保持适当的应激水平。NaCl 和 KCl 的作用还在于使蛋白质大分子保持在溶液之中，并使血液的黏性或稠度调节适当。胃里开始消化某些食物的酸和其他胃液、胰液及胆汁里的助消化的化合物，是由血液里的钠盐和钾盐形成的。另外，视网膜对光脉冲反应的生理过程，也依赖于 Na^+、K^+ 和 Cl^- 有适当的浓度。氯和钠主要来源于食盐，钾主要来源于水果、蔬菜等植物性食品。

(2) 钙元素

钙元素在生物体内以离子和结合态存在于所有动物的组织液、软组织和硬组织中，生物体从环境中摄取 Ca^{2+} 并将其大部分用于转化成难溶盐，难溶盐的生成与溶解构成生物体内钙化与脱钙的可逆过程。

$$Ca^{2+} + CO_3^{2-} \underset{\text{脱钙}}{\overset{\text{钙化}}{\rightleftharpoons}} CaCO_3(s)$$

$$3Ca^{2+} + 2PO_4^{3-} \underset{\text{脱钙}}{\overset{\text{钙化}}{\rightleftharpoons}} Ca_3(PO_4)_2(s)$$

钙化、脱钙的平衡和速率控制，随人的年龄、营养状况而变化。一旦失控就会引起一系列疾病。如骨质增生、龋齿、结石等。Ca^{2+} 在细胞内、外的浓度像 Na^+、K^+ 那样也是不均衡的，细胞内低、细胞外高。这是因为细胞内 Ca^{2+} 浓度高时，会与细胞内的 PO_4^{3-} 形成 $Ca_3(PO_4)_2$ 沉积在细胞内，且 Ca^{2+} 与 Mg^{2+} 有拮抗作用，会影响含 Mg^{2+} 酶的活性。维持细胞内低浓度的 Ca^{2+}，是通过蛋白质把大部分 Ca^{2+} 结合储存起来，当需要时又把 Ca^{2+} 放出来。例如，当外界刺激信号（针刺、火烧）传来时，经过神经传导作用于肌质网上，这时蛋白质结合的 Ca^{2+} 便会迅速释放出来，使细胞内 Ca^{2+} 浓度突然增大，引起肌纤维蛋白构象变化而发生肌肉收缩，当刺激信号解除时，Ca^{2+} 又重新结合到蛋白质上。20 世纪 70 年代以来又发现了存在于细胞质内的钙结合蛋白（称钙调素蛋白），它是多种酶的活化剂。

人体内大部分 Ca^{2+} 除分布在硬组织外，还存在于血液中。血液中游离的钙称血钙，其浓度范围有一定的正常值。浓度过高会出现高钙血症，如尿道结石、全身性骨骼变粗或软骨钙化；若浓度过低便会出现低钙血症，骨骼中 Ca^{2+} 会游离出来引起钙化不良、骨软化、神经和肌肉兴奋性增高发生痉挛等。此外血浆中的钙还有凝血作用。虾米、海带、肉骨头汤、豆类、乳制品等可作为钙的主要食物来源。

(3) 磷元素

骨骼和牙齿中除了含 Ca 外，磷也是一种重要元素。体内 90% 的磷是以 PO_4^{3-} 的形式存在的，如牙釉质中的主要成分是羟基磷灰石 $Ca_{10}(OH)_2(PO_4)_6$ 和少量氟磷灰石 $Ca_{10}F_2(PO_4)_6$、氯磷灰石 $Ca_{10}Cl_2(PO_4)_6$ 等。

磷酸可以和有机化合物中的羟基（糖羟基、醇羟基）形成磷酸酯，如 ATP 就是三磷酸腺苷。磷脂多存在于细胞膜内。ATP 水解时放出高能量，可为其他反应提供必要的能量。磷的化学规律控制着核糖、核酸以及氨基酸、蛋白质的化学规律，从而控制着生命的化学变化。食品中广泛存在磷，因而不易出现磷不足。

(4) 镁元素

成人体内的镁含量为 20～30g，其中 70% 以磷酸盐和碳酸盐的形式参与骨骼和牙齿的形成，是骨骼和牙齿的重要成分之一；25% 的镁存在于软骨组织中，与蛋白质组成配合物。镁是细胞内阳离子之一，是许多酶发挥作用所必需的激活剂，特别是氧化磷酸化酶系统更需要 Mg^{2+}。细胞外液的镁含量虽然较细胞内液为低，但与钙、钾、钠合作，共同维持神经肌肉的兴奋性。Mg^{2+} 是维持心肌正常功能和结构所必需的，当缺乏时，可引起心肌坏死。小米、燕麦、大麦、小麦、豆类、肉类食品含镁丰富。

(5) 微量元素

微量元素在生物体内与蛋白质、核酸等生物大分子结合，以金属蛋白、金属酶及其他功能分子的形式存在，控制着机体内各种生理代谢过程。如果没有金属离子存在，酶的活性会很低，甚至失去催化能力。人体内常见的微量元素有 Fe、Co、Mn、Cu、Zn、I、Se、Mo 等。现将其功能简单介绍如下。

① 铁元素　微量元素铁在人体中一般含量为 4～6g（按 70kg 体重计），且 70% 以血红蛋白和肌红蛋白的形式存在于血液和肌肉组织中，作为氧的载体参与氧的转运和利用，其余的则与各种蛋白质和酶结合，分布于肝、骨骼和脾脏中。

血红蛋白（见图 7-8）和肌红蛋白都是血红素蛋白质。血红蛋白（Hb）是存在于血液红细胞中的输 O_2 载体；肌红蛋白（Mb）存在于肌肉组织细胞中，承担 O_2 的储存任务，并运送 O_2 穿过细胞膜。它们与 O_2 的可逆结合表示如下：

$$a.\ Hb + O_2 \underset{\text{解离}}{\overset{\text{结合}}{\rightleftharpoons}} HbO_2$$

（脱氧型）　　　（氧合型）

$$b.\ Mb + O_2 \underset{\text{解离}}{\overset{\text{结合}}{\rightleftharpoons}} MbO_2$$

（脱氧型）　　　（氧合型）

以上两个反应中，结合和解离的速度都很快，反应方向取决于 O_2 的分压。当血液流经肺部时，肺泡中 O_2 的分压大于静脉血的 O_2 分压，形成 HbO_2；当血液流经组织时，肌肉组织的 O_2 分压较低，O_2 从 HbO_2 中解离出来与肌肉组织中的 Mb 结合，形成 MbO_2，把 O_2 储存起来（Mb 结合 O_2 的能力大于 Hb）以便供氧不足时释放出 O_2，供各种生理氧化反应的需要。血红蛋白结合氧的能力还受细胞中 pH 值变化的影响，pH 值升高，氧合能力增强；pH 值降低，氧合能力减弱。因此当血液流经组织时，细胞中 CO_2 浓度增加，pH 值降低，则 Hb 氧合能力减弱，有利于 O_2 从氧合血红蛋白中释放出来，从而起着调控血红蛋白的氧合和析 O_2 的功能。血红蛋白除载 O_2 功能外，还有运送 CO_2 的功能。存在于 Hb 中珠蛋白上的自由氨基可与 CO_2 结合生成氨基甲酸红蛋白，将机体组织产生的 CO_2 运送至肺部排出。此反应迅速，无需酶参加。

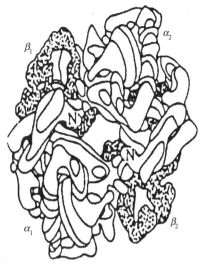

值得注意的是：血红蛋白与 CO 形成的配合物，即一氧化碳血红蛋白 HbCO 比 HbO_2 稳定。在体温 37℃下，HbO_2 可以被 CO 转化为 HbCO：

$$HbO_2 + CO \rightleftharpoons HbCO + O_2 \qquad K^{\ominus} \approx 200$$

$K^{\ominus}$ 较大，表明转化较易。即使在肺部 CO 的浓度很低时，Hb 仍能优先和 CO 分子结合。一旦发生这种情况，通往各组织的氧就会被中断，细胞能量代谢发生障碍，出现肌肉麻痹、昏迷甚至死亡的缺氧症状。这就是煤气中毒的原因。经测定研究，空气中 CO 浓度达到 0.08% 时，人在 2h 内就会昏迷致死。如出现 CO 中毒昏迷的症状，应迅速将患者抬出现场，在空气清新的地

图 7-8　血红蛋白

方做人工呼吸或输氧进行抢救。动物肝脏、肾脏、肉类、鱼类、蛋黄、白菜、油菜等食品可以作为铁的来源。

② 锌元素　锌在人体内的含量为 2～3g（以 70kg 体重计），仅次于铁。正常成人每天需锌量为 10～15mg，锌有 25%～33% 储存在皮肤和骨骼里，其余则存在于血液、前列腺、胰腺和眼中。牡蛎、海虾、奶制品和蛋制品等含锌较高。长期食用含锌量高的食物，可以增强人的耐力，有助于降压。

③ 碘元素　碘是第一个被发现的人体不可缺少的微量元素，成人体内含碘量为 20～50mg，大部分富集在甲状腺中。碘的主要生理功能是参与甲状腺素的形成，而甲状腺素可促进体内氧化作用、调节新陈代谢。成人每天从外界获取 $100\mu g$ 左右的碘就足够了。含碘丰富的食物有海鱼、海带、紫菜、海虾等海产品。补碘最方便、经济、有效的方法是食用加碘食盐（食盐中加入碘酸钾）。

④ 铜元素　铜在人体中的含量约为 0.0001%，在体内大部分以结合状态存在，小部分以游离状态存在。铜是人体中若干金属酶的中心离子，如酪氨酸酶、细胞色素 C 氧化酶、抗坏血酸氧化酶、超氧化物歧化酶（SOD）等。含铜丰富的食物有肝、肾、鱼、贝类，豆类及绿叶蔬菜等。

⑤ 铬元素　铬在成人体内的总量约 6mg，三价铬是人体必需的营养元素，六价铬对人体有害，可以致癌。铬是琥珀酸-细胞色素氧化酶、葡萄糖磷酸变位酶的必需元素，并可加速脂肪氧化，有助于动脉壁中脂质的运输和清除。铬的另一重要作用是通过促进胰岛素的功能而参与糖代谢过程。粗粮、肉类、酵母中含铬较丰富，成人每日可从食物中摄取 130～$250\mu g$。

⑥ 钼元素　人体钼含量约为 0.00001%，钼的生化功能是通过各种钼酶的活性来表现的，如硝酸还原酶可以把 NO_3^- 还原为 NH_3：

$$NO_3^- \xrightarrow{\text{硝酸还原酶}} NO_2^- \xrightarrow{\text{亚硝酸还原酶}} NH_3 \uparrow$$

避免了 HNO_2 与胺类形成亚硝胺，阻断了亚硝胺的致癌作用。豆类、谷类、肝脏、牛奶中含钼较丰富。

⑦ 钴元素　钴是维生素 B_{12} 和一些酶类的组成成分，钴的生理作用是以维生素 B_{12} 的形

式进行的，维生素 B_{12} 参与核酸合成和红细胞生成，缺乏钴就会产生恶性贫血病。钴的日需要量为 $0.045\sim0.09\mu g$。肉类、牛奶中含钴较丰富。

⑧ 硒元素　成人体内含硒约 $14\sim21mg$，分布于指甲、头发、肾和肝中。硒是谷胱甘肽过氧化物酶的一部分，以硒胱氨酸的形式存在于该酶分子中，其功能主要是具有抗氧化作用，保护细胞膜和血红蛋白免受氧化、破坏。海产品及肉类为硒的良好来源。

⑨ 锰元素　人体锰含量约为 0.00002%，锰分布于一切组织中，以骨骼、肝脏、脑、肾、胰，特别是脑下垂体中含量丰富。锰是多种酶的激活剂，是丙酮酸羧化酶、肌酸激酶的成分，也是 $Mn(II)$-SOD 中的中心离子。哺乳类动物的衰老可能与 Mn-SOD 减少而引起抗氧化作用降低有关。

⑩ 氟元素　氟在人体内的含量约为 0.0037%，在骨骼、牙齿、指甲等中含量较多。氟参与牙釉质的形成，使牙釉质中的羟磷灰石$[(Ca_5P_2O_8)(OH)_2]$的羟基被氟取代而生成强度更高的氟磷灰石 $[(Ca_5P_2O_8)F_2]$，增强牙釉质对龋齿的抵抗作用。在整个身体中，由于骨骼内氟磷灰石的形成，可增强骨骼的强度。饮水是人体氟的主要来源，但长期饮用含氟量在 $105\mu mol\cdot L^{-1}$ 以上的水，则会出现黄斑牙。

下面将 25 种生物必需元素及其功能列于表 7-5 中。

表 7-5　生物必需元素及其功能[①]

元　　素	功　　能
H	水、有机化合物的组成成分
B	植物生长必需
C	有机化合物组成成分
N	有机化合物组成成分
O	水、有机化合物的组成成分
F	鼠的生长因素，人骨骼的成长所必需
Na	细胞外的阳离子，Na^+
Mg	酶的激活，叶绿素构成，骨骼的成分
Si	在骨骼、软骨形成的初期阶段所必需
P	含在 ATP 等之中，为生物合成与能量代谢所必需
S	蛋白质的组成，组成 Fe-S 蛋白质
Cl	细胞外的阴离子，Cl^-
K	细胞外的阳离子，K^+
Ca	骨骼、牙齿的主要组分，神经传递和肌肉收缩所必需
V	鼠和绿藻生长因素，促进牙齿的矿化
Cr	促进葡萄糖的作用，与胰岛素的作用机制有关
Mn	酶的激活、光合作用中水光解所必需
Fe	最主要的过渡金属，组成血红蛋白、细胞色素、铁-硫蛋白等
Co	红细胞形成所必需的维生素 B_{12} 的组成
Cu	铜蛋白的组分，铁的吸收和利用
Zn	许多酶的活性中心，胰岛素组分
Se	与肝功能肌肉代谢有关
Mo	黄素氧化酶、醛氧化酶、固氮酶等所必需
Sn	鼠发育必需
I	甲状腺素的成分

① 王夔主编．生命科学中的微量元素．北京：中国计量出版社，1991.

7.2.3　氧自由基的生理作用及清除

自由基又叫游离基，是指带有未成对电子的分子、原子、离子或化学基团。未成对电子具有配对的倾向，因此自由基易发生失去电子或得到电子的反应而表现出较活泼的化学性质。

氧分子在有机物生命体系统中，参与糖、脂肪及氨基酸的代谢过程，最终形成水，其释放的能量通过三磷酸腺苷（ATP）高能磷酸键的合成相偶联而被储存。然后由 ATP 将能量传给需要能量的地方。O_2 可以通过未成对电子接受反应，依次转变为超氧阴离子自由基 O_2^-·、超氧酸 HO_2·、过氧化氢 H_2O_2 和羟自由基·OH 等中间产物。由于这些物质都是直接或间接地由 O_2 转化而来的，而且具有较分子氧更活泼的化学性质，所以统称为活性氧，亦称为氧自由基。

超氧阴离子的自由基 O_2^-· 既可以作为还原剂供给电子，又可以作为氧化剂接受电子。O_2^-· 可以与 H^+ 结合生成 HO_2·，也可以在铁螯合物催化下与 H_2O_2 反应产生·OH：

$$O_2^- · + H_2O_2 \xrightarrow{铁螯合物} O_2 + ·OH + OH^-$$

·OH 是化学性质最活泼的活性氧物质。几乎与生物体内所有物质，如糖、蛋白质、DNA、碱基、磷脂和有机酸等都能反应，且反应速率快，可以使非自由基反应物变成自由基。例如，·OH 与细胞膜及细胞内容物中的生物大分子 RH 作用：$·OH + RH \longrightarrow H_2O + R·$，新生成的自由基 R·，又可继续和 O_2 作用：$R + O_2 \longrightarrow RO_2·$，……。生物体内的活性氧和自由基由非酶（维生素 E、维生素 C、β-胡萝卜素等）反应及酶反应不断产生，又不断消除，在正常情况下两者保持平衡，既促进了新陈代谢，促进生长发育，又维持着生物体和人体的健康。例如白细胞吞噬细菌时需要产生活性氧来消灭细菌，合成前列腺素也需要活性氧参与。

人体内过多的 O_2^-· 可使生化反应加剧，能量过剩，产生炎症，甚至发生癌变，加速老化，等等。O_2^-· 可以依靠超氧化物歧化酶(superoxide dismutase，简称 SOD) 来消除。SOD 具有特定生物催化功能，由蛋白质和金属离子组成，通常有三种类型：Cu-Zn-SOD、Mn-SOD 及 Fe-SOD，广泛存在于动、植物和一些微生物内。SOD 对于生物体内氧的正常代谢起着非常重要的作用，它能催化 O_2^-· 发生歧化反应：

$$2O_2^- · + 2H^+ \xrightarrow{SOD} H_2O_2 + O_2$$

产生的 H_2O_2 可在过氧化氢酶的催化下分解。SOD 是体内 O_2^-· 的清除剂。体内的一些病变可反映在 SOD 与 O_2^-· 含量的变化上，可人为控制 SOD 的量进行药品治疗。例如，SOD 治疗自身免疫性疾病，SOD 与放疗结合治疗癌症，SOD 治疗骨髓损伤和炎症等。近年来 SOD 的研究和应用受到人们极大的关注。

7.3 食品营养与科学保健

世界卫生组织给予健康的定义是："一个人只有在躯体健康、心理健康、社会适应性良好和道德健康四个方面健全，才是健康的人。"这里的躯体健康是指人体生理上的健康，要求能抵抗一般性感冒和传染病等。改善营养是增强民众体质的物质基础，人民的营养状况是衡量一个国家经济和科学文化发达程度的标志。

7.3.1 营养素

营养素就是食物的组分，主要包含糖类、脂类、蛋白质、维生素、无机盐和水六类物质，通称它们为六大营养素。人从食物中摄取这些营养素，以满足人体发育、成长、健康的需要。

（1）糖类

包括葡萄糖、果糖、乳糖、淀粉和纤维素等，它们是人体重要的碳源。糖分解时释放能量，供生命活动的需要，糖代谢的中间产物又可以转变为其他的含碳化合物如氨基酸、脂肪酸、核苷等。糖的磷酸衍生物可以生成 DNA、RNA、ATP 等生物活性物质。因为人体自身没有产生这些糖类物质的机能，所以植物光合作用产生的糖类物质是人类的重要营养来源。

（2）脂类

脂类物质包括油脂和类脂两大类。油脂是由一分子甘油和三分子高级脂肪酸组成的甘油三酯，室温下呈液态的称为油，呈固态的称为脂肪。类脂是指物态及物理性质与油脂类似的物质。脂类物质的生理功能如下。

① 氧化供能，维持体温。1g 脂肪氧化大约释放 36kJ 的能量，比蛋白质和糖都多。皮下脂肪不易导热，有助于维持体温恒定。

② 构成肌体组织的成分。类脂中的磷脂、胆固醇与蛋白质结合成脂蛋白，构成细胞的各种膜。脏器周围的脂肪层有固定保护内脏的作用。

③ 促进脂溶性维生素的吸收。维生素 A、维生素 D、维生素 E、维生素 K 等脂溶性维生素只有与脂肪共存时才能被人体吸收。

④ 供给人体必需脂肪酸，如亚油酸。人们通常食用的油脂有动物油和植物油，动物油含饱和脂肪酸较多，而植物油含不饱和脂肪酸。后者可降低血液黏度，预防动脉硬化、冠心病、高血脂等疾病的发生，故膳食用的油以植物油为主较好。

（3）蛋白质

蛋白质的营养价值取决于所含的氨基酸的种类和数量。凡含有各种必需氨基酸的蛋白质称完全蛋白质，缺少一种或一种以上必需氨基酸的蛋白质称不完全蛋白质。蛋白质是构成肌体组织（特别是肌肉）的重要成分。

（4）维生素

维生素是维持正常生命过程所必需的一类有机物，需要量很少，但对维持健康十分重要。维生素不能供给机体热能，也不能作为构成组织的物质，其主要功能是通过作为辅酶的成分调节机体代谢。长期缺乏任何一种维生素都会导致某种营养不良症和相应的疾病。例如缺乏维生素 B_1 会引起脚气病，缺乏维生素 C 会引起坏血病等。有些维生素在体内有协同作用，如维生素 C 能提高对铁的吸收率，维生素 D 能调节钙、磷代谢，维持血液钙、磷浓度正常，促进钙化，使牙齿、骨骼正常发育。表 7-6 列出了主要维生素的来源及功能。

（5）无机盐

无机盐又称矿物质，人体所需的矿物质元素有钾、钠、钙、铁、镁、铜、锰、钴、磷、硫、氯、碘、氟、硒等，它们是构成肌体组织和维持正常生理功能所必需的，但不能提供热能，其生理作用见 7.2 节。

（6）水

人体内水分来源有 3 个，即饮水、食物所含的水和体内生物氧化所产生的水，前两者是人体内水的主要来源。水是维持人体正常生理活动的重要因素之一，它参与人体构成和体内各种生化反应，又是体内进行生化反应的良好介质。各种营养物质必须先溶解或乳化于水中，然后才能通过各种体液运往全身各个组织器官和细胞中，以发挥自身作用。各种代谢物质、有害废物，也要以水作为溶剂随体液带到排泄器官排出体外。水还是体内关节、肌肉、器官和体腔的润滑剂，并有调节体温的作用。

表 7-6　主要维生素的来源及功能

名称	每日最低需要量	食物来源	功能	维生素缺乏的症状
水溶性 维生素 B_1（硫胺）	1.5mg	各种谷物、豆,动物的肝、脑、心、肾脏	形成与柠檬酸循环有关的酶	脚气病,心力衰竭,精神失常
维生素 B_2（核黄素）	1～2mg	牛奶、鸡蛋、酵母、阔叶蔬菜	电子传递链的辅酶	皮肤皲裂,视觉失调
维生素 B_6（吡哆醇）	1～2mg	各种谷物、豆、猪肉、动物内脏	氨基酸和脂肪酸代谢的辅酶	幼儿惊厥,成人皮肤病
维生素 B_{12}（氰钴胺）	2～5mg	动物的肝、肾、脑,由肠内细菌合成	合成核蛋白	恶性贫血
维生素 B_3 或PP(烟酸)	17～20mg	酵母、精廋肉、动物的肝、各种谷物	NAD、NADP、氢转移中的辅酶	糙皮病,皮损伤,腹泻,痴呆
维生素 C（抗坏血酸）	75mg	柑橘属水果、绿色蔬菜	使结缔组织和碳水化合物代谢保持正常	坏血病,牙龈出血,牙齿松动,关节肿大
叶酸	0.1～0.5mg	酵母、动物内脏、麦芽	合成核蛋白	贫血症,抑制细胞分裂
泛酸	8～10mg	酵母,动物肝脏、肾、蛋黄	形成辅酶 A(CoA)的一部分	运动神经元失调,消化不良,心血管功能紊乱
维生素 H(生物素)	0.15～0.3mg	动物肝脏、蛋清、干豌豆和利马豆,由肠内细菌合成	合成蛋白,CO_2 的固定,氨基转移	皮肤病
脂溶性维生素 A（A_1-松香油）（A_2-脱氢松香油）	5000IU（1IU=0.3μg 的松香油）	绿色和黄色蔬菜及水果、鳕鱼肝油	形成视色素,使上皮结构保持正常	夜盲,皮损伤,眼病（过量——维生素 A 中毒,极度过敏,皮肤伤,骨脱钙,脑压增高）
维生素 D	400IU(1IU=0.025mg 胆钙化醇)	鱼油、肝、皮肤中由太阳光激活的前维生素	使从肠吸收的 Ca^{2+} 增加;对牙和骨的形成是重要的	佝偻病(骨发育不良,每日超过 2000IU 使幼儿生长缓慢)
维生素 E(生育酚)	10～40mg,取决于多不饱和脂肪酸的吸收	绿色阔叶蔬菜	保持红细胞的抗溶血能力	增加红细胞的脆性
维生素 K（K_2-叶绿酯）	不知	由肠内细菌产生	促成肝凝血酶原的合成	凝结作用的丧失

注：IU 表示国际单位；1 个国际单位维生素 A＝0.3445 醋酸维生素 A 或等于 0.6μg（γ）β-胡萝卜素；1 个国际单位维生素 D＝0.025μg 晶体维生素 D。

7.3.2　平衡营养与人体健康

"民以食为天"，食品是人类赖以生存繁衍、维持健康的基本条件之一，人们每天必须摄取一定数量的食物来维持生命健康和从事各项活动。现在各类保健品琳琅满目，但不能随意食用，营养学家主张人们树立平衡营养观念。所谓平衡营养，就是指通过食物补充人体所需的热能和营养素，以满足人体的正常生理需要，并且各种营养素之间比例要适当，以利于人体的吸收和利用。营养素可以互相补充，互相制约，共同调理，以求在人体中和谐共存。在我们日常的食物中，没有任何一种食物能满足人们所需的一切营养素，必须吃多样化食物，来满足各种营养素的供给。人体所需的营养素，都有一定的最佳健康浓度范围，如果某种营养素摄入过多或少，都会造成营养失调，从而诱发多种疾病。例如适量的维生素 A、维生素 E 或锌会促进免疫功能的提高，而过高则可抑制。再如，碘在人体内有重要生理功能，人体对碘的最低需要量为 $0.1\text{mg}\cdot\text{d}^{-1}$，耐受量为 $1000\text{mg}\cdot\text{d}^{-1}$，当大于 $10000\text{mg}\cdot\text{d}^{-1}$ 时即为中毒量。人体摄入脂肪过多，会导致肥胖，从而提高人们患心血管疾病的概率。

为达到平衡营养之目的，必须具有合理的膳食结构，使膳食感官性状良好，品种多样化，并符合食品营养卫生标准，以适合人体的生理和心理需求，达到合理营养目的。中国营养学会吸取西方和日本膳食构成经验，结合我国传统膳食结构，制订了我国近期成人每月合理膳食标准：谷类 14kg，薯类 3kg，豆类 1kg，肉类 1.5kg，鱼类 500g，植物油 250g，蛋类 500g，奶 2kg，蔬菜 12kg，水果 1kg，水 72～75L。这样平均每天总热量为 1000kJ，摄入蛋白质 70g，可以达到膳食营养基本平衡。

总之"食物要多样，粗细要搭配，三餐要合理（一般早、中、晚餐的能量分别占总能量的 30%、40%、30%），饥饱要适当，甜食不宜多，油脂要适量，饮酒要节制，食盐要限量"是我国膳食的基本原则。

7.3.3 几种功能性食品简介

功能性食品是指除营养（一次功能）和感觉（二次功能）之外，还具有调节生理活动（三次功能）作用的食品，如南瓜可有效地防治糖尿病和高血压等。不同的食品具有不同的生理作用，下面简要介绍几种功能性食品。

(1) 富含 SOD 的酸奶

选择 SOD 作为功能因子，酸奶为载体，生产富含 SOD 的酸奶。其中的 SOD 可通过某种方式作用于人的机体，从而有效清除体内超氧自由基对机体的损伤，使皮肤富有光泽，起到延缓衰老的作用。

(2) 花粉食品

花粉是植物的雄性生殖细胞，内含丰富的营养成分，其中蛋白质一半以上以游离氨基酸的形式存在，易被人体吸收。花粉尚含有多种糖类、脂肪，多种微量元素和维生素等营养成分，另含有延迟人体组织衰老的酶、激素、核酸和抗生素等。所以，植物花粉被称为完全营养食品。目前市场上有纯净花粉乳、花粉口服液、王浆花粉蜜、花粉酒等。

(3) 减肥食品

人体产生肥胖的主要原因是摄入过多的高热量食物（如脂肪）而在体内积累，因此减肥食品必须热量低，营养物质丰富。人造肉即是常用的减肥食品之一。人造肉是以脱脂大豆粉为原料，经过一定加工而成为组织状仿肉大豆类食品。该食品以蛋白质为主，脂肪含量甚微，另外还存在一定量的纤维素和淀粉，矿物质也十分丰富。与动物肉品相比，其产生的热量可降低 1/3 以上，而蛋白质含量却高出许多。

(4) 黑五类食品

所谓黑五类食品是指黑芝麻、黑豆、黑米、黑荞麦、黑松籽等黑色食品的原料。此类原料富含人体必需的氨基酸、不饱和脂肪酸、维生素 B、维生素 E、铁、磷、钙矿物质等营养成分，具有降血压、抗衰老、乌发生发、养颜美容等功效。目前市场上主要有黑芝麻糊、三黑糊、黑米奶羹、黑油茶等黑五类食品。

（5）乳酸发酵食品

该食品是以富含蛋白质、低分子糖矿物质等多种营养物质的食品为原料，经过乳酸菌发酵得到的食品。该类食品具有诸多特点：第一，低分子糖转化为乳酸，不但使食品酸性增强，口感较好，而且乳酸能抑制肠道腐败菌的繁殖，促进肠蠕动，防止便秘；第二，在乳酸菌所产生的蛋白酶的作用下，食品中蛋白质水解成易被人体吸收的氨基酸；第三，乳酸菌分解乳糖为半乳糖，易于吸收，有助于儿童脑及神经系统发育；第四，可提高钙、磷、铁的利用率；第五，乳酸菌及其制品有降低胆固醇，抑制癌细胞的生长，防老化和防癌作用。该类食品主要是酸奶系列食品。

7.4 食品添加剂

食品添加剂是指为改善食品品质和色、香、味，以及为满足防腐、保鲜和加工工艺的需要而加入食品中的人工合成物质或者天然物质。只有在下列情况下可使用食品添加剂：保持或提高食品本身的营养价值；作为某些特殊膳食用食品的必要配料或成分；提高食品的质量和稳定性，改进其感官特性；便于食品的生产、加工、包装、运输或者储藏。

常用的食品添加剂主要有酸度调节剂、抗氧化剂、漂白剂、膨松剂、胶基糖果中基础剂物质、着色剂、护色剂、乳化剂、防腐剂、稳定剂和凝固剂、甜味剂、增稠剂、食品用香料等。下面介绍几种常见食品添加剂的用途及注意事项。

7.4.1 防腐剂

防腐剂是用于防止食品在储存、流通过程中因微生物繁殖而引起的变质，提高保存性，延长食用价值而在食品中添加的物质。常用的有苯甲酸和山梨酸及其盐类等。

苯甲酸及苯甲酸钠为一元芳香羧酸，25％水溶液 pH=2.8，其杀菌、抑菌能力随酸度增高而增强。当 pH=3.5 时，其 0.125％溶液可在 1h 内杀死葡萄球菌和其他细菌，但对霉菌抑制力较弱。苯甲酸钠的防腐作用机理与苯甲酸相同，但防腐效果小于苯甲酸。根据 GB 2760 规定（下同），苯甲酸及其钠盐可用于 21 类食品中，苯甲酸的最大使用限量为 $2g\cdot kg^{-1}$。在饮料中，因苯甲酸会随水挥发，故改用苯甲酸钠，1g 钠盐相当于 0.847g 苯甲酸。

7.4.2 食品着色剂（食品色素）

食品着色剂是以食品着色为主要目的的一类食品添加剂。目前常用的食品着色剂有 60 多种，按其来源可分为合成和天然两大类。如苋菜红，又称杨梅红、鸡冠紫红等，为红褐色或紫色粉末或颗粒，无臭，化学名称为 1-（4′-磺基-1′-萘偶氮）-2-萘酚-3，6-二磺酸三钠盐，结构式如下：

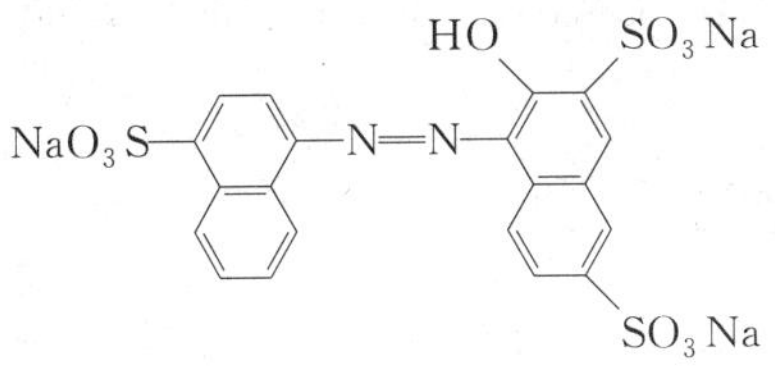

苋菜红主要用于果汁（味）饮料、碳酸饮料、糖果、糕点等，最大使用限量为 $0.025 \sim 0.30 g/kg$。

7.4.3　食品香料

食品香料是指那些具有香味、对人体安全、用来制造食品香精的单一有机化合物或混合物，有天然食品香料和合成食品香料两大类。天然食品香料主要是香花、香草和辛香料，常见的品种有桂花、茉莉花、花椒、八角茴香、肉桂、亚洲薄荷油等。例如亚洲薄荷油是重要的凉味香料，具有清凉的薄荷香，在软饮料、冰淇淋、焙烤食品、口香糖、果酒等中广泛使用，食品中建议使用量为 $90 \sim 8300 mg/kg$。

合成类食品香料有醇、酚、醚、醛、酮、缩醛和酯类等。如乙酸香叶酯（乙酸 3，7-二甲基-2，6-辛二烯酯），无色液体，具有清甜的柠檬果香，带有玫瑰、薰衣草样的香气，可用于调配杏、桃子、香蕉、葡萄、甜瓜、苹果、梨等味道的食品香精，建议用量为 $0.3 \sim 0.7 mg \cdot kg^{-1}$，结构式如下：

$$CH_3COOCH_2CH=CCH_2CH_2CH=CCH_3$$

（CH_3 取代基位于双键碳上）

7.4.4　鲜味剂

鲜味剂是指增强食品鲜味感的一类物质，是东方食品的特征。常用的味精学名为谷氨酸钠，水溶液具有鲜味，pH 值在 $6 \sim 7$ 时鲜味最强。不适用 12 周以内的婴儿，空腹大量食用后有头晕现象发生。一般食盐与味精的配比为 $1:0.15$ 效果最佳，结构式如下：

$$NaOOCCH_2CH_2CHCOOH$$
$$\underset{NH_2}{}$$

7.4.5　抗氧化剂

抗氧化剂是能够延迟或阻碍因氧化作用而引起食品变质的物质。按来源可分为合成和天然两大类。合成类抗氧化剂具有添加量少、抗氧化效果好、化学性质稳定及价格便宜等优点，实际中使用较多。如丁基羟基茴香醚（butyl hydroxy anisal，简写 BHA），有 3-BHA 和 2-BHA 两种异构体，结构式如下：

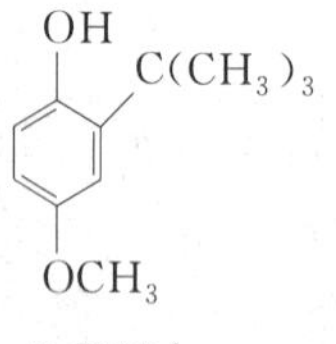

2-BHA 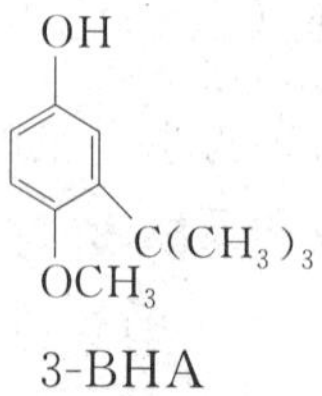　　　　　3-BHA

BHA 对动物脂肪具有较好的抗氧化作用，用于油炸食品和膨化食品，其总量不得超过 $0.1 g/kg$。

7.4.6　食品营养强化剂

食品营养强化剂是为了增加食品的营养成分（价值）而加入食品中的天然或人工合

成的营养素和其他营养成分。如 L-赖氨酸在人体内不能自行合成，必须从食物中摄取，人体缺乏赖氨酸会影响蛋白质代谢，导致神经功能障碍。中国膳食结构以植物蛋白为主，所以在大米、小麦、玉米等谷类作物食品中添加赖氨酸是十分必要的，一般添加量为 0.1%～0.3%。

7.5　珍爱生命，远离毒品

世界卫生组织把毒品定义为"某种化学药物，通过吸食或注射途径进入体内后，用药者会不断增大用药量，一旦停药，则出现某种症状，长期使用将危及用药者健康，这种药物即毒品"。《刑法》第 357 条规定：毒品是指鸦片、海洛因、甲基苯丙胺（冰毒）、吗啡、大麻、可卡因以及国家规定管制的其他能够使人形成瘾癖的麻醉药品和精神药品。

联合国麻醉药品委员会将毒品分为六大类：吗啡型药物（包括鸦片、吗啡、可卡因、海洛因和罂粟植物等，是最危险的毒品）；可卡因和可卡叶；大麻；安非他明等人工合成兴奋剂；安眠镇静剂，包括巴比妥药物和甲喹酮；精神药物，即安定类药物。

毒品对人体的危害很大，通过毒素侵蚀，损害人的精神、躯体和神经系统，造成情绪障碍、智力下降、人格改变、发生精神病态；使躯体摄取营养困难，心血管运动发生障碍，损害消化系统、神经系统、内分泌系统，严重时导致呼吸系统衰竭而致人死亡，或者感染乙型肝炎、艾滋病等导致死亡。由于毒品的高额费用和强烈诱惑，致使犯罪行为猛增，危害社会秩序和人类安全，使人类陷入灾难之中。

（1）鸦片（opium）

俗称"阿片""大烟""烟土"等。鸦片系草本类植物罂粟未成熟的果实用刀割后流出的汁液，经风干后浓缩加工处理而成的褐色膏状物，此即生鸦片。生鸦片经加热熬制便成熟鸦片，是一种棕色的黏稠液体，俗称烟膏。鸦片是一种初级毒品，生鸦片，可直接加工成吗啡。鸦片主要含有鸦片生物碱 25 种以上，其中最主要的是吗啡（9%～10%）、那可丁（5%）、罂粟碱（0.8%）、蒂巴因（0.4%）、可卡因（0.3%）等。吸食鸦片后，可以初致欣快感、无法集中精神、产生梦幻现象，导致高度心理及生理依赖性，长期使用后停止则会发生渴求药物、不安、流泪、流汗、流鼻水、易怒、发抖、寒战、打冷战、厌食、便秘、腹泻、身体蜷曲、抽筋等戒断症；过量使用造成急性中毒，症状包括昏迷、呼吸抑制、低血压、瞳孔变小，严重的引起呼吸抑止致人死亡。

（2）吗啡

吗啡是从鸦片中提炼出来的主要生物碱，呈白色结晶粉末状，闻上去有点酸味，其结构式见图 7-9。吗啡成瘾者常用针剂皮下注射或静脉注射，临床上吗啡可用于镇痛、心源性哮喘、止泻等。吗啡急性中毒者，开始为兴奋期，表现为眩晕、心悸亢进和性感增盛，随后则出现熟睡、失神、呼吸缓慢与不规则血压下降、瞳孔缩小，直至最后体温下降、停止呼吸。

（3）海洛因

亦称盐酸二乙酰吗啡，它是吗啡用乙酰化剂处理时生成的，它的盐酸盐为白色针状或结晶性粉末，熔点230℃，其结构式见图 7-10。毒品市场上的海洛因有多种形状，多数为白色结晶粉末，俗称"白粉"。由于海洛因成瘾最快，毒性最烈，曾被称为"毒品之王"，一般持续吸海洛因的人只能活 7～8 年。

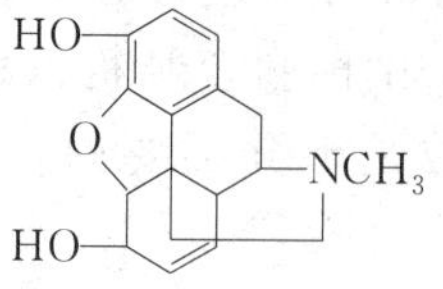

图 7-9　吗啡的结构式

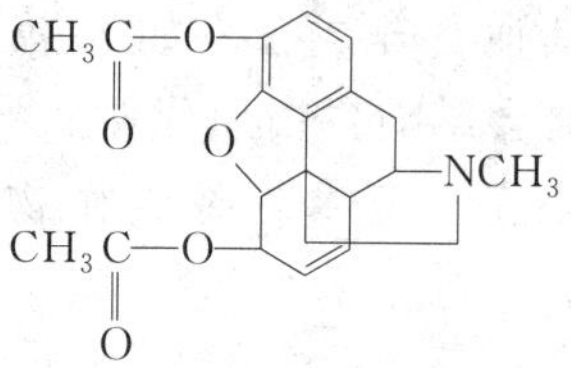

图 7-10　海洛因的结构式

（4）大麻

桑科、大麻属植物，一年生直立草本，高 1～3m。叶掌状全裂，裂片披针形或线状披针形，特指雌性植物经干燥的花和毛状体。大麻种植可剥麻收子。有雌、有雄。雄株叫枲，雌株叫苴。其主要有效化学成分为四氢大麻酚（简称 THC）及其衍生物，THC 在吸食或口服后有精神和生理的活性作用，主要表现为神经异常，即出现妄想、幻觉、"幸福感"等，还会有心率加速、血压升高、口渴等症。如果再继续吸食，则陷入眩晕、虚脱状态。

（5）可卡因

是从南美洲古柯的植物叶片中提取出来的生物碱，其化学名称叫苯甲基芽子碱，它是一种无味、白色薄片状结晶体。可卡因是最强的天然中枢兴奋剂，对中枢神经系统有高度毒性，可刺激大脑皮层，产生幸福感及视、听、触等幻觉。服用后极短时间即可成瘾，并伴有失眠、食欲缺乏、恶心及消化系统紊乱等症状。摄入可卡因 5mg 即可引起中毒，70mg 纯可卡因可使体重 70kg 的人当场丧命。

（6）甲基苯丙胺及其衍生物

甲基苯丙胺（又名去氧麻黄碱或安非他命），因其外形为白色块状结晶体，故称"冰毒"。甲基苯丙胺常用的是右旋体盐酸盐，熔点 170～175℃，它易溶于水、乙醇，不溶于乙醚，游离碱有氨臭。主要来源是从野生麻黄草中提炼出来的麻黄素，用碘化氢及黄磷处理时生成脱氧麻黄素，即甲基苯丙胺。一般作为注射用，长期使用可导致永久性失眠、大脑机能破坏、心脏衰竭、胸痛、焦虑、紧张或激动不安，更有甚者会导致精神分裂，剂量稍大便会中毒死亡。

7.6　化学与安全用药

7.6.1　药物的概念

药物是指能够对机体某种生理功能或生物化学过程产生化学影响的化学物质，它可以预防、治疗和诊断疾病。药物或多或少都具有一定的毒性，有的药物本身就出自毒物甚至就是毒物，如箭毒、蛇毒都可制成药剂，砒霜可用于治疗寒痰哮喘、疟疾、痔疮、瘰疬、痈疽恶疮等疾病。可见药物与毒物并没有明显界限，控制好用量即是药物，反之为毒物。当食物的某种成分被用于防治其缺乏症时也可视为药物，所以药物与食物也难以截然区分，即所谓的药食同源。科学研究证明，药物是通过干扰或参与机体内在的生理、生化过程而发挥作用的。药物的主要作用有以下几方面。

① 改变细胞周围环境的理化性质。例如抗酸药通过酸碱中和反应使胃液的酸度降低，达到治疗胃溃疡的目的。

② 参与或干扰细胞物质的代谢过程。如补充维生素就是供给机体缺乏的物质使之参与

正常生理代谢过程，治疗由缺乏某种维生素而引起的病症。

③ 对酶的抑制或促进作用。如胰岛素能促进己糖激酶的活性，使血糖升高。

7.6.2　常用药物举例

(1) 杀菌剂和消毒剂

常用的杀菌剂有碘（I_2）、次氯酸钠（NaClO）、高锰酸钾（$KMnO_4$）、双氧水（H_2O_2）、氯化汞（$HgCl_2$）等，都是利用其氧化性来杀死细菌而达到消毒目的。酒精（CH_3CH_2OH）能够使蛋白质变性，从而使微生物失去活性。

(2) 助消化药

① 稀盐酸　主治胃酸缺乏症（胃炎）和发酵性消化不良，其作用是激活胃蛋白酶元转化为胃蛋白酶，并为胃蛋白酶提供发挥消化作用所需的酸性环境。山楂也可起到类似作用。

② 胃蛋白酶　如乳酶生（活化乳酸杆菌制剂）、干酵母。它们的作用是促进蛋白质的消化。

③ 制酸剂　其作用是中和过多胃酸，由弱碱性物质构成，如 MgO、$Mg(OH)_2$、$CaCO_3$、$NaHCO_3$（小苏打）、$Al(OH)_3$ 等。

(3) 抗生素类药物

抗生素是由某些微生物在代谢过程中所产生的化学物质，能阻止其他微生物的生长或杀死其他微生物。

① 磺胺类药物　磺胺类药物主要用于治疗和预防细菌感染性疾病。它们的功能通常是帮助白细胞阻止细菌的繁殖。磺胺类药物杀灭细菌的机理是，它能阻止细菌生长所必需的维生素叶酸的合成。叶酸合成过程中需要一个关键物质对氨基苯甲酸[见图 7-11(a)]，而对氨基苯磺酰胺[见图 7-11(b)]结构与它十分相似，因此磺胺很容易参与反应，并且与细菌结合得非常牢固，这样就阻止了叶酸的生成，细菌因为缺乏叶酸而难以生存。

(a) 对氨基苯甲酸　　　　(b) 对氨基苯磺酰胺

图 7-11　对氨基苯甲酸和对氨基苯磺酰胺

人体在体内合成叶酸不一定需要对氨基苯甲酸，因而使用磺胺类药物是安全的。如新诺明就是属于磺胺类药物。

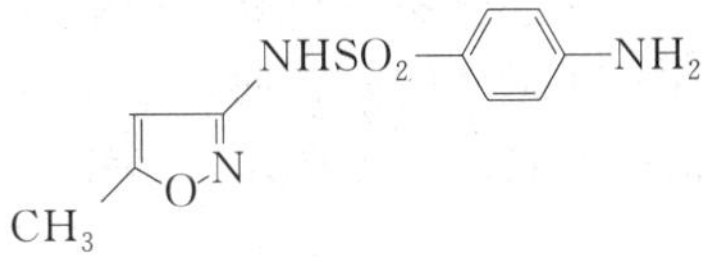

新诺明

② 青霉素（penicilin）　青霉素是由青霉菌所产生的一类抗生素的总称。天然青霉素共有 7 种，其中青霉素 G 的抗菌效果最好，临床用青霉素 G 的钠盐或钾盐。氨苄青霉素和羟氨苄青霉素具有更广谱的抗菌作用。青霉素的抗菌作用与抑制细菌细胞壁的合成有关。细胞壁主要由多糖组成，在它的生物合成中需一种叫做转肽酶的关键的酶，青霉素可抑制转肽酶

作用，从而使细胞壁合成受阻，引起细菌抗渗透压能力下降，菌体变形、破裂而死亡。

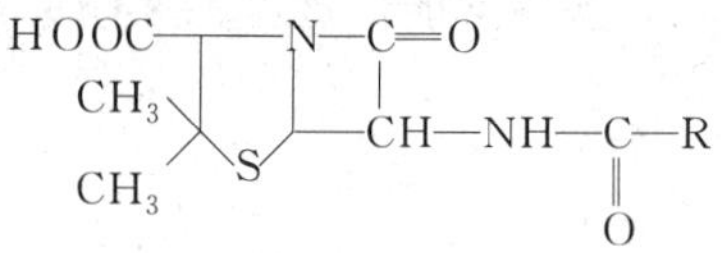

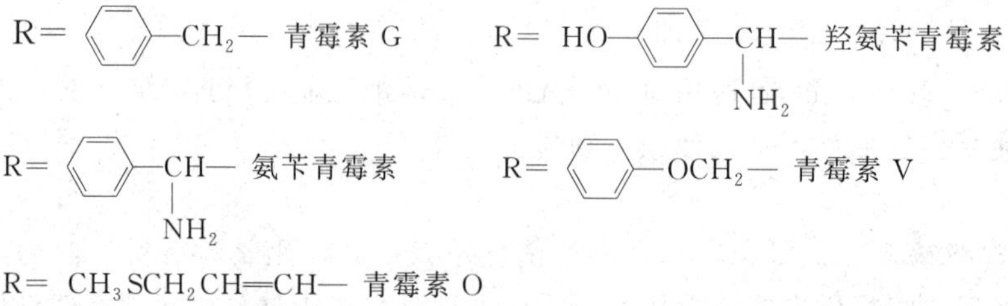

$R=$ ⬡$-CH_2-$ 青霉素 G $R=$ HO⬡$-\overset{\underset{NH_2}{|}}{CH}-$ 羟氨苄青霉素

$R=$ ⬡$-\overset{\underset{NH_2}{|}}{CH}-$ 氨苄青霉素 $R=$ ⬡$-OCH_2-$ 青霉素 V

$R= CH_3SCH_2CH=CH-$ 青霉素 O

③ 四环素类　四环素、土霉素（从土壤中菌的培养液中分离出）、金霉素（从金色链丝菌中分离出）等都是常用的抗生素。这些药之所以称为四环素，是因为它们的结构中都有四个环相连，其化学结构式如下：

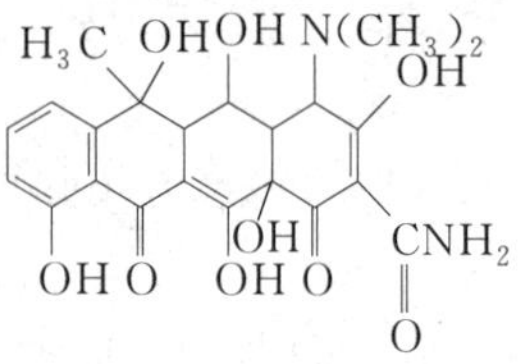

土霉素 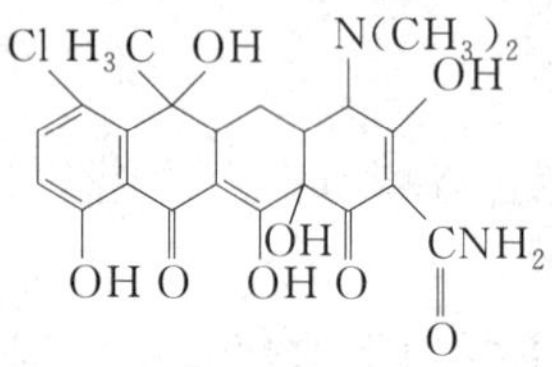　　　　　　　　金霉素 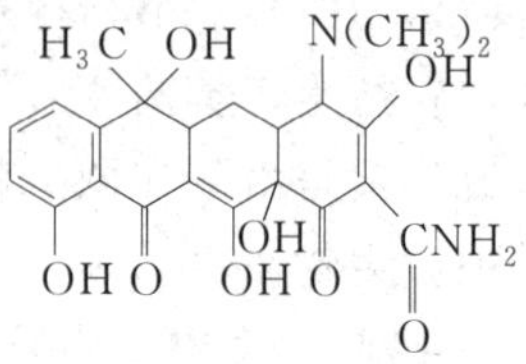　　　　　　　　四环素

四环素的毒副作用是在杀菌的同时也会杀灭正常存在于人体肠内的寄生细菌，从而引起腹泻，儿童服用过多四环素会使牙齿发黄，称四环素牙。

(4) 外用消毒防腐药

常用的防止伤口感染的外用抗菌消毒剂有碘酊、红汞、双氧水等。碘溶于酒精的棕色溶液（含碘 2%～3%）就是碘酊，使用时酒精会使破伤处有刺痛感。红汞结构如下：

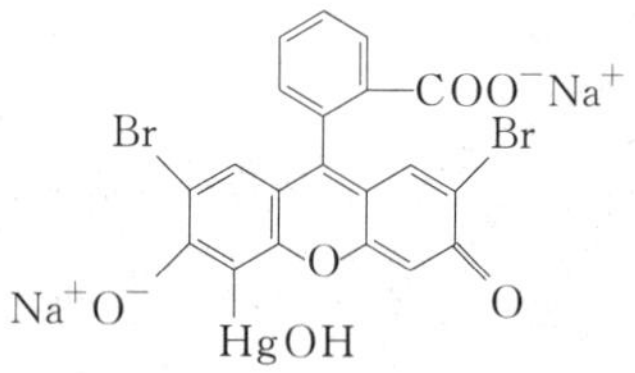

红汞是个极性分子（因分子内有两个带负电荷的基团），因此它易溶于水，水溶液呈红色，对伤口的刺痛感远小于碘酊。红汞还是通用的防腐剂，但是不能与碘酊同时使用，以免生成有毒的碘化汞。消毒用的双氧水是 3% 的 H_2O_2 水溶液，时间过长会因 H_2O_2 的分解而失效。

(5) 基因药物

同一种药物用在患同样病的不同个体上，疗效差别很大，这是由于人类患病的根本原因与人体的基因有关，人的个体存在遗传差异。随着人们对人类基因组的深入研究发现，决定患病可能性的某些基因在构成上存在着细微差别，再加上环境和遗传因素相互作用，从而导致不同人群所患疾病的情况各不相同，药物的疗效也就大相径庭。如果能够根据不同人群或个体的遗传基因来设计药物，必将大大提高治疗的效果和效率。专家预测，将来会成为什么基因型的人用什么药，同时建设"个人医疗基因卡"，上面记录着详细的个人基因信息。医生将根据临床表现和基因图诊断，此外还可由"基因图"预知疾病的发生，提醒病人预防。人们生了病，不用像现在一样吃药，而是直接向体内注射基因，在体内形成一个天然的"药物加工厂"，在人体需要的时候生产药物，不需要的时候自动关闭。人体自身产生的药物，不仅没有副作用，而且其药效会持续几个月甚至几年时间。从长远来看，基因药物的前途相当美好。

7.7 车用油品

动力运输机械（如车、船、飞机）正获得越来越广泛的应用，其所用能源目前主要还是液体燃料油，而汽油和柴油是液体燃料油的主体，产量最高、用量最大。下面就有关汽油、柴油及机油的使用性能及其改性方法作一简要讨论。

7.7.1 汽油的使用性能及改良

汽油的主要成分是 C_6 和 C_{10} 的烃类，还有含量极少的非烃类物质。汽油在汽油机内能在极短时间（$0.001 \sim 0.1s$）内瞬间气化并与适量的空气充分混合，使得汽油中的可燃物质分子被空气中的氧包围实现充分燃烧，从而实现汽油的燃烧热转化为汽油机的机械动能。

（1）汽油的抗爆性

送入发动机中的汽油的正常燃烧火焰的传播速率为 $30 \sim 70 m \cdot s^{-1}$，但当混合气已燃烧 $(2/3) \sim (3/4)$ 时，未燃烧的混合气中产生了大量的过氧化物，它分解后使混合气中出现了许多燃烧中心，燃烧速率猛增，火焰的传播速率可达 $800 \sim 1000 m \cdot s^{-1}$，产生强大的压力脉冲。这种情况下就会产生爆燃，汽缸中产生清脆的金属敲击声。爆燃会使发动机过热，活塞、阀、轴承等变形损坏。

燃料的组分决定了汽油的爆燃程度。现已证明，异辛烷（2,2,4-三甲基戊烷）的抗爆燃性（即抗爆性）极高，将其"辛烷值"定为 100；正庚烷的抗爆性极低，将其"辛烷值"定为 0。将二者按一定比例配成混合液，便可得到辛烷值（即异辛烷的体积百分数）为 0～100 的"燃料"，这就是燃料辛烷值的标准。实际汽油的辛烷值是汽油的抗爆能力相当于异辛烷的含量，例如 93 号汽油是该样品的抗爆能力与含 93% 异辛烷相当。辛烷值是衡量汽油抗爆能力的重要指标，现在我国汽油牌号的划分就是以辛烷值确定的。

汽油的抗爆性与组成汽油的烃类有关。正构烷烃随碳原子数的增多抗爆性降低，辛烷值下降；异构烷烃随支链的增多抗爆性升高。环烷烃抗爆性居中而芳香烃及其衍生物抗爆性较高（见表 7-7）。

表 7-7 几种烃的辛烷值

名称	分子结构式	辛烷值
正戊烷	$CH_3-CH_2-CH_2-CH_2-CH_3$	61
正庚烷	$CH_3-CH_2-CH_2-CH_2-CH_2-CH_2-CH_3$	0
2,3-二甲基戊烷	$CH_3-\overset{\displaystyle CH_3}{\underset{\displaystyle CH_3}{CH-CH}}-CH_2-CH_3$	89

续表

名称	分子结构式	辛烷值
2,2,4-三甲基戊烷	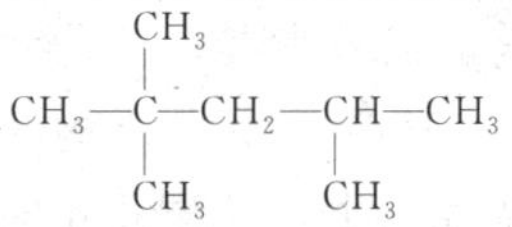 $CH_3-C(CH_3)(CH_3)-CH_2-CH(CH_3)-CH_3$	100
1-辛烯	$CH_2=CH-CH_2-CH_2-CH_2-CH_2-CH_2-CH_3$	34.7
4-辛烯	$CH_3-CH_2-CH_2-CH=CH-CH_2-CH_2-CH_3$	74.2
环己烷	 ⬡	77
苯	 ⬡	>100
邻二甲苯	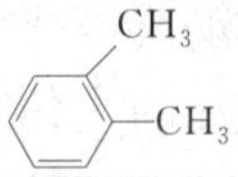 ⬡（CH₃, CH₃）	100

（2）汽油的化学安定性和物理稳定性

汽油在使用过程中会遇到氧气、光及高温等作用，这种作用会使汽油中含有的不饱和烃等发生氧化而生成胶质。胶质易黏附在器壁上，给汽油机的工作带来损害，汽油的化学安定性即是指汽油抵抗氧化生胶的能力。

常采用两种方法改善汽油的化学安定性：一是通过炼制工艺，使易氧化的活泼烃类、非烃类组分尽量减少；二是向汽油中添加抗氧化剂。如酚类（2,6-二叔丁基-4-甲基苯酚）、氨基酚类及胺类等物质。

汽油在储存、运输、加注和其他作业时，保持汽油不被蒸发损失的性能叫物理安定性。汽油的物理安定性主要由汽油中的低馏分决定。

（3）汽油中腐蚀性物质的影响

汽油中的酸性和碱性物质对金属有较强的腐蚀性。如环烷酸对有色金属，特别是铅和镁有强腐蚀性。氧化生成的有机酸，特别是有水存在时，对黑色金属也有腐蚀性。

汽油中的含硫化合物，特别是 SO_2 和噻吩，不仅有腐蚀性，还会使汽油产生恶臭，促使汽油生成胶质。硫化物燃烧后生成 SO_2 和 SO_3，与水作用生成酸后对金属的腐蚀作用更强。

为了改善汽油的抗爆性而加入的添加剂中所含的溴化物燃烧后分解生成 HBr，可使金属部件发生腐蚀，所以添加导出剂要严格控制。

（4）汽油中机械杂质和水分的影响

新出厂的汽油完全不含机械杂质和水分。但在使用中，易将机械杂质（如锈、灰尘、各种氧化物）及水分落入油中。这些杂质和水分会产生磨损、腐蚀、堵塞机器零件并促使汽油生胶等不良影响，所以要求汽油中不许含有机械杂质和水分。

7.7.2 柴油的使用性能及改良

若按用途来划分，柴油可分为农用柴油、轻柴油和重柴油等。

（1）柴油的低温流动性

柴油的低温流动性对其在低温环境中的使用性能影响很大。如果选用低温流动性不合适的柴油，将影响柴油机的正常运转，严重时甚至会使车辆无法行驶。

影响柴油流动性的主要性质有浊点、凝点和黏-温特性等。

柴油中开始析出石蜡晶体，使其失去透明时的最高温度叫浊点；柴油在标准试管内成

45°角，经过 1min 不改变本身液面时的最高温度叫凝点。一般浊点比凝点高 5～10℃。

浊点和凝点的高低主要取决于柴油的化学组成：正构烷烃最高，异构烷烃较低，而芳香烃则较高，不饱和烃较饱和烃低。

为保证柴油机正常工作，柴油的浊点应较柴油机使用的外界温度低 3～5℃。

目前柴油机用柴油的牌号是根据其凝点确定的。

柴油的黏-温特性是指柴油的黏度随温度的升高而减小，随温度的降低而增大的性质。黏-温特性取决于柴油的化学组成。一般来说，正构烷的黏-温变化最小，芳香烃最大，异构烷和环烷烃居中。降低柴油浊点和凝点的方法主要有脱蜡、加煤油或降凝剂等。

水分存在会大大提高柴油的浊点和凝点。机械杂质会堵塞喷油嘴，影响供油。所以柴油在加入油箱前，一定要充分沉淀（不少于 48h）并过滤。

（2）柴油的抗粗暴性

柴油喷入柴油机汽缸与空气混合，引燃而做功。若混合气在点火前形成过多，则在燃烧时压力升高速率超过了正常值，在汽缸中会产生强烈的震击，即产生所谓的柴油机工作粗暴（或工作不平顺）。柴油机发生粗暴与汽油机发生爆燃一样，会使柴油机功率下降，油耗增大，磨损加剧。

衡量柴油抗粗暴性的指标是"十六烷值"。选择自燃点低的正十六烷，定其值为 100；α-甲基萘抗粗暴性差，定其值为 0。把这两种标准液按不同比例混合，可得不同抗粗暴性的标准混合液。柴油的十六烷值高，表示其自燃点低，抗粗暴性好，启动性也好；反之，十六烷值低，表示其自燃点高，抗粗暴性较差。

柴油中正构烷烃的十六烷值最高，异构烃较低，芳香烃（尤其是稠环芳烃）最低(见表 7-8)。

表 7-8　几种烃的十六烷值

烃　类	沸点/℃	十六烷值	烃　类	沸点/℃	十六烷值
正十六烷 C$_{16}$H$_{34}$	287.1	100	C$_{11}$H$_{10}$　（甲基萘 CH$_3$）		0
1-十六烯 C$_{16}$H$_{32}$	274	88	C$_{16}$H$_{24}$　（苯-(C)$_9$）	280～281	50
C$_{16}$H$_{34}$ (C)$_6$—C—C—(C)$_6$（C C）	267～269	45	C$_{10}$H$_{14}$　（四氢萘）		55

实践证明，一般用十六烷值为 40～50 的柴油，能满足柴油机工作的要求。我国汽车用柴油的十六烷值为 43～50。

提高十六烷值的方法，一是用硫酸或选择性溶剂除去柴油中的芳香烃，二是向柴油中添加助剂。这些添加剂应无毒、稳定、不爆燃、无腐蚀，易溶于柴油。其中以丙酮过氧化物、硝酸乙酯和硝酸异戊酯最为有效。

（3）柴油的安定性

柴油的安定性包括储存安定性和热安定性。前者指柴油在储存、运输和使用过程中保持其外观、组成和性能不变的能力；后者指柴油在高温及溶解氧的情况下发生变质的倾向。安定性差的柴油在储存、使用中会发生颜色变化，胶质增多，出现沉渣等现象。这是由于柴油中的烯烃等被氧化缩合成可溶性胶质和沉渣的缘故。

柴油中的烯烃、环烷烃、芳香烃对储存安定性有影响；芳香烃对热安定性影响最大。

（4）柴油的腐蚀性

柴油的含硫量一般比汽油高。硫及硫化物的腐蚀作用与汽油一样。水溶性酸、碱及水分、灰分对机体的腐蚀、磨损作用均很严重。

7.7.3　燃料油添加剂

燃料油包括汽油、柴油、煤油、重油等，它是动力的主要来源。为了不断提高燃料油的质量，除了在石油炼制过程中不断改进工艺及产品结构，提高其内在质量外，使用添加剂也是改进燃料质量的另一个重要途径。

针对前述汽油和柴油的使用性能要求，下面分别对抗爆剂、清净分散剂、抗氧及防锈剂等几类燃油添加剂进行简要讨论。

（1）抗爆剂

抗爆剂又叫抗震剂，是改善汽油质量的重要添加剂。

提高汽油辛烷值须采用抗爆剂。历史上使用较早较广泛的是四乙基铅，在汽油中加入少量四乙基铅，辛烷值就会显著提高。但四乙基铅有两个致命弱点：一是四乙基铅本身有剧毒；二是四乙基铅燃烧后形成的氧化铅沉积在发动机内部，还需加入二溴乙烷使燃烧过程中生成气态的溴化铅而排出。

目前，一些新型抗爆剂也已逐步问世并被推广和应用。如：甲醇、乙醇、异丙醇、叔丁醇、甲基叔丁基醚（MTBE）、叔戊基甲醚（TAME）等。其中 MTBE 性能优良，从原料上讲，它可以利用石油化工中的 C_4 馏分来合成，因此从 20 世纪 80 年代开始，国外已相继建成了一些 10 万吨级的装置，我国也有批量生产，MTBE 加入汽油中的量约为 7%。

值得一提的是含有 10%～15% 的甲醇或乙醇的汽油。甲醇或乙醇加入汽油的意义主要有四点：一是起抗爆作用；二是减少尾气有害物排放；三是促进乙醇消费，有利于粮食等农产品转化；四是减轻对石油的依赖。

同样，改进柴油十六烷值的抗爆添加剂主要有硝酸酯类、二硝基化合物和过氧化物，其正常添加量为 1.5%（容积），十六烷值可提高 12～20。

（2）清净分散剂

尽管世界各国都在限制含铅汽油的用量，但目前仍有一定量的含铅汽油在使用，这些汽油会在汽缸内燃烧后残留下含铅的积炭。为了清除这类影响，可在汽油中加入含磷化合物，如磷酸三甲苯酚酯和磷酸二苯酚甲苯酚酯等。

清净分散剂是一类多功能添加剂，主要作用是改变积炭的结构，清除沉积物，另外还兼有防止汽化器结冰和燃烧系统腐蚀的作用。比较新型的清净分散剂主要是一些特殊结构的表面活性剂，有低分子清净剂(如烷基胺、烷基脲等)和高分子清净剂(如聚丁烯琥珀酸亚胺)两大类。

新型清净分散剂的加入量很少，通常为 $10～20\mathrm{mg \cdot L^{-1}}$。

（3）抗氧和防锈剂

燃料油在储运及使用中，常与氧气、水以及金属容器相接触，因此油类易受到氧化作用及锈蚀等影响。在燃料油中加入抗氧和防锈剂可提高油类在使用和储运时的稳定性，在含铅油中还能防止四乙基铅分解后形成沉淀的积聚。

抗氧剂可分为阻碍酚和苯二胺两大类。在燃油中用得最多的是 2,4-二甲基-6-叔丁基苯酚和 2,6-二叔丁基-4-甲基苯酚。

近年来，也出现了一些有清洗作用的防锈剂，主要为两种组分；其中一种是烷基酚聚氧乙烯醚非离子表面活性剂；另一种则是咪唑啉胺。

7.7.4 机油

各类机器的运动部件，其接触部位均产生摩擦，因此常引起机件磨损、发热、烧结等现象。避免摩擦或减小摩擦的最有效办法是在摩擦部位施加润滑剂。润滑油是应用最广的润滑剂，用于发动机的润滑油又叫机油，机油是汽车的"血液"，它由基础油和添加剂构成。基础油主要是调和油，由经过蒸馏、精制而得的油料调和而得。添加剂加入量不大，但它可以大大改善机油的性能。

7.7.4.1 机油的主要作用

① 润滑作用 机油黏附于摩擦表面，形成一层油膜，使金属间的干摩擦变成油层内的油体摩擦。液体摩擦系数比干摩擦小得多。

② 冷却作用 高速运动的机件，会因摩擦产生很大热量。对于发动机来说还有由燃料燃烧产生的热。把热量导出机体，避免热损害的一部分任务就由润滑油来完成的。

③ 清洁作用 机油可以将机体在工作中产生的油泥、油中的胶状物洗涤并带到机油滤清器，过滤后再参与循环使用。黏度小的油洗涤作用好。

④ 密封作用 机油在机件间隙中可以避免气、油的渗漏，也可避免机油自身的污染。黏度高的机油密封效果好。

⑤ 防锈作用 机油吸附在金属机件表面，可以防止水和酸气对金属的腐蚀。常加入防锈剂来提高机油的防锈作用。

7.7.4.2 机油的性能

① 适宜的黏度 机油黏度大，减摩、密封效果好；黏度小则冷却、洗涤效果好。因此对于不同机件及不同工作条件，对机油的黏度要求不同。

黏度是机油的重要指标，也是其分类和选用的主要依据。

黏度与化学组成有关。烃类中烷烃黏度最小，芳香烃次之，环烷烃最大。一般来说，环烷烃环数增加、支链越多越长，黏度亦越大。

② 黏-温性能 机油的黏-温性能是发动机润滑油的一项重要指标。发动机在工作中，接触的部分温度差别很大，这就要求机油在高温部位保持一定黏度，以形成一定厚度的油膜；在低温部位又不要太大，以免发动机启动困难，增大磨损。

③ 清净分散性能 它是指机油老化生成胶质及氧化物悬浮在油中而不沉积的能力，也是机油清洁作用的能力。若机油不能将氧化产物及胶质悬浮，就会形成漆膜。加入清洗分散剂可使氧化产物、油泥形成无害悬浮物。

④ 抗氧化安定性 机油在使用和储存过程中与空气中的氧接触会被氧化生成一些氧化物，如酸类、胶质等。生成的氧化物会改变机油的理化性能，如颜色变深、黏度增大、酸值提高、产生沉淀等。机油在一定外界条件下，抵抗氧化作用的能力称为机油的抗氧化安定性。可以通过加入抗氧化剂来防止机油的氧化变质，延长使用寿命。

⑤ 酸值 机油中所含游离酸（主要是有机酸）的量称为酸值。酸值反映机油在使用中的变质程度，是废油更换的指标之一。酸值越小，油品质量越好。

7.7.4.3 机油在使用中的化学变化

机油在使用中发生质量变化及各种沉积物的生成都与氧化作用有关。机油的氧化过程就是经自由基连锁反应历程，生成过氧化物中间体将油中的烃氧化而变质。其氧化产物可分为：烃类氧化生成相对分子质量较低的含氧化物，如醇、醛、酮、酸和酚等，缩合成胶质和漆膜。低分子氧化产物进一步发生缩合反应，生成高分子缩合物，主要是不溶于机油的胶质。聚集在发动机油中的胶质，在高温下进一步形成漆膜，会牢固地覆盖在活塞上形成积炭。上述不同程度的氧化产物都沉积在油泥中。

机油在使用中氧化所生成的酸性物质能腐蚀机件。其中溶于水的低分子有机酸(羧酸及羟基酸)的腐蚀性很强，高分子有机酸在有氧(或过氧化物)及水存在的条件下，也能腐蚀金属。低分子有机酸与金属作用的腐蚀产物如有机酸的铁盐、铜盐、铅盐等在室温及工作温度较低时，就不易溶于油中而成为沉淀。这种沉淀会在润滑系统中堵塞油路及机油滤清器，增加磨损，严重时会损坏机件。

另外，氧化产物在机油中积聚，也会使油品外观及理化性质发生明显变化，如颜色变深甚至变黑，黏度变大，酸值增高，出现沉淀等不良现象。

7.7.4.4 机油的改良

为了提高机油的质量和性能，除对基础油必须采取合理的加工、精制工艺外，还必须加入能够改善油品各种性能的添加剂。

(1) 清净分散剂

清净分散剂旧称浮游性添加剂，是一种油溶性表面活性剂。其主要作用是中和、增溶、分散和洗涤。

当油中生成或混入不溶性固体微粒时，清净分散剂的极性基通过物理或化学吸附包裹在固体表面，降低了油-固界面张力，从而使固体微粒成为胶粒分散在油中，不致凝聚沉积在机件表面上。

清净分散剂还能与尚未聚合成漆膜、积炭、沉淀物等固体物质的氧化中间产物反应，使中间产物的羰基、羧基、羟基失去活性，防止其进一步缩合凝聚成漆膜、沉淀物。有灰型清净分散剂主要是磺酸盐、烷基酚盐、烷基水杨酸盐等，它们在燃烧后会留下灰分；无灰型清净分散剂有甲基丙烯酸的高级醇酯和丁二酰亚胺等。

(2) 抗氧防腐剂

抗氧防腐剂的作用就是抑制机油的氧化过程，起钝化金属的催化作用，减少油品变质，延长使用寿命，保护金属表面不受酸的腐蚀。

常用的抗氧剂有两类：2,6-二叔丁基对甲酚易与烃类自由基反应，起链反应阻断作用，把烃的过氧化物分解成稳定化合物，防止胶状沉淀物的生成，称抗氧防胶剂，用于厚油层条件下。二烷基二硫代磷酸锌适用于薄油层，它的作用是促进烃过氧化物分解，生成稳定产物，并使金属钝化，起防腐作用兼具抗磨作用。

(3) 增黏剂

又称黏度指数改进剂。它是一种线型高分子化合物。低温时它对润滑油黏度影响较小，高温时液体基础油的黏度增大。

在黏度低的基础油中添加 $1\%\sim10\%$ 的增黏剂，不仅提高黏度，还显著改善黏-温特性，适应宽温度范围对黏度的要求。常用的增黏剂有聚甲基丙烯酸酯、聚异丁烯、聚乙烯基正丁基醚等，还有丁烯-苯乙烯共聚物、乙烯-丙烯共聚物等属新型增黏剂。

(4) 降凝剂

在低温下使用的油品要求具有较低的凝点。用深度脱蜡的办法可以使油品的凝固点降低，但收效不大。因此解决的办法有时是在浅度脱蜡的基础上，加入降凝剂使油品的凝固点达到指标要求。

降凝剂分为两大类，一类是带有长侧链的芳香烃及其衍生物，如烷基萘、烷基酚，这类降凝剂的使用历史较长，缺点是色深，影响油品外观；另一类降凝剂是一些在长烷基链上带有各种分支的聚合型高分子化合物，如聚甲基丙烯酸酯，既是增黏剂，也是降凝剂。此外还有醋酸乙烯酯与反丁烯二酸酯的共聚物及 α-烯烃共聚物等。这类降凝剂的特点是分子内不含双链等生色团，色浅，兼备增黏、降凝两种作用。

（5）极压抗磨剂

在边界润滑状态，抗磨添加剂可以防止金属表面的剧烈磨损。但在极压润滑条件下，由于金属表面的直接接触而产生的大量热会破坏抗磨剂形成的膜，此时需加极压抗磨剂。但抗磨剂和极压剂有时是很难区分的，在我国统称为极压抗磨剂。

极压抗磨剂的作用实际上是一种控制性的腐蚀现象。它与摩擦金属表面起化学反应，生成熔点较低和剪切强度小的化学反应膜，能起到减小摩擦、磨损并防止擦伤及熔焊的作用。一种好的极压抗磨剂，应该只在极压抗磨范围内才与金属表面反应，在较低温时是稳定的。

常用的极压抗磨剂有：有机氯化物、有机硫化物、有极磷化物、有机金属盐等。其他极压抗磨剂有环烷酸铅与硫化物的复合物、硼酸酯润滑剂等。

（6）防锈添加剂

这是起防锈作用的关键成分。不但可以加到机油中，而且还可以加到润滑脂中。常把防锈添加剂与其他几种添加剂调和到油中，使其具有多种性能，如抗盐雾、水置换、指纹置换性、酸中和及同时对黑色与有色金属起防锈作用等。

防锈剂也是一种表面活性物质。其分子中的极性和非极性基团分别吸附在金属表面和油分子上，从而形成多分子层的油膜。油膜要厚而致密，能阻止水汽分子的透过。常用的防锈剂有石油磺酸钡盐（或钠盐）、环烷酸锌、十二烯基丁二酸等。

另外，还有抑制和破坏润滑油产生泡沫的抗泡沫剂，提高润滑油性能、改善摩擦特性的油性添加剂。

7.7.4.5　机油的分类标准

我国执行机油的分类标准是沿用美国石油协会的标准，决定机油好坏的级别是按 26 个字母顺序由 SA、SB 直至 SZ。由前至后越往后其品质和标号越高。也就是说标号越往后机油对发动机的保护越好，其在抗磨性、抗剪切性、抗氧化、抗高温、保持油路清洁和降低废气排放方面都远优于中低档机油。

美国石油协会 API（American Petroleum Institute）将汽车发动机润滑油分为 S（汽油机油）和 C（柴油机油）两类。汽油机油规格从 1930 年的 SA 发展到目前最高档的 SL，分别是 SA、SB、SC、SD、SE、SF、SG、SH、SJ、SL，其中 SI 空缺是为避免与国际单位制缩写混淆。柴油机油规格从 CA 发展到现在最高档的 CI-4，分别是 CA、CB、CC、CD、CD-Ⅱ、CE、CF、CF-2、CF-4、CG-4、CH-4，其中 CD-Ⅱ 和 CF-2 是二冲程柴油机油，CF 和 CD 的性能相差不多，只是发动机试验的要求较为严格而且应用范围更广。API 将齿轮油分类为 GL-1、GL-2、GL-3、GL-4、GL-5 等。机油说明书上写的 SAE 5W/30、API SL，就可以知道该机油是表示低温时的黏度等级符合 SAE5W 的要求、高温时的黏度等级符合 SAE30 的要求，属于冬夏通用型汽油车最高级的机油。

思考题

1. 简述酶在生物体内的作用。
2. 结合实际谈谈现代生物工程的意义。
3. 结合有害元素对人体健康的影响谈谈治理环境污染的重要性。
4. 简述微量元素对人体健康的影响。
5. 联系实际谈谈膳食多样化的意义。
6. 结合实际谈谈食品添加剂的必要性及不当使用的危害性。
7. 谈谈合理利用药物及禁毒的意义。

 习题

1. 填空
（1）构成细胞的主要物质有_____、_____、_____、_____。
（2）根据糖能否水解和水解后的产物不同可分为_____、_____、_____。
（3）氨基酸是既含有_____又含有_____的一类化合物，组成蛋白质的氨基酸都是_____。
（4）酶是一类由_____产生的，以_____为主要成分的，具有催化活性的生物催化剂，其催化特点有_____、_____、_____。
（5）DNA 主要集中在_____，是细胞中_____的主要成分，是_____的物质基础。
（6）人体中 11 种常量元素为_____，它们约占人体总质量的_____。
（7）营养素包括_____、_____、_____、_____、_____、_____。
（8）SOD 是_____，它通常有_____、_____、_____三种类型，它在生物体内主要的生理作用是_____。
2. 请写出葡萄糖、果糖、核糖、脱氧核糖的环状结构式。
3. DNA 和 RNA 在化学组成上有什么区别？DNA 在生物体内有什么特别重要的作用？

附录1 我国法定计量单位

表1 国际单位制（SI）的基本单位

量的名称	单位名称	单位符号
长度	米	m
质量	千克(公斤)	kg
时间	秒	s
电流	安[培]	A
热力学温度	开[尔文]	K
物质的量	摩[尔]	mol
发光强度	坎[德拉]	cd

表2 包括SI辅助单位在内的具有专门名称的SI导出单位

量的名称	SI导出单位		
	名称	符号	用SI基本单位和SI导出单位表示
[平面]角	弧度	rad	$1\ rad=1m/m=1$
立体角	球面度	Sr	$1sr=1\ m^2/m^2=1$
频率	赫[兹]	Hz	$1Hz=1\ s^{-1}$
力,重力	牛[顿]	N	$1N=1kg\cdot m/s^2$
压力,压强,应力	帕[斯卡]	Pa	$1Pa=1\ N/m^2$
能[量],功,热量	焦[耳]	J	$1J=1N\cdot m$
功率,辐[射能]通量	瓦[特]	W	$1W=1J/s$
电荷[量]	库[仑]	C	$1C=1A\cdot s$
电压,电动势,电位	伏[特]	V	$1\ V=1\ W/A$
电容	法[拉]	F	$1F=1C/V$
电阻	欧[姆]	Ω	$1\Omega=1V/A$
电导	西[门子]	S	$1\ S=1\Omega^{-1}$
磁通[量]	韦[伯]	Wb	$1Wb=1V\cdot S$
磁通[量]密度	特[斯拉]	T	$1T=1Wb/m^2$
电感	亨[利]	H	$1H=1Wb/A$
摄氏温度	摄氏度	℃	$1℃=1K$
光通量	流[明]	lm	$1lm=1cd\cdot sr$
[光]照度	勒[克斯]	lx	$1lx=1lm/m^2$

表3 可与国际单位制单位并用的我国法定计量单位

量的名称	单位名称	单位符号	与 SI 单位的关系
时间	分	min	$1min=60s$
	[小]时	h	$1h=60min=3600s$
	日,(天)	d	$1d=24h=86400s$
[平面]角	度	°	$1°=(\pi/180)rad$
	[角]分	′	$1'=(1/60)°=(\pi/10800)rad$
	[角]秒	″	$1''=(1/60)'=(\pi/648000)rad$
体积	升	l,L	$1\ 1=1dm^3$
质量	吨	t	$1t=10^3kg$
	原子质量单位	u	$1u\approx1.660540\times10^{-27}kg$
旋转速度	转每分	r/min	$1r/min=(1/60)s$
长度	海里	n mile	$1nmile=1852m$(只用于航程)
速度	节	kn	$1kn=1nmile/h=(1852/3600)m/s$(只用于航程)
能	电子伏	eV	$1eV\approx1.602\ 177\times10^{-19}J$
级差	分贝	dB	
线密度	特[克斯]	tex	$1tex=10^{-6}kg/m$
面积	公顷	hm²	$1hm^2=10^4m^2$

表4 SI 词头

因数	词头名称		符号
	英文	中文	
10^{24}	yotta	尧[它]	Y
10^{21}	zetta	泽[它]	Z
10^{18}	exa	艾[克萨]	E
10^{15}	peta	拍[它]	P
10^{12}	tera	太[拉]	T
10^{9}	giga	吉[咖]	G
10^{6}	mega	兆	M
10^{3}	kilo	千	k
10^{2}	hecto	百	h
10^{1}	deca	十	da
10^{-1}	deci	分	d
10^{-2}	centi	厘	c
10^{-3}	milli	毫	m
10^{-6}	micro	微	μ
10^{-9}	nano	纳[诺]	n
10^{-12}	pico	皮[可]	p
10^{-15}	femto	飞[姆托]	f
10^{-18}	atto	阿[托]	a
10^{-21}	zepto	仄[普托]	z
10^{-24}	yocto	[科托]	y

附录2 一些基本物理常数

真空中的光速	$c = 2.99792458 \times 10^8 \, \text{m} \cdot \text{s}^{-1}$	摩尔气体常数	$R = 8.314510 \, \text{J} \cdot \text{mol}^{-1} \cdot \text{K}^{-1}$
电子的电荷	$e = 1.60217733 \times 10^{-19} \, \text{C}$	阿伏伽德罗常量	$N_A = 6.0221367 \times 10^{23} \, \text{mol}^{-1}$
原子质量单位	$u = 1.6605402 \times 10^{-27} \, \text{kg}$	里德堡常数	$R_\infty = 1.0973731534 \times 10^7 \, \text{m}^{-1}$
质子静质量	$m_p = 1.6726231 \times 10^{-27} \, \text{kg}$	法拉第常量	$F = 9.6485309 \times 10^4 \, \text{C} \cdot \text{mol}^{-1}$
中子静质量	$m_n = 1.6749543 \times 10^{-27} \, \text{kg}$	普朗克常量	$h = 6.6260755 \times 10^{-34} \, \text{J} \cdot \text{s}$
电子静质量	$m_o = 9.1093897 \times 10^{-31} \, \text{kg}$	玻尔兹曼常量	$k = 1.380658 \times 10^{-23} \, \text{J} \cdot \text{K}^{-1}$
理想气体摩尔体积	$V_m = 2.241410 \times 10^{-2} \, \text{m}^3 \cdot \text{mol}^{-1}$		

附录3 一些物质的标准摩尔生成焓、标准摩尔生成吉布斯函数和标准摩尔熵的数据

物质	$\Delta_f H_m^{\ominus}(298.15K)$ $\text{kJ} \cdot \text{mol}^{-1}$	$\Delta_f G_m^{\ominus}(298.15K)$ $\text{kJ} \cdot \text{mol}^{-1}$	$S_m^{\ominus}(298.15K)$ $\text{J} \cdot \text{mol}^{-1} \cdot \text{K}^{-1}$
Ag(s)	0	0	42.55
AgCl(s)	−127.07	−109.80	96.2
AgI(s)	−61.84	−66.19	115.5
Al(s)	0	0	28.33
$AlCl_3$(s)	−740.2	−628.9	110.66
Al_2O_3(s,α,刚玉)	−1675.7	−1582.4	50.92
Br_2(l)	0	0	152.23
(g)	30.91	3.142	245.35
C(s,金刚石)	1.8966	2.8995	2.377
(s,石墨)	0	0	5.740
CCl_4(l)	−135.44	−65.27	216.40
CO(g)	−110.52	−137.15	197.56
CO_2(g)	−393.50	−394.36	213.64
Ca(s)	0	0	41.42
$CaCO_3$(s,方解石)	−1206.92	−1128.84	92.9
CaO(s)	−635.09	−604.04	39.75
$Ca(OH)_2$(s)	−986.09	−898.56	83.39
$CaSO_4$(s)	−1434.11	−1321.85	106.7
$CaSO_4 \cdot 2H_2O$(s)	−2022.63	−1797.45	194.1
Cl_2(g)	0	0	222.96
Co(s,α)	0	0	30.04
$CoCl_2$(s)	−312.05	−269.9	109.16
Cr(s)	0	0	23.77
Cr_2O_3(s)	−1139.7	−1058.1	81.2
Cu(s)	0	0	33.15
$CuCl_2$(s)	−220.1	−175.7	108.07
CuO(s)	−157.3	−129.7	42.63
Cu_2O(s)	−168.6	−146.0	93.14
CuS(s)	−53.1	−53.6	66.5
F_2(g)	0	0	202.67
Fe(s,α)	0	0	27.28
$Fe_{0.947}O$(s,方铁矿)	−266.3	−246.4	57.49
FeO(s)	−272.0	—	—

物质	$\dfrac{\Delta_f H_m^{\ominus}(298.15K)}{kJ \cdot mol^{-1}}$	$\dfrac{\Delta_f G_m^{\ominus}(298.15K)}{kJ \cdot mol^{-1}}$	$\dfrac{S_m^{\ominus}(298.15K)}{J \cdot mol^{-1} \cdot K^{-1}}$
$Fe_2O_3(s,赤铁矿)$	-824.2	-742.2	87.40
$Fe_3O_4(s,磁铁矿)$	-1118.4	-1015.5	146.4
$Fe(OH)_2(s)$	-569.0	-486.6	88
$H_2(g)$	0	0	130.574
$H_2CO_3(aq)$	-699.65	-623.16	187.4
$HCl(g)$	-92.307	-95.299	186.80
$HF(g)$	-271.1	-273.2	173.67
$HNO_3(l)$	-174.10	-80.79	155.60
$H_2O(g)$	-241.82	-228.59	188.72
(l)	-285.83	-237.18	69.91
$H_2O_2(l)$	-187.78	-120.42	$-$
$H_2S(g)$	-20.63	-33.56	205.69
$Hg(g)$	61.317	31.853	174.85
(l)	0	0	76.02
$HgO(s,红)$	-90.83	-58.555	70.29
$I_2(g)$	62.438	19.359	260.58
(s)	0	0	116.14
$K(s)$	0	0	64.18
$KCl(s)$	-436.747	-409.15	82.59
$Mg(s)$	0	0	32.68
$MgCl_2(s)$	-641.32	-591.83	89.62
$MgO(s)$	-601.70	-569.44	26.94
$Mg(OH)_2(s)$	-924.54	-835.58	63.18
$Mn(s,\alpha)$	0	0	32.01
$MnO(s)$	-385.22	-362.92	59.71
$N_2(g)$	0	0	191.50
$NH_3(g)$	-46.11	-16.48	192.34
$NH_3(aq)$	-80.29	-26.57	111.3
$N_2H_4(l)$	50.63	149.24	121.21
$NH_4Cl(s)$	-314.43	-202.97	94.6
$NO(g)$	90.25	86.57	210.65
$NO_2(g)$	33.18	51.30	239.95
$Na(s)$	0	0	51.21
$NaCl(s)$	-411.15	-384.15	72.13
$Na_2O(s)$	-414.22	-375.47	75.06
$NaOH(s)$	-425.609	-379.526	64.45
$Ni(s)$	0	0	29.87
$NiO(s)$	-239.7	-211.7	37.99
$O_2(g)$	0	0	205.03
$O_3(g)$	142.7	163.2	238.82
$P(s,白)$	0	0	41.09
$Pb(s)$	0	0	64.81
$PbCl_2(s)$	-359.40	-317.90	136.0
$PbO(s,黄)$	-215.33	-187.90	68.70
$S(s,正交)$	0	0	31.80
$SO_2(g)$	-296.83	-300.19	248.11
$SO_3(g)$	-395.72	-371.08	256.65
$Si(s)$	0	0	18.83
$SiO_2(s,\alpha,石英)$	-910.94	-856.67	41.84

物质	$\dfrac{\Delta_f H_m^{\ominus}(298.15K)}{kJ \cdot mol^{-1}}$	$\dfrac{\Delta_f G_m^{\ominus}(298.15K)}{kJ \cdot mol^{-1}}$	$\dfrac{S_m^{\ominus}(298.15K)}{J \cdot mol^{-1} \cdot K^{-1}}$
Sn(s,白)	0	0	51.55
$SnO_2(s)$	−580.7	−519.7	52.3
Ti(s)	0	0	30.63
TiO_2(s,金红石)	−944.7	−889.5	50.33
Zn(s)	0	0	41.63
ZnO(s)	−348.28	−318.32	43.64
CH_4(g)	−74.85	−50.6	186.27
C_2H_2(g)	226.73	209.20	200.83
C_2H_4(g)	52.30	68.24	219.20
C_2H_6(g)	−83.68	−31.80	229.12
C_6H_6(g)	82.93	129.66	269.20
(l)	48.99	124.35	173.26
CH_3OH(l)	−239.03	−166.82	127.24
C_2H_5OH(l)	−277.98	−174.18	161.04
C_6H_5COOH(s)	−385.05	−245.27	167.57
$C_{12}H_{22}O_{11}$(s)	−2225.5	−1544.6	360.2

附录4 一些水合离子的标准摩尔生成焓、标准摩尔生成吉布斯函数和标准摩尔熵的数据

物质	$\dfrac{\Delta_f H_m^{\ominus}(298.15K)}{kJ \cdot mol^{-1}}$	$\dfrac{\Delta_f G_m^{\ominus}(298.15K)}{kJ \cdot mol^{-1}}$	$\dfrac{S_m^{\ominus}(298.15K)}{J \cdot mol^{-1} \cdot K^{-1}}$
H^+(aq)	0.00	0.00	0.00
Na^+(aq)	−240.12	−261.89	59.0
K^+(aq)	−252.38	−283.26	102.5
Ag^+(aq)	105.58	77.124	72.68
NH_4^+(aq)	−132.51	−79.37	113.4
Ba^{2+}(aq)	−537.64	−560.74	9.6
Ca^{2+}(aq)	−542.83	−553.54	−53.1
Mg^{2+}(aq)	−466.85	−454.8	−138.1
Fe^{2+}(aq)	−89.1	−78.87	−137.7
Fe^{3+}(aq)	−48.5	−4.6	−315.9
Cu^{2+}(aq)	64.77	65.52	−99.6
Zn^{2+}(aq)	−153.89	−147.03	−112.1
Pb^{2+}(aq)	−1.7	−24.39	10.5
Mn^{2+}(aq)	−220.75	−228.0	−73.6
Al^{3+}(aq)	−531	−485	−321.7
OH^-(aq)	−229.99	−157.29	−10.75
F^-(aq)	−332.63	−278.82	−13.8
Cl^-(aq)	−167.16	−131.26	56.5
Br^-(aq)	−121.54	−103.97	82.4
I^-(aq)	−55.19	−51.59	111.3
HS^-(aq)	−17.6	12.05	62.8
HCO_3^-(aq)	−691.99	−586.85	91.2
NO_3^-(aq)	−207.36	−111.34	146.4
AlO_2^-(aq)	−918.8	−823.0	−21
S^{2-}(aq)	33.1	85.8	−14.6
SO_4^{2-}(aq)	−909.27	−744.63	20.1
CO_3^{2-}(aq)	−677.14	−527.90	−56.9

附录5 一些弱电解质在水溶液中的解离常数

酸	温度 /℃	K_a	pK_a
亚硫酸 H_2SO_3	18	$(K_{a1})1.54\times10^{-2}$	1.81
	18	$(K_{a2})1.02\times10^{-7}$	6.91
磷酸 H_3PO_4	25	$(K_{a1})7.52\times10^{-3}$	2.12
	25	$(K_{a2})6.23\times10^{-8}$	7.21
	18	$(K_{a3})2.2\times10^{-13}$	12.67
亚硝酸 NHO_2	12.5	4.6×10^{-4}	3.37
氟化氢 HF	25	3.53×10^{-4}	3.45
甲酸 HCOOH	20	1.77×10^{-4}	3.75
醋酸 CH_3COOH	25	1.76×10^{-5}	4.75
碳酸 H_2CO_3	25	$(K_{a1})4.30\times10^{-7}$*	6.37
	25	$(K_{a2})5.61\times10^{-11}$	10.26
硫化氢 H_2S	18	$(K_{a1})9.1\times10^{-5}$	7.04
	18	$(K_{a2})1.1\times10^{-12}$	11.96
次氯酸 HClO	18	2.95×10^{-8}	7.53
硼酸 H_3BO_3	20	$(K_{a1})7.3\times10^{-10}$	9.14
氰化氢 HCN	25	4.93×10^{-10}	9.31
碱		K_b	pK_b
氨 NH_3	25	1.77×10^{-5}	4.75

附录6 一些共轭酸碱的解离常数

酸	K_a	碱	K_b
HNO_2	4.6×10^{-4}	NO_2^-	2.2×10^{-11}
HF	3.53×10^{-4}	F^-	2.83×10^{-11}
HAc	1.76×10^{-5}	Ac^-	5.68×10^{-10}
H_2CO_3	4.3×10^{-7}	HCO_3^-	2.3×10^{-8}
H_2S	9.1×10^{-8}	HS^-	1.1×10^{-7}
$H_2PO_4^-$	6.23×10^{-8}	HPO_4^{2-}	1.61×10^{-7}
NH_4^+	5.65×10^{-10}	NH_3	1.77×10^{-5}
HCN	4.93×10^{-10}	CN^-	2.03×10^{-3}
HCO_3^-	5.61×10^{-11}	CO_3^{2-}	1.78×10^{-4}
HS^-	1.1×10^{-12}	S^{2-}	9.1×10^{-3}
HPO_4^{2-}	2.2×10^{-13}	PO_4^{3-}	4.5×10^{-2}

附录7 一些配离子的稳定常数和不稳定常数

配离子	K_f	lgK_f	K_i	lgK_i
$[AgBr_2]^-$	2.14×10^7	7.33	4.67×10^{-8}	-7.33
$[Ag(CN)_2]^-$	1.26×10^{21}	21.1	7.94×10^{-22}	-21.1
$[AgCl_2]^-$	1.10×10^5	5.04	9.09×10^{-6}	-5.04
$[AgI_2]^-$	5.5×10^{11}	11.74	1.82×10^{-12}	-11.74

续表

配离子	K_f	$\lg K_f$	K_i	$\lg K_i$
$[Ag(NH_3)_2]^+$	1.12×10^7	7.05	8.93×10^{-8}	-7.05
$[Ag(S_2O_3)_2]^{3-}$	2.89×10^{13}	13.46	3.46×10^{-14}	-13.46
$[Co(NH_3)_6]^{2+}$	1.29×10^5	5.11	7.75×10^{-6}	-5.11
$[Cu(CN)_2]^-$	1×10^{24}	24.0	1×10^{-24}	-24.0
$[Cu(NH_3)_2]^+$	7.24×10^{10}	10.86	1.38×10^{-11}	-10.86
$[Cu(NH_3)_4]^{2+}$	2.09×10^{13}	13.32	4.78×10^{-14}	-13.32
$[Cu(P_2O_7)_2]^{6-}$	1×10^9	9.0	1×10^{-9}	-9.0
$[Cu(SCN)_2]^-$	1.52×10^5	5.18	6.58×10^{-6}	-5.18
$[Fe(CN)_6]^{3-}$	1×10^{42}	42.0	1×10^{-42}	-42.0
$[HgBr_4]^{2-}$	1×10^{21}	21.0	1×10^{-21}	-21.0
$[Hg(CN)_4]^{2-}$	2.51×10^{41}	41.4	3.98×10^{-42}	-41.4
$[HgCl_4]^{2-}$	1.17×10^{15}	15.07	8.55×10^{-16}	-15.07
$[HgI_4]^{2-}$	6.76×10^{26}	29.83	1.48×10^{-30}	-29.83
$[Ni(NH_3)_6]^{2+}$	5.50×10^8	8.74	1.82×10^{-9}	-8.74
$[Ni(en)_3]^{2+}$	2.14×10^{18}	18.33	4.67×10^{-19}	-18.33
$[Zn(CN)_4]^{2-}$	5.0×10^{16}	16.7	2.0×10^{-17}	-16.7
$[Zn(NH_3)_4]^{2+}$	2.87×10^9	9.46	3.48×10^{-10}	-9.46
$[Zn(en)_2]^{2+}$	6.76×10^{10}	10.83	1.48×10^{-11}	-10.83

附录8 一些物质的溶度积（298.15K）

难溶物质	化学式	溶度积
溴化银	$AgBr$	5.35×10^{-13}
氯化银	$AgCl$	1.77×10^{-10}
铬酸银	Ag_2CrO_4	1.12×10^{-12}
碘化银	AgI	8.51×10^{-17}
硫化银	Ag_2S	$\begin{cases}6.69\times10^{-50}(\alpha型)\\1.09\times10^{-49}(\beta型)\end{cases}$
硫酸银	Ag_2SO_4	1.20×10^{-5}
碳酸钡	$BaCO_3$	2.58×10^{-9}
铬酸钡	$BaCrO_4$	1.17×10^{-10}
硫酸钡	$BaSO_4$	1.07×10^{-10}
碳酸钙	$CaCO_3$	4.96×10^{-9}
氟化钙	CaF_2	1.46×10^{-10}
磷酸钙	$Ca_3(PO_4)_2$	2.07×10^{-33}
硫酸钙	$CaSO_4$	7.10×10^{-5}
硫化镉	CdS	1.40×10^{-29}
氢氧化镉	$Cd(OH)_2$	5.27×10^{-15}
硫化铜	CuS	1.27×10^{-36}
氢氧化亚铁	$Fe(OH)_2$	4.87×10^{-17}
氢氧化铁	$Fe(OH)_3$	2.64×10^{-39}
硫化亚铁	FeS	1.59×10^{-19}
硫化汞	HgS	$\begin{cases}6.44\times10^{-53}(黑)\\2.00\times10^{-53}(红)\end{cases}$
碳酸镁	$MgCO_3$	6.82×10^{-6}
氢氧化镁	$Mg(OH)_2$	5.61×10^{-12}
二氢氧化锰	$Mn(OH)_2$	2.06×10^{-13}
硫化亚锰	MnS	4.65×10^{-14}

难溶物质	化学式	溶度积
碳酸铅	$PbCO_3$	1.46×10^{-13}
二氯化铅	$PbCl_2$	1.17×10^{-5}
碘化铅	PbI_2	8.49×10^{-9}
硫化铅	PbS	9.04×10^{-29}
碳酸铅	$PbCO_3$	1.82×10^{-8}
碳酸锌	$ZnCO_3$	1.19×10^{-10}
硫化锌	ZnS	2.93×10^{-25}

附录9 标准电极电势

电对(氧化态/还原态)	电极反应 (氧化态 $+ n$e$^- \rightleftharpoons$ 还原态)	标准电极电势 $\varphi^{\ominus}$/V
Li^+/Li	$Li^+(aq) + e^- \rightleftharpoons Li(s)$	-3.0401
K^+/K	$K^+(aq) + e^- \rightleftharpoons K(s)$	-2.931
Ca^{2+}/Ca	$Ca^{2+}(aq) + 2e^- \rightleftharpoons Ca(s)$	-2.868
Na^+/Na	$Na^+(aq) + e^- \rightleftharpoons Na(s)$	-2.71
Mg^{2+}/Mg	$Mg^{2+}(aq) + 2e^- \rightleftharpoons Mg(s)$	-2.372
Al^{3+}/Al	$Al^{3+}(aq) + 3e^- \rightleftharpoons Al(s)(0.1mol \cdot L^{-1} NaOH)$	-1.662
Mn^{2+}/Mn	$Mn^{2+}(aq) + 2e^- \rightleftharpoons Mn(s)$	-1.185
Zn^{2+}/Zn	$Zn^{2+}(aq) + 2e^- \rightleftharpoons Zn(s)$	-0.7618
Fe^{2+}/Fe	$Fe^{2+}(aq) + 2e^- \rightleftharpoons Fe(s)$	-0.447
Cd^{2+}/Cd	$Cd^{2+}(aq) + 2e^- \rightleftharpoons Cd(s)$	-0.4030
Co^{2+}/Co	$Co^{2+}(aq) + 2e^- \rightleftharpoons Co(s)$	-0.28
Ni^{2+}/Ni	$Ni^{2+}(aq) + 2e^- \rightleftharpoons Ni(s)$	-0.257
Sn^{2+}/Sn	$Sn^{2+}(aq) + 2e^- \rightleftharpoons Sn(s)$	-0.1375
Pb^{2+}/Pb	$Pb^{2+}(aq) + 2e^- \rightleftharpoons Pb(s)$	-0.1262
H^+/H_2	$H^+(aq) + e^- \rightleftharpoons \frac{1}{2}H_2(g)$	0.0000
$S_4O_6^{2-}/S_2O_3^{2-}$	$S_4O_6^{2-}(aq) + 2e^- \rightleftharpoons 2S_2O_3^{2-}(aq)$	0.08
S/H_2S	$S(s) + 2H^+(aq) + 2e^- \rightleftharpoons H_2S(aq)$	$+0.142$
Sn^{4+}/Sn^{2+}	$Sn^{4+}(aq) + 2e^- \rightleftharpoons Sn^{2+}(aq)$	$+0.151$
SO_4^{2-}/H_2SO_3	$SO_4^{2-}(aq) + 4H^+(aq) + 2e^- \rightleftharpoons H_2SO_3(aq) + H_2O$	$+0.172$
Hg_2Cl_2/Hg	$Hg_2Cl_2(s) + 2e^- \rightleftharpoons 2Hg(aq) + 2Cl^-(aq)$	$+0.26808$
Cu^{2+}/Cu	$Cu^{2+}(aq) + 2e^- \rightleftharpoons Cu(s)$	$+0.3419$
O_2/OH^-	$\frac{1}{2}O_2(g) + H_2O + 2e^- \rightleftharpoons 2OH^-(aq)$	$+0.401$
Cu^+/Cu	$Cu^+(aq) + e^- \rightleftharpoons Cu(s)$	$+0.521$
I_2/I^-	$I_2(s) + 2e^- \rightleftharpoons 2I^-(aq)$	$+0.5355$
O_2/H_2O_2	$O_2(g) + 2H^+(aq) + 2e^- \rightleftharpoons H_2O_2(aq)$	$+0.695$
Fe^{3+}/Fe^{2+}	$Fe^{3+}(aq) + e^- \rightleftharpoons Fe^{2+}(aq)$	$+0.771$
Hg_2^{2+}/Hg	$\frac{1}{2}Hg_2^{2+}(aq) + e^- \rightleftharpoons Hg(l)$	$+0.7973$
Ag^+/Ag	$Ag^+(aq) + e^- \rightleftharpoons Ag(s)$	$+0.7990$
Hg^{2+}/Hg	$Hg^{2+}(aq) + 2e^- \rightleftharpoons Hg(l)$	$+0.851$
NO_3^-/NO	$NO_3^-(aq) + 4H^+(aq) + 3e^- \rightleftharpoons NO(g) + 2H_2O$	$+0.957$
HNO_2/NO	$HNO_2(aq) + H^+(aq) + e^- \rightleftharpoons NO(g) + H_2O$	$+0.983$
Br_2/Br^-	$Br_2(l) + 2e^- \rightleftharpoons 2Br^-(aq)$	$+1.066$

电对(氧化态/还原态)	电极反应	标准电极电势
	(氧化态 $+ n\mathrm{e}^- \Longrightarrow$ 还原态)	$\varphi^{\ominus}/\mathrm{V}$
MnO_2/Mn^{2+}	$MnO_{2(s)} + 4H^+(aq) + 2e^- \Longrightarrow Mn^{2+}(aq) + 2H_2O$	$+1.224$
O_2/H_2O	$O_2(g) + 4H^+(aq) + 4e^- \Longrightarrow 2H_2O$	$+1.229$
$Cr_2O_7^{2-}/Cr^{3+}$	$Cr_2O_7^{2-}(aq) + 14H^+(aq) + 6e^- \Longrightarrow 2Cr^{3+}(aq) + 7H_2O$	$+1.33$
Cl_2/Cl^-	$Cl_2(g) + 2e^- \Longrightarrow 2Cl^-(aq)$	$+1.35827$
MnO_4^-/Mn^{2+}	$MnO_4^-(aq) + 8H^+(aq) + 5e^- \Longrightarrow Mn^{2+}(aq) + 4H_2O$	$+1.507$
H_2O_2/H_2O	$H_2O_2(aq) + 2H^+(aq) + 2e^- \Longrightarrow 2H_2O$	$+1.776$
$S_2O_8^{2-}/SO_4^{2-}$	$S_2O_8^{2-}(aq) + 2e^- \Longrightarrow 2SO_4^{2-}(aq)$	$+2.010$
F_2/F^-	$F_2(g) + 2e^- \Longrightarrow 2F^-(aq)$	$+2.866$

附录 10 标准电极电势（碱性介质）

电对(氧化态/还原态)	电极反应	标准电极电势
	(氧化态 $+ n\mathrm{e}^- \Longrightarrow$ 还原态)	$\varphi^{\ominus}/\mathrm{V}$
$Ba(OH)_2/Ba$	$Ba(OH)_2(s) + 2e^- \Longrightarrow Ba(s) + 2OH^-(aq)$	-2.99
$Sr(OH)_2/Sr$	$Sr(OH)_2(s) + 2e^- \Longrightarrow Sr(s) + 2OH^-(aq)$	-2.88
$Mg(OH)_2/Mg$	$Mg(OH)_2(s) + 2e^- \Longrightarrow Mg(s) + 2OH^-(aq)$	-2.690
$Mn(OH)_2/Mn$	$Mn(OH)_2(s) + 2e^- \Longrightarrow Mn(s) + 2OH^-(aq)$	-1.56
$Cr(OH)_3/Cr$	$Cr(OH)_3(s) + 3e^- \Longrightarrow Cr(s) + 3OH^-(aq)$	-1.48
ZnO_2^{2-}/Zn	$ZnO_2^{2-}(aq) + 2H_2O + 2e^- \Longrightarrow Zn(s) + 4OH^-(aq)$	-1.215
CrO_2^-/Cr	$CrO_2^-(aq) + 2H_2O + 3e^- \Longrightarrow Cr(s) + 4OH^-(aq)$	-1.2
H_2O/H_2	$2H_2O(s) + 2e^- \Longrightarrow H_2(g) + 2OH^-(aq)$	-0.8277
$Ni(OH)_2/Ni$	$Ni(OH)_2(s) + 2e^- \Longrightarrow Ni(s) + 2OH^-(aq)$	-0.72
$Cu(OH)_2/Cu$	$Cu(OH)_2(s) + 2e^- \Longrightarrow Cu(s) + 2OH^-(aq)$	-0.222
O_2/H_2O_2	$O_2(g) + 2H_2O + 2e^- \Longrightarrow H_2O_2(aq) + 2OH^-(aq)$	-0.146
O_2/OH^-	$\frac{1}{2}O_2(g) + H_2O + 2e^- \Longrightarrow 2OH^-(aq)$	$+0.401$

参 考 文 献

［1］ 浙江大学普通化学教研组 . 普通化学 . 第 5 版 . 北京：高等教育出版社，2012.

［2］ 陈林跟 . 工程化学基础 . 第 3 版 . 北京：高等教育出版社，2010.

［3］ 曲保中，朱炳林，周伟红 . 新大学化学 . 第 2 版 . 北京：科学出版社，2007.

［4］ 唐有祺，王夔 . 化学与社会 . 第 5 版 . 北京：高等教育出版社，2012.

［5］ 沈光球，陶家洵，徐功骅 . 现代化学基础 . 北京：清华大学出版社，2012.

［6］ 蔡哲雄 . 工程化学基础 . 第 3 版 . 西安：西安交通大学出版社，2012.

［7］ 王放，王显伦 . 食品营养保健原理及技术 . 第 5 版 . 北京：中国轻工业出版社，2012.

［8］ 吴旦 . 化学与现代社会 . 第 5 版 . 北京：科学出版社，2012.

［9］ 杨秋华，曲建强 . 大学化学 . 第 3 版 . 天津：天津大学出版社，2012.

［10］ 古国榜 . 大学化学教程 . 第 2 版 . 北京：化学工业出版社，2012.

［11］ 孙宝国 . 食品添加剂 . 第 2 版 . 北京：化学工业出版社，2014.

［12］ 周家华 . 食品添加剂安全使用指南 . 北京：化学工业出版社，2011.

［13］ 强亮生，徐崇泉主编 . 工科大学化学 . 北京：高等教育出版社，2009.

［14］ Martin Silberberg. Chemistry：The Molecular Nature of Matter and Change. 5th Ed. New York：Mc Graw Hill Company，2009.

［15］ Duward Shrives，Peter Atkins，et al. Inorganic Chemistry. 3rd Ed. New York：W H Freeman & Company，1999.

元素周期表

IUPAC 2013

氧化态(单质的氧化态为0, 未列入; 常见的为红色)

以 ¹²C=12 为基准的原子量
(注 + 的是半衰期最长同位素的原子量)

图例	
s区元素	p区元素
d区元素	ds区元素
f区元素	稀有气体

说明示例:
- 95 — 原子序数
- Am — 元素符号(红色的为放射性元素)
- 镅 — 元素名称(注▲的为人造元素)
- 5f⁷7s² — 价层电子构型
- 243.06138(2)⁺ —

| 电子层 | K, L, M, N, O, P, Q |

主族与副族

周期	族	元素
1	IA 1	H 氢 1s¹ 1.008
1	0 (ⅧA) 2	He 氦 1s² 4.002602(2)
2	IA 3	Li 锂 2s¹ 6.94
2	ⅡA 4	Be 铍 2s² 9.0121831(5)
2	ⅢA 5	B 硼 2s²2p¹ 10.81
2	ⅣA 6	C 碳 2s²2p² 12.011
2	ⅤA 7	N 氮 2s²2p³ 14.007
2	ⅥA 8	O 氧 2s²2p⁴ 15.999
2	ⅦA 9	F 氟 2s²2p⁵ 18.998403163(6)
2	0 10	Ne 氖 2s²2p⁶ 20.1797(6)
3	IA 11	Na 钠 3s¹ 22.98976928(2)
3	ⅡA 12	Mg 镁 3s² 24.305
3	ⅢA 13	Al 铝 3s²3p¹ 26.9815385(7)
3	ⅣA 14	Si 硅 3s²3p² 28.085
3	ⅤA 15	P 磷 3s²3p³ 30.973761998(5)
3	ⅥA 16	S 硫 3s²3p⁴ 32.06
3	ⅦA 17	Cl 氯 3s²3p⁵ 35.45
3	0 18	Ar 氩 3s²3p⁶ 39.948(1)
4	IA 19	K 钾 4s¹ 39.0983(1)
4	ⅡA 20	Ca 钙 4s² 40.078(4)
4	ⅢB 21	Sc 钪 3d¹4s² 44.955908(5)
4	ⅣB 22	Ti 钛 3d²4s² 47.867(1)
4	ⅤB 23	V 钒 3d³4s² 50.9415(1)
4	ⅥB 24	Cr 铬 3d⁵4s¹ 51.9961(6)
4	ⅦB 25	Mn 锰 3d⁵4s² 54.938044(3)
4	Ⅷ 26	Fe 铁 3d⁶4s² 55.845(2)
4	Ⅷ 27	Co 钴 3d⁷4s² 58.933194(4)
4	Ⅷ 28	Ni 镍 3d⁸4s² 58.6934(4)
4	IB 29	Cu 铜 3d¹⁰4s¹ 63.546(3)
4	ⅡB 30	Zn 锌 3d¹⁰4s² 65.38(2)
4	ⅢA 31	Ga 镓 4s²4p¹ 69.723(1)
4	ⅣA 32	Ge 锗 4s²4p² 72.630(8)
4	ⅤA 33	As 砷 4s²4p³ 74.921595(6)
4	ⅥA 34	Se 硒 4s²4p⁴ 78.971(8)
4	ⅦA 35	Br 溴 4s²4p⁵ 79.904
4	0 36	Kr 氪 4s²4p⁶ 83.798(2)
5	IA 37	Rb 铷 5s¹ 85.4678(3)
5	ⅡA 38	Sr 锶 5s² 87.62(1)
5	ⅢB 39	Y 钇 4d¹5s² 88.90584(2)
5	ⅣB 40	Zr 锆 4d²5s² 91.224(2)
5	ⅤB 41	Nb 铌 4d⁴5s¹ 92.90637(2)
5	ⅥB 42	Mo 钼 4d⁵5s¹ 95.95(1)
5	ⅦB 43	Tc 锝 4d⁵5s² 97.90721(3)⁺
5	Ⅷ 44	Ru 钌 4d⁷5s¹ 101.07(2)
5	Ⅷ 45	Rh 铑 4d⁸5s¹ 102.90550(2)
5	Ⅷ 46	Pd 钯 4d¹⁰ 106.42(1)
5	IB 47	Ag 银 4d¹⁰5s¹ 107.8682(2)
5	ⅡB 48	Cd 镉 4d¹⁰5s² 112.414(4)
5	ⅢA 49	In 铟 5s²5p¹ 114.818(1)
5	ⅣA 50	Sn 锡 5s²5p² 118.710(7)
5	ⅤA 51	Sb 锑 5s²5p³ 121.760(1)
5	ⅥA 52	Te 碲 5s²5p⁴ 127.60(3)
5	ⅦA 53	I 碘 5s²5p⁵ 126.90447(3)
5	0 54	Xe 氙 5s²5p⁶ 131.293(6)
6	IA 55	Cs 铯 6s¹ 132.90545196(6)
6	ⅡA 56	Ba 钡 6s² 137.327(7)
6	ⅢB 57~71	La~Lu 镧系
6	ⅣB 72	Hf 铪 5d²6s² 178.49(2)
6	ⅤB 73	Ta 钽 5d³6s² 180.94788(2)
6	ⅥB 74	W 钨 5d⁴6s² 183.84(1)
6	ⅦB 75	Re 铼 5d⁵6s² 186.207(1)
6	Ⅷ 76	Os 锇 5d⁶6s² 190.23(3)
6	Ⅷ 77	Ir 铱 5d⁷6s² 192.217(3)
6	Ⅷ 78	Pt 铂 5d⁹6s¹ 195.084(9)
6	IB 79	Au 金 5d¹⁰6s¹ 196.966569(5)
6	ⅡB 80	Hg 汞 5d¹⁰6s² 200.592(3)
6	ⅢA 81	Tl 铊 6s²6p¹ 204.38
6	ⅣA 82	Pb 铅 6s²6p² 207.2(1)
6	ⅤA 83	Bi 铋 6s²6p³ 208.98040(1)
6	ⅥA 84	Po 钋 6s²6p⁴ 208.98243(2)⁺
6	ⅦA 85	At 砹 6s²6p⁵ 209.98715(5)⁺
6	0 86	Rn 氡 6s²6p⁶ 222.01758(2)⁺
7	IA 87	Fr 钫 7s¹ 223.01974(2)⁺
7	ⅡA 88	Ra 镭 7s² 226.02541(2)⁺
7	ⅢB 89~103	Ac~Lr 锕系
7	ⅣB 104	Rf 𬬻 6d²7s² 267.122(4)⁺
7	ⅤB 105	Db 𬭊 6d³7s² 270.131(4)⁺
7	ⅥB 106	Sg 𬭳 6d⁴7s² 269.129(3)⁺
7	ⅦB 107	Bh 𬭛 6d⁵7s² 270.133(2)⁺
7	Ⅷ 108	Hs 𬭶 6d⁶7s² 270.134(2)⁺
7	Ⅷ 109	Mt 鿏 6d⁷7s² 278.156(5)⁺
7	Ⅷ 110	Ds 𫟼 6d⁸7s² 281.165(4)⁺
7	IB 111	Rg 𬬭 6d⁹7s² 281.166(6)⁺
7	ⅡB 112	Cn 鎶 285.177(4)⁺
7	ⅢA 113	Nh 鿭 286.182(5)⁺
7	ⅣA 114	Fl 𫓧 289.190(4)⁺
7	ⅤA 115	Mc 镆 289.194(6)⁺
7	ⅥA 116	Lv 𫟷 293.204(4)⁺
7	ⅦA 117	Ts 鿬 293.208(6)⁺
7	0 118	Og 鿫 294.214(5)⁺

★ 镧系

57	La 镧 5d¹6s² 138.90547(7)
58	Ce 铈 4f¹5d¹6s² 140.116(1)
59	Pr 镨 4f³6s² 140.90766(2)
60	Nd 钕 4f⁴6s² 144.242(3)
61	Pm 钷 4f⁵6s² 144.91276(2)⁺
62	Sm 钐 4f⁶6s² 150.36(2)
63	Eu 铕 4f⁷6s² 151.964(1)
64	Gd 钆 4f⁷5d¹6s² 157.25(3)
65	Tb 铽 4f⁹6s² 158.92535(2)
66	Dy 镝 4f¹⁰6s² 162.500(1)
67	Ho 钬 4f¹¹6s² 164.93033(2)
68	Er 铒 4f¹²6s² 167.259(3)
69	Tm 铥 4f¹³6s² 168.93422(2)
70	Yb 镱 4f¹⁴6s² 173.045(10)
71	Lu 镥 4f¹⁴5d¹6s² 174.9668(1)

★ 锕系

序数	元素	
89	Ac 锕 6d¹7s² 227.02775(2)⁺
90	Th 钍 6d²7s² 232.0377(4)
91	Pa 镤 5f²6d¹7s² 231.03588(2)
92	U 铀 5f³6d¹7s² 238.02891(3)
93	Np 镎 5f⁴6d¹7s² 237.04817(2)⁺
94	Pu 钚 5f⁶7s² 244.06421(4)⁺
95	Am 镅 5f⁷7s² 243.06138(2)⁺
96	Cm 锔 5f⁷6d¹7s² 247.07035(3)⁺
97	Bk 锫 5f⁹7s² 247.07031(4)⁺
98	Cf 锎 5f¹⁰7s² 251.07959(3)⁺
99	Es 锿 5f¹¹7s² 252.0830(3)⁺
100	Fm 镄 5f¹²7s² 257.09511(5)⁺
101	Md 钔 5f¹³7s² 258.09843(3)⁺
102	No 锘 5f¹⁴7s² 259.1010(7)⁺
103	Lr 铹 5f¹⁴6d¹7s² 262.110(2)⁺